网络空间安全技术丛书

联邦学习原理与算法

耿佳辉　牟永利　李青　[挪]容淳铭

编著

CYBERSPACE SECURITY TECHNOLOGY

FEDERATED LEARNING

本书系统介绍了联邦学习的全貌，内容丰富，兼顾算法理论与实践。算法部分包含横向联邦、纵向联邦等不同的数据建模方式，重点讨论了联邦学习由于数据异质性和设备异质性带来的算法稳定性、隐私性挑战及其解决策略，这对每一个联邦学习框架设计者来说都是至关重要但却容易忽略的部分；实践部分介绍了当前主流的联邦学习框架，并进行对比，然后给出相同算法的不同实现供读者比较。本书重点介绍了联邦学习计算机视觉及推荐系统等方面的应用，方便算法工程师拓展当前的算法框架，对金融、医疗、边缘计算、区块链等应用也做了详尽阐述，相信对于研究隐私保护机器学习的计算机相关专业学生和联邦学习领域的开发者、创业者都有很好的借鉴作用。详细的代码以及对现有框架和开源项目的介绍是本书的一大特色。本书为读者提供了全部案例源代码下载和高清学习视频，读者可以直接扫描二维码观看。

北京市版权局著作合同登记　图字：01-2022-7084 号

图书在版编目（CIP）数据

联邦学习原理与算法 / 耿佳辉等编著．—北京：机械工业出版社，2023.5
（网络空间安全技术丛书）
ISBN 978-7-111-72853-5

Ⅰ．①联…　Ⅱ．①耿…　Ⅲ．①机器学习　Ⅳ．①TP181

中国国家版本馆 CIP 数据核字（2023）第 050825 号

机械工业出版社（北京市百万庄大街 22 号　邮政编码 100037）
策划编辑：李培培　　　　责任编辑：李培培　杨　源　陈崇昱
责任校对：梁　园　陈　越　　责任印制：郜　敏
三河市宏达印刷有限公司印刷
2023 年 5 月第 1 版第 1 次印刷
184mm×260mm · 14.5 印张 · 359 千字
标准书号：ISBN 978-7-111-72853-5
定价：109.00 元

电话服务　　　　　　　　　　网络服务
客服电话：010-88361066　机　工　官　网：www.cmpbook.com
　　　　　010-88379833　机　工　官　博：weibo.com/cmp1952
　　　　　010-68326294　金　　书　　网：www.golden-book.com
封底无防伪标均为盗版　　机工教育服务网：www.cmpedu.com

网络空间安全技术丛书
专家委员会名单

出版说明

随着信息技术的快速发展，网络空间逐渐成为人类生活中一个不可或缺的新场域，并深入到了社会生活的方方面面，由此带来的网络空间安全问题也越来越受到重视。网络空间安全不仅关系到个体信息和资产安全，更关系到国家安全和社会稳定。一旦网络系统出现安全问题，那么将会造成难以估量的损失。从辩证角度来看，安全和发展是一体之两翼、驱动之双轮，安全是发展的前提，发展是安全的保障，安全和发展要同步推进，没有网络空间安全就没有国家安全。

为了维护我国网络空间的主权和利益，加快网络空间安全生态建设，促进网络空间安全技术发展，机械工业出版社邀请中国科学院、中国工程院、中国网络空间研究院、浙江大学、上海交通大学、华为及腾讯等全国网络空间安全领域具有雄厚技术力量的科研院所、高等院校、企事业单位的相关专家，成立了阵容强大的专家委员会，共同策划了这套“网络空间安全技术丛书”（以下简称“丛书”）。

本套丛书力求做到规划清晰、定位准确、内容精良、技术驱动，全面覆盖网络空间安全体系涉及的关键技术，包括网络空间安全、网络安全、系统安全、应用安全、业务安全和密码学等，以技术应用讲解为主，理论知识讲解为辅，做到“理实”结合。

与此同时，我们将持续关注网络空间安全前沿技术和最新成果，不断更新和拓展丛书选题，力争使该丛书能够及时反映网络空间安全领域的新方向、新发展、新技术和新应用，以提升我国网络空间的防护能力，助力我国实现网络强国的总体目标。

由于网络空间安全技术日新月异，而且涉及的领域非常广泛，本套丛书在选题遴选及优化和书稿创作及编审过程中难免存在疏漏和不足，诚恳希望各位读者提出宝贵意见，以利于丛书的不断精进。

机械工业出版社

前 言

随着算法、算力的不断提升，以及企业不断累积的海量业务数据，人工智能正在广泛地影响着各行各业，给人们的生活带来便捷，比如自动驾驶、医疗辅助诊断和智能制造等。然而数据驱动的人工智能既推动着生产力的发展，也带来了隐私泄露等方面的隐患。很多大数据公司被曝光会非法收集用户的数据并出售用户隐私数据牟利。越来越多的人正在倡导践行负责任的人工智能技术（Responsible AI），保证人工智能技术的公平性、可解释性与隐私保护性。联邦学习正是在此背景之下发展的一项技术，主要从避免收集数据的角度出发，研究在分布式环境下全局模型的计算。与一般的分布式机器学习不同，联邦学习对各计算节点的控制权不同，计算节点对数据拥有绝对控制权，且节点的稳定性不同、不同节点上的数据特征分布也不同。这就带来了比一般分布式机器学习更复杂的系统层级优化挑战。

由于不同计算节点无须分享数据，联邦学习适用于对数据隐私敏感的系统与行业，如医疗、金融风控、智慧城市等。在这些场景中，由于商业风险、道德与法规的约束，使得这些领域的数据很难被收集到本组织以外的地方。联邦学习的开发将打破数据壁垒，实现不同组织、不同类型数据之间的隐私保护之下的价值挖掘。

此外，中共中央、国务院2020年也发布了《关于构建更加完善的要素市场化配置体制机制的意见》，首次正式将数据视为一种新型生产要素，与传统的土地、劳动力、资本等要素并列，并提出加快培育数据要素市场、加强企业间数据合作共赢、共同提升社会数据的资源价值。联邦学习预计将在数据隐私与安全计算、数据价值流转中发挥巨大的作用。

本书内容安排如下：第1章介绍联邦学习的基础知识，包括提出与发展的背景，从技术角度来讲解其定义、分类与挑战，以及相关的法律与社区。此外，为了方便人工智能的初学者更好地理解后面的内容，还介绍了机器学习与深度学习基础知识。第2章介绍了现有的一些联邦学习框架，包括其安装与部署，并且比较了不同系统的特性，给出了使用建议。第3章深入联邦学习技术本身，讨论其主要技术，包括横向联邦学习、纵向联邦学习与分割学习。第4章介绍了联邦学习建模难点与解决方案，对应于第1章提到的性能与效率挑战。第5章介绍了主流的隐私保护技术，这些技术可以与联邦学习技术互为补充。第6章介绍了联邦学习系统安全与防御算法，这是当前联邦学习研究的热点。第7章在计算机视觉方向进行联邦学习实战。第 8 章介绍了联邦学习与推荐系统的相关知识。之前主要讨论的学习模式是监督学习，第 9 章介绍了联邦学习系统与其他深度学习模式的结合（比如多任务学习、半监督学习、强化学习、联邦图学习等）。第 10 章介绍了联邦学习在不同行业的前景（如医疗、金融、边缘计算、物联网、区块链等）。

本书的特色与优势在于：第一，本书的作者是扎根于联邦学习前沿的研究者和从业者；第二，我们参考了近两年全新的文章和综述，紧跟学术和业界动态。第三，我们对联邦学习性能挑战、安全与隐私挑战，以及推荐系统进行了介绍。在本书的编写过程中，我们深深地感受到联邦学习及其相关领域技术的繁多冗杂，因此书中难免会出现一些错误或者不准确的地方，恳请读者批评指正。

作　者

目 录

第 1 章　联邦学习与机器学习基础

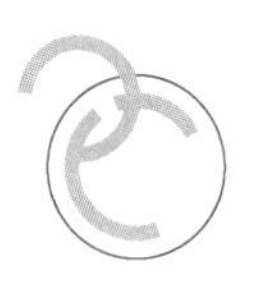

联邦学习作为一种新的隐私保护分布式学习技术，正在引起科研与产业界极大的兴趣，本章将对联邦学习进行基础性介绍，同时也会介绍机器学习、深度学习的相关知识。

1.1　联邦学习概述

本节将介绍联邦学习的背景与发展、联邦学习的定义与分类、联邦学习的相关法律法规与社区、展望与总结。

1.1.1　联邦学习的背景与发展

近年来兴起的人工智能浪潮对医疗、金融、教育等领域产生了深远的影响。从人脸识别到自动驾驶，再到已被普遍应用的精准营销，人工智能正逐步影响生活的方方面面。回顾人工智能的发展，我们可以看到探索的道路曲折起伏。20 世纪六七十年代，由于当时科技条件的约束，人工智能的发展走入低谷；20 世纪 90 年代，互联网技术的发展，加速了人工智能的创新研究。可以说每一次人工智能的发展都伴随着研究方法的突破，深度学习是近年来机器学习技术突破的重要代表之一。近年来，随着 GPU、数据存储等硬件技术的发展，移动端、传感器等边缘设备为深度学习提供了海量的数据，这些都促进了大数据、云计算、互联网、物联网等技术的突破。

在大数据时代，由于缺少监管和完善的法律约束，在商业利益的驱动下，很容易出现对用户数据滥用的情况，一些隐私数据有意或者无意地被泄露，进而对用户乃至整个国家安全造成难以估量的危害。比如著名的“脸书剑桥分析公司丑闻”（Facebook-Cambridge Analytica Data Scandal），英国咨询公司剑桥分析在未经用户同意的情况下，获取数百万脸书用户的个人数据并用于广告业务。出于对个人隐私数据的安全考虑，不少国家和地区颁布了隐私和数据保护的条例和法规。这些法规的出台，明确了隐私保护的责任和义务，对个人隐私数据的保护起到一定的作用。除了法律条文的规定，技术层面的研究也随之兴起。联邦学习是为了解决数据孤岛问题而产生的，它支持在满足用户隐私保护、数据安全、数据保密和政府法规要求的前提下的联合机器学习模型。

联邦学习最早由谷歌兴趣小组提出，他们首次将联邦学习用于智能手机上的语言预测模型更新[1]。许多智能手机都存有私人数据，为了更新谷歌 Gboard 系统的输入预测模型，即谷歌的自动输入补全键盘系统，研究人员开发了一个联邦学习系统，以便定期更新智能手机上的语言模型。谷歌的Gboard系统用户能够得到建议输入查询，以及用户是否点击了建议输入的词。谷歌的Gboard系统单词预测模型可以不断改善、优化，不仅基于单部智能手机存储的数据，而且通过一种叫作联邦平均（Federated Averaging，FedAvg）的技术[2]，让所有智能手机的数据都能被利用，使该模型得以不断优化。而这一过程并不需要将智能手机上的数据传输到某个数据中心。也就是说，联邦平均并不需要将数据从任何边缘终端设备传输到一个中央服务器。通过联邦学习，每台移动设备（可以是智能手机或者平板计算机）上的模型将会被加密并上传到云端。最终，所有加密的模型会被聚合到一个加密的全局模型中，因此云端的服务器也不能获知每台设备的数据或者模型。在云端聚合后的模型仍然是加密的（例如，使用同态加密），之后会被下载到所有的移动终端设备上。在上述过程中，用户在每台设备上的个人数据并不会传给其他用户，也不会上传至云端。

1.1.2 联邦学习的定义与分类

联邦学习本质上是一种分布式机器学习技术，或新的机器学习框架。接下来从参与者持有的数据特征和使用场景两个角度对联邦学习进行分类。

1. 根据数据特征和样本空间分类

根据不同的数据拥有者的数据特征与样本ID分布的重叠关系，可以将联邦学习划分为以下几类。

（1）横向联邦学习

横向联邦学习（Horizontal Federated Learning，HFL），也被称为样本分区（Sample-Partitioned）的联邦学习。横向联邦学习适用于联邦学习参与方的数据有重叠的数据特征，即数据特征在参与方之间是对齐的，但是参与方拥有的数据样本是不同的。横向联邦学习限定各个联邦成员提供的数据具有相同的特征含义，以及相近的模型参数结构（如在异质联邦学习或者联邦多任务学习等场景下可能不同）。使用参数聚合的方式生成联邦模型。在推理过程中，联邦成员内可单独完成模型推理。横向联邦学习使得联邦模型能够学习多方数据特征，提升模型泛化能力。

（2）纵向联邦学习

纵向联邦学习（Vertical Federated Learning，VFL），也被称为特征分区（Feature-Partitioned）的联邦学习。与横向联邦学习不同，纵向联邦学习限定各个联邦成员提供的数据集样本有足够大的交集，特征具有互补性，模型参数分别存放于对应的联邦成员内，并通过联邦梯度下降等技术进行优化。在推理过程中，联邦模型需要联合所有参与方一起使用，由各个参与方依据自身的特征值和参数算出中间变量，最终由标签拥有方或者可信第三方聚合中间变量获得结果。纵向联邦学习适合客群相近，但业务差别较大的场景。例如在风险评分应用中，可以使用纵向联邦学习从借贷历史、消费等不同维度帮助推理用户风险。在推理过程中，联邦成员需要合作完成模型推理。纵向联邦学习使得模型能够利用更多的数据特征，提升模型的准确度。

（3）联邦迁移学习

联邦迁移学习（Federated Transfer Learning，FTL），适用于参与方的数据样本和数据特征重叠都很少的情况。联邦迁移学习是一种特殊的形式，既不限定数据集的特征含义相同，也不需要样本有交集，是一种在相似任务上传播知识的方法。例如 A 公司是一家视频服务提供商，需要提升广告推荐模型的效果。B 公司是一家电商公司，需要提升商品推荐模型的效果。在这种情况下，可以使用联邦迁移学习，利用双方相似的用户浏览序列，抽取深层用户行为特征作为知识，在双方模型间共享和迁移，最终提升双方模型的效果。可以看到，两个联邦成员的输入数据的含义是不同的，客群是不同的（不需要找出相同样本），预测目标也是不同的。相同之处在于双方的业务均与用户的喜好和习惯有关，而这些喜好和习惯可以作为知识共享，降低了模型过拟合的可能性，从而提升了模型效果。

2. 从使用场景分类

根据使用场景可以将联邦学习分为跨竖井（跨孤岛）联邦学习（Cross-Silo Federated Learning）和跨设备联邦学习（Cross-Device Federated Learning）。为了便于理解，本书将跨竖井（跨孤岛）联邦学习称为跨组织联邦学习。在其他文献中，联邦学习也被分为面向商业的联邦学习与面向用户的联邦学习。两种分类标准非常接近，可以认为是另一种形式的表达。跨组织联邦学习与跨设备联邦学习的主要区别体现在参与者数量、联邦参与者算力的多少，以及参与者是否能够稳定地参与每个回合的联邦学习（是否会离线）。两者的更多对比见表 1-1。

表 1-1 跨组织联邦学习与跨设备联邦学习的比较

比较项	跨组织联邦学习	跨设备联邦学习
数据拥有者	不同的组织是数据的拥有者，可以是相同行业也可以是不同行业的。通常数据拥有者意识到其他参与者的存在，他们互相之间达成协议	移动设备或者物联网设备是数据的拥有者，通常数据拥有者意识不到其他参与者的存在，联邦学习协议在参与者与仅提供服务不提供数据的服务商之间达成
参与者规模	参与者规模小	参与者规模大
可靠性与可用性	参与者绝大多数情况下保持在线，参与每一回合的联邦学习，同时参与者有足够的算力及网络带宽	通常只有部分客户端在线，或者由于参与者规模过于庞大，选择部分参与者进行当前回合学习。参与者受限于设备算力及网络带宽
状态性	数据拥有者的数据是静态的	数据拥有者的数据是动态更新的，通常每一轮计算都会有从未见过的样本加入
数据分布	可以是任何分布，包括横向联邦学习与纵向联邦学习	绝大多数为横向联邦学习

（1）跨组织联邦学习

跨组织联邦学习也叫作跨孤岛、跨竖井联邦学习。联邦学习的参与者是不同的组织，例如医疗机构、金融机构，以及地理空间意义上的分布式数据中心。当数据分散在不同的但是数量有限的组织中，而且每个组织能提供稳定的学习环境时，称为跨组织联邦学习。这可能是对商业利益的考虑或者法律的限制。即使是一个公司的不同地区的分布，也可能受限于所在地的法律，禁止将数据传输到本地之外。多方风险预测、欺诈检测、医疗领域的药物发现、电子医疗记录挖掘，以及医疗图像分析将是跨组织联邦学习未来研究的主流热点。

（2）跨设备联邦学习

顾名思义，跨设备联邦学习将每一个连接设备视为独立个体，模型在设备上训练，得到能捕捉设备数据特征的模型，然后模型被传输到服务器进行全局模型的聚合。跨设备联邦学习系统中的设备可能会达到数万甚至数百万的规模（如谷歌公司的 Gboard 键盘、苹果公司的输入法和 Siri 语音识别功能等）。设备算力的受限和网络连接的不稳定是联邦学习的主要特征。因此跨设备联邦学习需要考虑系统的大规模部署、参与者频繁的连入与退出。需要设计专门的鲁棒、高效的模型聚合算法提升系统学习效率。

1.1.3 联邦学习的相关法规与社区

在享受科技带给人们便利的同时，数据滥用、数据窃取、隐私泄露，以及“大数据杀熟”等数据安全问题呈陡增和爆发趋势。加强法律法规的建设成为各国和地区的共识。如欧盟保护个人数据的《通用数据保护条例》（General Data Protection Regulation，GDPR）；美国的《加利福尼亚州消费者隐私法案》（California Consumer Privacy Act，CCPA）；我国实施的《中华人民共和国网络安全法》（简称《网络安全法》）。这些法规的出台，大大增加了数据保护的强制性和责任性。了解这些法律法规，对于更好地推进我们的工作，有着极其重要的意义。下面从国外和国内法律法规两个角度进行介绍。

（1）国外相关法规

国外的法规对国内的企业在该国境内的数据处理以及数据的传输，同样有法律影响和效力。欧盟于 2018 年 5 月 25 日正式实施了《通用数据保护条例》（General Data Protection Regulation，GDPR），它是一项保护欧盟公民个人隐私和数据的法律，其适用范围包括欧盟成员国境内企业的个人数据，也包括欧盟境外企业处理欧盟公民的个人数据。GDPR 由 11 章 99 个条款组成，是一项“大而全”的个人数据保护框架，因此非常值得深入研究。美国已有多个州在数据安全与隐私保护上进行了立法，其中最著名的要数 2018 年 6 月加利福尼亚州通过的《加利福尼亚州消费者隐私法案》（California Consumer Privacy Act，CCPA），该法案被称为美国“最严厉和最全面的个人隐私保护法案”，于 2020 年 1 月 1 日生效。

（2）国内相关法规

我国在数据安全与个人信息上目前涉及的法规有《中华人民共和国刑法》（以下简称《刑法》）、《最高人民法院、最高人民检察院关于办理侵犯公民个人信息刑事案件适用法律若干问题的解释》（以下简称《若干问题的解释》）、《中华人民共和国网络安全法》和《电信和互联网用户个人信息保护规定》。2019 年 5 月 28 日，国家互联网信息办公室发布《数据安全管理办法》（征求意见稿）。在《网络安全法》的指导下，该法规对数据安全做了详细的规定和约束。它明确法规的管理范围是在中华人民共和国境内利用网络开展数据收集、存储、传输、处理、使用等活动，数据安全分为个人信息和重要数据安全。

这些法律法规对于个人信息的定义、个人信息的正确使用方法、消费者知情权、访问权、删除权、限制处理权和拒绝权等权利，以及如何处理违规企业等方面进行了明确的规定。随着科技的发展，未来一定会暴露出更多用户安全的问题。与此同时，相关的法律法规也会更加完善。

联邦学习是人工智能非常活跃的研究领域。每年有大量的论文发表，人工智能、分布式系统等领域的顶级会议也越来越多地接受联邦学习相关工作，并组织相关研讨会（Workshops）。谷歌在 2016 年提出了联邦学习的概念，以隐私保护、协作式学习的特点吸引了大量研究者的关注。各种联邦社区平台也如雨后春笋般发展起来。读者可以从联邦学习门户网站[一]了解相关信息，该网站不仅仅包含联邦学习的各种资料、课程，还有相关的会议、期刊特刊的实时信息。另外产业界也纷纷行动，例如国外的网站有：谷歌推出的 Tensorflow-Federated[二]，美国南加州大学开发的 FedML[三]，由欧洲机构主导开发的 OpenMined 推出的 PySyft[四]。国内新老科技企业也纷纷布局联邦学习，如百度的 PaddleFL[五]，腾讯和微众出品的 FATE[六]，京东的 FedLearn[七]，还有字节跳动的 Fedlearner[八]。从这些社区平台上，人们可以和行业的引领者对话，了解联邦学习的发展动态和热点，为自己在科研界或者学术界的方向选择或项目确立提供了重要的信息支持。

1.1.4　展望与总结

联邦学习技术是在社会、国家日益重视数据要素流通、数据安全与隐私计算的背景之下提出与发展起来的。2021 年 7 月，国家互联网信息办公室发布《网络安全审查办法（修订草案征求意见稿）》，面向全社会公开征求意见。这份征求意见稿的第 6 个条款明确指出，掌握超过 100 万个用户个人信息的运营者赴国外上市，必须向网络安全审查办公室申报网络安全审查。这份文件体现出我国对网络安全的重视，对数据控制权、关键数据的保护。

联邦学习提供了一个有效的解决框架，使得在利用多方数据提升模型的同时，也能保护用户隐私与信息安全。通过不同计算节点之间的参数传递（包括梯度、权重与激活等信号），联邦学习能够训练出比单节点数据计算出的模型更好的准确率，以及鲁棒性，并且通过联邦学习，数据不需要离开数据生产者。

最近一个明显的趋势就是与联邦学习这一新兴领域相关的专业会议，以及研讨会文章较往年明显增多。随着各界对联邦学习研究的更多投入，联邦学习框架的内涵正变得越来越丰富，它将融合分布式机器学习、信息安全、加密算法、差分隐私、模型压缩与加速、贝叶斯方法、博弈论等不同领域的知识，形成一个崭新的研究方向。由于其在信用卡反诈、医疗诊断等方面的隐私保护性，联邦学习算法在更大规模的商业实用上有更强大的内驱动力。与此同时，联邦学习生态也在进一步完善之中。2021 年 3 月，世界首个联邦学习的国际标准经 IEEE 确认，并形成标准文件 IEEE P3652.1。在国内，微众银行、百度、京东、字节跳动都在布局隐私计算、联邦学习框架开发，以及应用落地。这些都是我们通过本书向读者分享联邦学习的出发点与落脚点。

本书以实际应用为导向，系统地介绍了联邦学习。包括现有开源项目、基本学习框架、横向联邦学习、纵向联邦学习和分割学习。重点介绍了联邦学习的三个挑战，也是当前的瓶颈，包括性能挑战、效率挑战与安全隐私挑战。我们分析了挑战形成的原因，以及当前解决

[一] http：//federated-learning.org
[二] https：//www.tensorflow.org/federated
[三] https：//fedml.ai/
[四] https：//openmined.github.io/PySyft/index.html
[五] https：//github.com/PaddlePaddle/PaddleFL/blob/master/README_cn.md
[六] https：//fate.fedai.org/
[七] https：//github.com/fedlearnAI
[八] https：//github.com/bytedance/fedlearner

这些挑战的主流算法与研究方向。还介绍了与增强联邦学习的安全性有关的一些隐私保护机器学习技术。这些技术与联邦学习相辅相成，用户可在实际中根据系统的需求自行定制。联邦学习正在被广泛应用于不同的技术领域。本书通过计算机视觉与推荐系统的例子，向读者介绍了在这些领域的实战案例。当前联邦学习的主要研究对象是监督学习。在现实中，标记数据的缺乏，如何通过多任务学习增强联邦学习效果，如何在强化学习、图学习领域高效实现联邦学习，也是本书讨论的重点。除了从技术、内容的领域探讨联邦学习，我们也从行业的角度来研究联邦学习在医疗、金融等领域的应用场景。

书中丰富的引用与算法实例能够帮助读者更好地掌握联邦学习。希望通过我们的努力，使这本书能给联邦学习的研究人员、从业者有所帮助。

1.2　联邦学习挑战

联邦学习是为数据安全与隐私保护设计的联合机器学习方案，为实现数据可用不可见，联邦学习系统需要在性能、效率与隐私安全之间进行权衡。包括由于数据异质性带来的模型性能下降、加密技术中增加的通信负载。同时联邦学习参与者的行为是不可知的，系统设计应有足够的鲁棒性以应对可能的机器离线、恶意参与者等问题。如图 1-1 所示，我们将联邦学习系统性的挑战总结为三个：性能挑战、效率挑战、隐私与安全挑战。

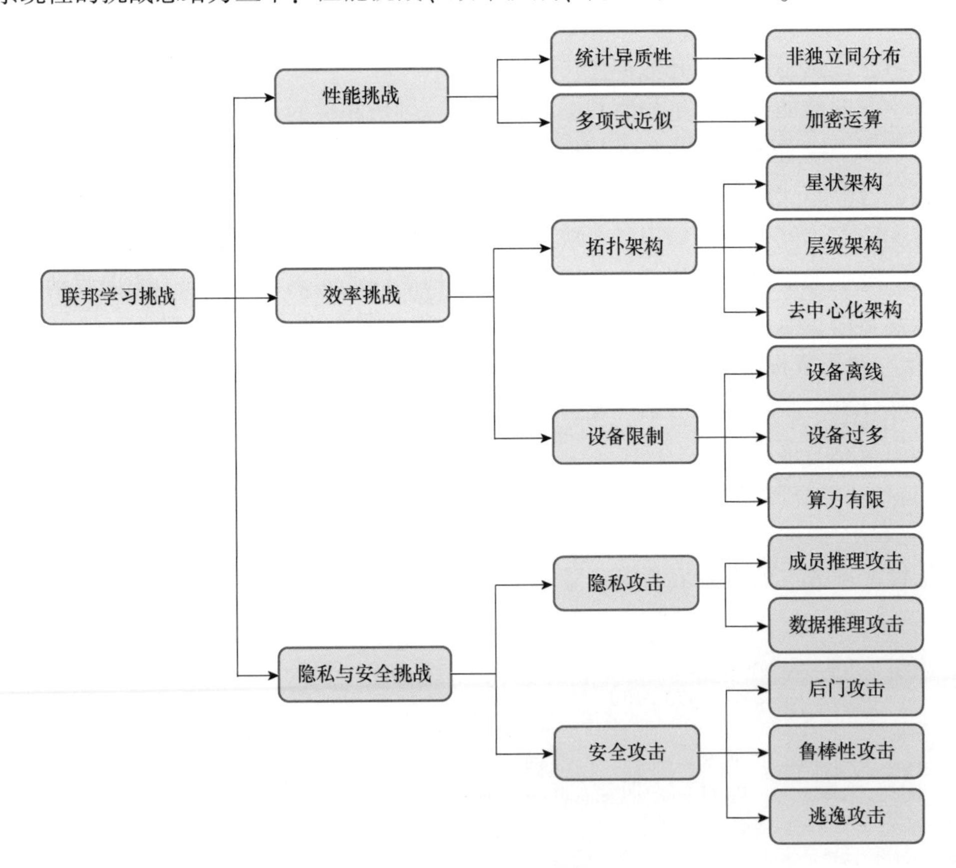

● 图 1-1　联邦学习挑战

1.2.1 性能挑战

通常，联邦学习通过聚合客户端模型得到的最终全局模型的性能相比于通过传统的集中数据的训练方式得到的模型性能会有不同程度的下降，也被称为性能降级（Performance Degradation）。性能降级的原因是多方面的，一方面是数据原因。在联邦学习的框架下，联邦学习算法的设计者会缺乏对联邦数据的洞见。当前的研究仅能证明分布式数据在满足独立同分布的条件时，联邦学习的理论性能会逼近集中训练模型。而当跨设备数据不能满足独立同分布的条件时，联邦学习基线算法 FedAvg 学习得到的全局模型上下界便会缺乏理论保证，甚至在某些极端情况下，模型将不能收敛。造成数据非独立同分布的原因可能是多方面的，以医疗联邦学习为例，不同的医疗机构加入同一个联邦学习协议，但是其拥有的训练样本的体量是不一样的，大型医院生产收集的数据远多余普通小型医院的医疗数据。由于区域差异、门诊设置的区别、不同医院不同类型疾病的样本数量差异明显。即使对应于同一种疾病，不同的数据采集设备、不同的医务人员、不同的医院其要求也各不相同，难以保证图像标注采用的是相同的标准。此外，由于缺乏对全体数据的了解，有些特殊样本可能不能被正确分析，所以数据预处理由于不能及时过滤这些样本而导致样本比设想的要脏。另一个可能导致模型下降的原因是在算法层面。在某些场景下，联邦学习需要通过密码学机制，比如同态加密，来交换不同客户端之间的参数。在此过程中需要进行多项式逼近来评估机器学习算法中的非线性函数。大规模部署的联邦学习系统中，如果某个参与方的本地模型参数变化不太大，没有必要频繁地把模型更新上传到中央服务器上。同样，也没有必要在每一步都对本地模型进行校准。因此联邦学习需要在模型性能与系统效率间寻找一个平衡点。

1.2.2 效率挑战

联邦学习的训练时间一般长于传统的数据集中式的机器学习。一方面由于数据统计异质性带来更长的模型收敛时间；另一方面由于客户端与服务器之间频繁通信，深度学习模型所需要传递的参数数量远高于一般的机器学习模型，随着联邦学习参与客户端数量的增加，联邦学习的内部通信负载也会随之线性增加。因此对于大型联邦学习系统而言，通信所占用的时间高于本地模型参数更新所用的时间。为此，联邦学习系统通常需要降低本地模型与服务器交换参数的频率，并通过压缩模型或者梯度来减少通信环节的通信量，对于某些大规模系统，需要限制每一轮参与模型聚合的客户端数量来减少服务器的等待时间。

1. 联邦学习拓扑架构

由于地理位置、数据之间的统计性的差异，客户端之间的可信任程度也不尽相同，人们在设计联邦学习系统的时候也会考虑不同的架构，来保证隐私与效率之间的平衡。联邦学习的拓扑架构包括星状架构、层级架构与去中心化架构。

（1）星状架构

星状架构中所有的客户端与服务器直接相连，便于网络控制与管理。故障诊断与隔离非常容易，单方的故障调试不会对全局有影响。但是服务器的负载要求很大，一旦服务器节点瘫痪，会使得整个网络服务崩溃且不容易扩大网络规模。

（2）层级架构

层级架构通过层级聚合来优化，聚合原则可以基于地理位置，也可以是用户特征。层级聚合缓解了中央服务器的负载压力，同时有助于实现模型的本地化与特征化。层级聚合需要设计额外的聚合策略。对聚合的标准以及不同层级间的模型同步策略需要调优。

（3）去中心化架构

去中心化架构可在网络的中央及边缘区域共享内容和资源。拓扑结构的资源较为分散，对所有参与方的资源进行备份与恢复是较为复杂的。从机器学习的角度来看，去中心化架构优化算法非常复杂，一般是基于谣言协议（Gossip Protocol）实现谣言学习（Gossip Learning）。

2. 设备限制

影响联邦学习系统效率的另一个原因就是设备限制，包括存储、CPU 与 GPU 计算能力、网络传输带宽等多个方面的差异，这些使得设备的计算时间不同，甚至会出现客户端设备掉队/退出的问题。此外在跨设备联邦学习中，终端设备过多，同样会导致通信负载加剧，带宽紧张。在一些典型的联邦学习框架下，系统会将一些网络带宽受限或访问受限的客户端排除在训练的轮次之外，即不将全局模型发送给这些客户端进行本地优化。这种简单的处理方式会大大影响这些客户端所提供的服务，进而影响用户的使用体验。

1.2.3 隐私与安全挑战

任意的数据共享往往会泄露用户隐私等敏感信息，导致不可预测的未来风险，并损害用户对服务提供商甚至是相关权威机构的信任。作为一种高效的隐私保护手段，联邦学习可以实现在不直接获取原始数据的基础上，通过参数传递训练出一个共享模型。联邦学习隔绝了对用户隐私数据的直接访问与操作，但是在共享的模型参数或者梯度蕴含大量隐私信息并没有严格的理论性证明，一系列研究表明，联邦学习仍然面临诸多隐私与安全的挑战。

传统的机器学习包括分布式机器学习中自主的系统参与者是唯一的，该参与者负责数据的收集、整理、清洗、训练与部署，对整个机器学习的生命周期负责。但是联邦学习与传统机器学习不同，联邦学习有众多的参与者，每个参与者独立地负责数据预处理和执行联邦学习协议。联邦学习协议无法做到对所有参与者的用户行为、用户数据的有效监督。

1. 隐私攻击

从攻击的目标可以将隐私性攻击分为成员推理攻击（Membership Inference Attacks，MIA）和数据推理攻击（Data Inference Attacks，DIA）。

- 成员推理攻击又称追溯攻击（Tracing Attacks），旨在判断某条数据或者某个用户是否包含在训练集中。一般来说，假设攻击者拥有部分训练数据或者与训练任务相关的数据，但是在现实中，攻击者很难获得训练数据。
- 数据推理攻击旨在直接获取用户隐私信息，如重构出用户的训练数据及标签。或者推断出训练的某些属性，这些属性与训练任务无关，但是可能在无意中泄露。

2. 安全性攻击

隐私攻击的攻击者可能从服务器端发起攻击，也可能从客户端发起攻击。攻击者能从服务器处获得每一个独立的客户端的模型，他们将试图挖掘上传的本地模型中更多的私密信息。客户端由于能接触到全局模型，并且全局模型中可能包含其他用户的私密信息，因此用户有可能利用全局模型推断出自己可能不曾拥有的类别的训练数据信息。在联邦学习中，客户端攻击其他客户端的私密信息并且攻击者甚至有可能违背联邦学习协议来放大攻击的效果。

从攻击的目标上可以将隐私性攻击分为后门攻击（Backdoor Attacks）、鲁棒性攻击（Robustness Attacks）、逃逸攻击（Evasion Attacks）。其中，后门攻击和逃逸攻击是机器学习安全领域最常见的两种攻击方式。这里讨论的鲁棒性攻击是针对联邦学习协议，它是一种联邦学习独有的攻击形式。

- 后门攻击又称为有目标攻击（Targeted Attacks），在模型的训练过程中通过某种方式在模型中埋藏后门（Backdoor），在推理过程中，攻击者通过预先设定的触发器（Trigger）激发埋藏好的后门。在后门未被激发时，被攻击的模型表现与正常模型无异；而当模型中埋藏的后门被攻击者激活时，被攻击的模型会按照攻击者意图输出结果。
- 鲁棒性攻击又称为无目标攻击（Untargeted Attacks），区别于常规机器学习中讨论的模型鲁棒性，对于样本中的噪声鲁棒，联邦学习是指联邦学习对系统中非恶意或者恶意的行为鲁棒，如预处理过程中的漏洞、未清洗的训练数据，或者违背联邦学习协议的模型更新，试图破坏整个联邦学习过程。常见的鲁棒性攻击方式包括女巫攻击（Sybil Attacks）和拜占庭攻击（Byzantine Attacks）。
- 逃逸攻击在不修改模型的前提下，试图生成对抗性样本（Adversarial Samples）使得样本绕过模型的检测，得出跟真实结果（人眼判定结果）不一样的结论。

图 1-2 展示了联邦学习不同挑战之间的相互关系。为了增强联邦学习的安全与隐私性，在一些严格要求隐私保证的系统中，联邦学习需要与其他隐私保护技术相结合，当使用差分隐私、多项式逼近等技术进行隐私保护的时候，模型就会为了安全和隐私牺牲部分性能。同样，当使用其他密码学技术，如与秘密共享、混淆电路等相结合时，加密计算对应负载又会使得联邦学习的效率降低。同样，异步更新、通信频率等超参数调优也是联邦学习为了平衡性能与效率，在工程化时需要考虑的因素。

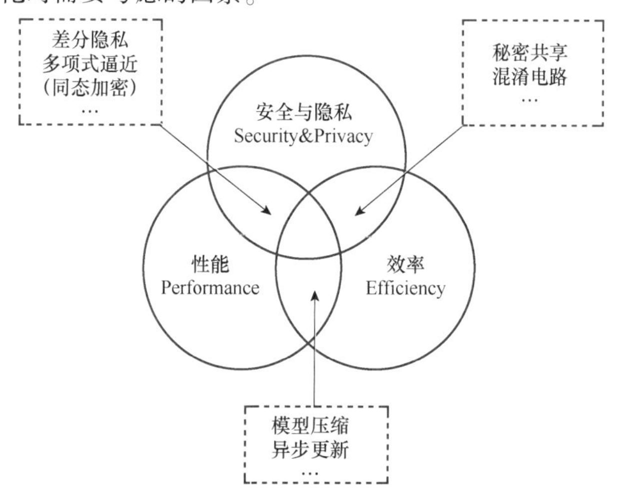

● 图 1-2 联邦学习挑战之间的互相关系

1.3 机器学习基础

本节介绍机器学习的基础知识，包括机器学习的定义、常见的机器学习分类、机器学习流程和典型的机器学习算法。

1.3.1 机器学习定义与分类

计算机执行任何任务都需要遵循特定的指令，但它无法从过去的数据中主动学习经验，并根据过去的错误进行改进。机器学习领域正是要研究如何通过数据和算法，使得计算机能从大量历史数据中学习规律，从而对新样本做分类或者预测。机器学习在近 30 多年已发展为一门多领域交叉学科，涉及概率论、统计学、逼近论、凸分析、算法复杂度理论等多门学科，也是人工智能（Artificial Intelligence，AI）的核心领域。机器学习领域主要有三个子研究领域：第一，面向任务研究，即面向解决预定任务集的学习系统的开发和分析（也称为工程方法研究）；第二，认知模拟研究，即对人类学习过程和计算机模拟的研究（也称为认知建模方法研究）；第三，理论分析，即对可能的学习方法和算法独立应用领域的空间的理论探索。

机器学习的分类方法有很多，主要的一种分类方法是将机器学习分成监督学习（Supervised Learning）、无监督学习（Unsupervised Learning）、半监督学习（Semi-Supervised Learning）和强化学习（Reinforcement Learning）四大类别。

（1）监督学习

在监督学习中，训练集要求包括输入和输出，即特征和目标。也可以说是每个训练数据都要有一个明确的标注。训练集中的目标是由人标注的。监督学习是从有标记的训练数据中学习一个模型，然后根据这个模型映射新数据，对未知样本进行预测。常见的监督学习算法包括回归分析（Regression）和统计分类（Classification）等，前者包括线性回归、K 最近邻算法、Gradient Boosting 和 AdaBoost 等，后者包括逻辑回归、决策树、随机森林、支持向量机和朴素贝叶斯等。

（2）无监督学习

在监督式学习下，训练集中的数据没有明确的标注。无监督学习本质上是一种统计手段，是在没有标签的数据里可以发现潜在结构的一种训练方式。常见的无监督学习算法包括聚类（Clustering）和关联分析等。

（3）半监督学习

半监督学习是在有标签数据+无标签数据混合成的训练数据中使用的机器学习算法。一般假设，无标签数据比有标签数据多，甚至多得多。常见的算法包括：1）伪标签法：用有标签数据训练一个分类器，然后用这个分类器对无标签数据进行分类，这样就会产生伪标签（Pseudo-Label）或软标签（Soft Label），挑选认为分类正确的无标签样本用来训练分类器；2）自训练+微调：使用无标签数据进行预训练之后再使用有标签数据进行微调（Fine-Tune）。

（4）强化学习

在这种学习模式下，输入数据作为对模型的反馈。不像监督学习，输入数据仅仅是作为一个检查模型对错的方式。在强化学习中，输入数据直接反馈到模型，模型对此须立刻做出调整行为，并评估每一个行动之后所得到的回馈是正向的或负向的。强化学习主要的应用场景包括动态系统，以及机器人控制等，常见算法包括 Q-Learning 以及时间差学习（Temporal Difference Learning）。

1.3.2　机器学习流程

从实际应用问题出发，训练出来一个能够适应某场景的机器学习模型需要两个阶段，包括开发阶段和部署阶段。一般的机器学习的开发阶段需要经过以下几步：收集数据、数据预处理、开发机器学习模型、模型训练、测试及评估机器学习模型；而机器学习的部署阶段包括部署训练好的机器学习模型、处理预测请求、监测模型的预测、管理模型以及模型版本等步骤，如图 1-3 所示。

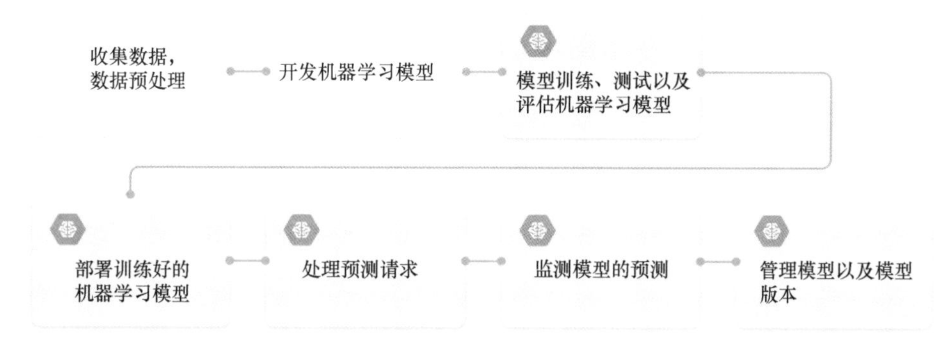

● 图 1-3　机器学习流程

（1）收集数据

在明确目标任务之后，需要根据具体问题，收集数据集，作为训练数据或测试数据。监督学习每一个数据样本还有对应的数据标签。

（2）数据预处理

先对数据进行一些探索，了解数据的大致结构、数据的统计信息、数据噪声以及数据分布等。在此过程中，为了更好地查看数据情况，可使用数据可视化方法或数据质量评价对数据质量进行评估。然后将原始数据转换成更好的表达问题本质的特征，将这些特征运用到预测模型中能提高对不可见数据的模型预测精度。

（3）模型训练

机器学习可以实现的目标被分为：分类、回归、聚类、降维、异常检测等。前期算法工程师需要通过测试集和训练集，在几种可能的算法中做一些 Demo 测试，再根据测试的结果选择具体的算法，这样可以规避大范围的训练模型改动带来的损失。根据目标选定模型之后，需要对模型的一些超参数进行调优，这需要对每个模型的参数有所了解，当然也可以使用网格搜索等方法暴力选择最优参数。在训练过程中，机器学习算法会更新一组称为参数或权重的数字。目的是更新模型中的参数，使计算或预测的输出尽可能接近真实的输出。如果输出误差随着每次连续迭代而逐渐减小，可以说该模型已收敛，训练成功。如果误差在迭代之间增大或随机变化，则需要重新评估构建模型时的假设。

（4）模型评估

机器学习算法设计中的重要一环就是模型评估，常用的模型评估方法包括留出法和交叉验证法。留出法（Hold-Out）：将数据按照一定的比例进行切分，预留一部分数据作为评估数据集，用于模型评估。交叉验证法（Cross-Validation）：将数据集 D 切分为 k 份，每一次随机使用其中的 k-1 份数据作为训练数据，剩余的 1 份数据作为评估数据。这样就可以获得 k 组不同的训练数据集和评估训练集，得到对应评估结果，然后取均值作为最终评估结果。

1.3.3 常见的机器学习算法

前面介绍了机器学习的分类和开发流程。机器学习的核心问题是如何从经验数据中学习，从而应用在某一个任务中。

首先考虑监督学习的场景，给定数据集 $D=\{(x^{(i)},y^{(i)})\mid i=0,1,\cdots,N\}$，这个数据集包含 N 个数据样本，其中 $x^{(i)}\in\mathbb{R}^D$。在回归任务中，往往 $y^{(i)}\in\mathbb{R}$，而在分类任务中，二分类的 $y^{(i)}\in\{0,1\}$，多分类的 $y^{(i)}\in[C]$（C 为类别数量），此外，记 $\boldsymbol{X}=(\boldsymbol{x}_1,\boldsymbol{x}_2,\cdots,\boldsymbol{x}_N)$ 和 $\boldsymbol{Y}=(y_1,y_2,\cdots,y_N)$。希望能够通过某个函数（模型）$f_\theta(x)$ 来拟合 y，而机器学习则是通过算法优化损失函数，找到最优的参数 θ^*。

机器学习包含了很多种不同的算法。本节将介绍一些常见的传统机器学习算法，从回归算法（比如线性回归）到分类算法（比如支持向量机和决策树等），再到聚类算法和降维算法（比如 K-Means 和主成分分析等）。

（1）线性回归算法

线性回归（Linear Regression）就是通过一个线性模型 $f(x)$ 去拟合数据 y。线性模型是一种比较简单的模型，可以用函数 $f(\boldsymbol{x})=\boldsymbol{w}^{\mathrm{T}}\boldsymbol{x}=w_0+w_1\boldsymbol{x}_1+w_2\boldsymbol{x}_2+\cdots+w_D\boldsymbol{x}_D$ 来表达。我们通过平均平方误差（Mean Square Error，MSE）来定义模型预测和真实值之间的距离，即损失函数，则由正规方程（Normal Equation）可以推导得出，$\boldsymbol{w}$ 的最优解 $\boldsymbol{w}^*=(\boldsymbol{X}\boldsymbol{X}^{\mathrm{T}})^{-1}\boldsymbol{X}^{\mathrm{T}}\boldsymbol{Y}$。

$$\boldsymbol{w}^*=\arg\min_{\boldsymbol{w}}\frac{1}{N}\sum_{i=1}^{N}(\boldsymbol{w}^{\mathrm{T}}\boldsymbol{x}_i-y_i)^2$$

通常会在损失函数中添加一个正则项来限制模型参数，公式如下所示，这样的损失函数被分别叫作 L2 和 L1 损失函数，而基于它们的线性回归又被分别叫作岭回归（Ridge Regression）和 Lasso 回归（Lasso Regression）。

$$\boldsymbol{w}^*=\arg\min_{\boldsymbol{w}}\frac{1}{N}\sum_{i=1}^{N}(\boldsymbol{w}^{\mathrm{T}}\boldsymbol{x}_i-y^{(i)})^2+\boldsymbol{\lambda}\parallel\boldsymbol{w}\parallel$$

（2）支持向量机算法

支持向量机（Support Vector Machine，SVM）是一种典型的监督学习算法，对数据进行二元分类的广义线性分类器，其决策边界是对学习样本求解的最大边距超平面。

假设给定数据集 $D=\{(x^{(i)},t^{(i)})\mid i=0,1,\cdots,N\mid\}$，其中 $\boldsymbol{x}_i\in\mathbb{R}^D$，$t_i\in\{-1,+1\}$。当 $t^{(i)}=+1$ 时，$\boldsymbol{x}$ 为正例；当 $t^{(i)}=-1$ 时，$\boldsymbol{x}$ 为负例，且数据集是线性可分的。我们定义一个线性超平面 $\boldsymbol{w}^{\mathrm{T}}\boldsymbol{x}+\boldsymbol{b}=0$，则线性超平面 $\boldsymbol{w}^{\mathrm{T}}\boldsymbol{x}+\boldsymbol{b}=0$ 关于点（x_i,y_i）的几何间隔被定义为 $\boldsymbol{\gamma}_i=$

$y_i\left(\frac{\boldsymbol{w}}{\|\boldsymbol{w}\|}\boldsymbol{x}_i+\frac{\boldsymbol{b}}{\|\boldsymbol{w}\|}\right)$。

如图 1-4 所示，蓝色为 2 维的超平面，而 2 维直线可以用方程 $w_1x_1+w_2x_2+b=0$ 表示，也可用法向量 $\boldsymbol{n}=(n_1,n_2)$ 和原点到直线的距离 d 表示：$n_1x_1+n_2x_2=d$，其中 $n_1=\frac{w_1}{\sqrt{w_1^2+w_2^2}}$，$n_2=\frac{w_1}{\sqrt{w_1^2+w_2^2}}$，$d=\frac{-b}{\sqrt{w_1^2+w_2^2}}$。平面上的点到直线的距离则等于点到法向量的投影减去原点到线段的距离（几何间隔考虑到距离的非负性，所以上式通过 y 调整），即：

$$\frac{w_1}{\sqrt{w_1^2+w_2^2}}x_1'+\frac{w_2}{\sqrt{w_1^2+w_2^2}}x_2'+\frac{b}{\sqrt{w_1^2+w_2^2}}=0$$

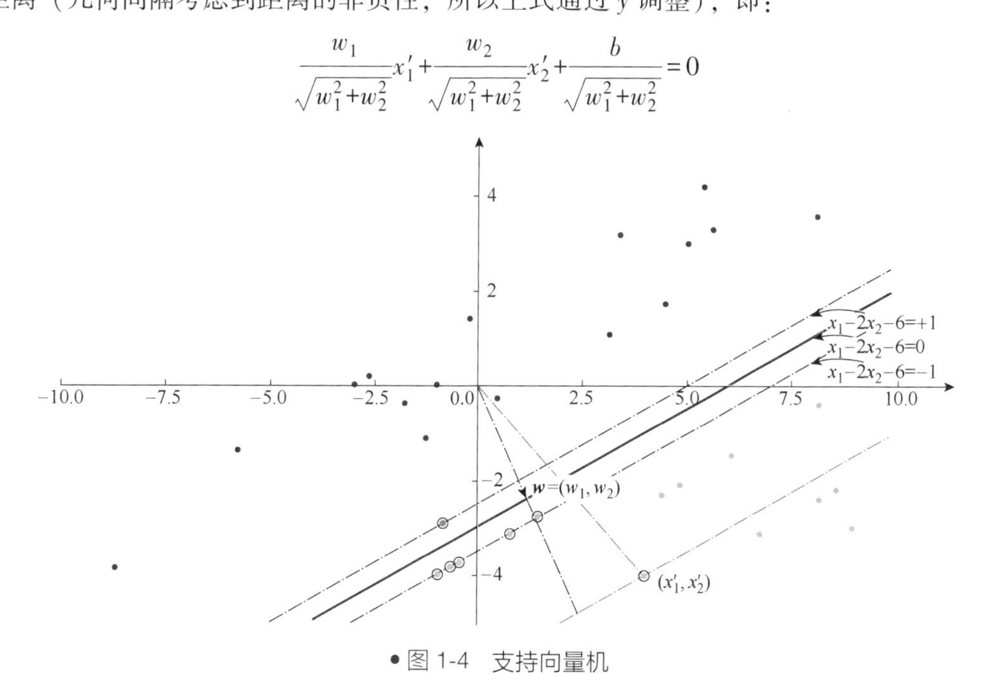

● 图 1-4 支持向量机

支持向量机算法最大化线性超平面与正负样本的最小几何间隔，即 $\gamma=\min\limits_{i=1,2,\cdots,N}\gamma_i$，而这个距离也叫作支持向量（Support Vector）到线性超平面的几何间隔。那么支持向量机可以表述成最优化问题：$\max\limits_{w,b}\gamma$，使得满足约束条件：

$$y_i\left(\frac{\boldsymbol{w}}{\|\boldsymbol{w}\|}\boldsymbol{x}_i+\frac{\boldsymbol{b}}{\|\boldsymbol{w}\|}\right)\geqslant\gamma_i,\ i=1,2,\cdots,N$$

如果将约束条件两边同时除以 γ，那么可以得到：

$$y_i\left(\frac{\boldsymbol{w}}{\|\boldsymbol{w}\|\gamma_i}x_i+\frac{\boldsymbol{b}}{\|\boldsymbol{w}\|\gamma_i}\right)\geqslant 1,i=1,2,\cdots,N$$

为了使表达式更加简洁，因为 $\|\boldsymbol{w}\|$ 和 γ_i 都是标量，所以令 $\boldsymbol{w}=\frac{\boldsymbol{w}}{\|\boldsymbol{w}\|\gamma_i}$ 和 $\boldsymbol{b}=\frac{\boldsymbol{b}}{\|\boldsymbol{w}\|\gamma_i}$，此时，最大化 γ_i，等价于最大化 $\frac{1}{\|\boldsymbol{w}\|}$，为了方便后续求导形式简便，也等价于最大化 $\frac{1}{2}\left(\frac{1}{\|\boldsymbol{w}\|}\right)^2$。此时，最优化问题就变成了一个含有不等式约束的凸二次规划问题，即在满

足以下约束条件的情况下，最小化$\|\boldsymbol{w}\|^2$。

$$t_i(\boldsymbol{w}^{\mathrm{T}}\boldsymbol{x}_i+\boldsymbol{b})-1\geqslant 0$$

可以对其使用拉格朗日乘子法求解，即引入正拉格朗日乘子$a_i\geqslant 0$，此时，最优化问题可以改写成最小化拉格朗日原始问题（Lagrangian primal form）即：

$$L(\boldsymbol{w},\boldsymbol{b},\boldsymbol{a})=\frac{1}{2}\|\boldsymbol{w}\|^2-\sum_{i=1}^{N}a_i[(t_i\boldsymbol{w}^{\mathrm{T}}\boldsymbol{x}+\boldsymbol{b})-1]$$

通过求导等于0，可以得到：

$$\frac{\partial L}{\partial \boldsymbol{b}}=0\Rightarrow\sum_{i=1}^{N}a_i t_i=0$$

$$\frac{\partial L}{\partial \boldsymbol{w}}=0\Rightarrow\boldsymbol{w}=\sum_{i=1}^{N}a_i t_i \boldsymbol{x}_i=0$$

然而，此时问题的解还需要满足著名的Karush-Kuhn-Tucker条件，简称KKT条件，即：

$$a_i\geqslant 0$$

$$t_i\boldsymbol{w}^{\mathrm{T}}x_i-1\geqslant 0$$

以及：

$$a_i(t_i\boldsymbol{w}^{\mathrm{T}}x_i-1)\geqslant 0$$

具体求解过程暂时不在此进行推导。通常可以通过拉格朗日的对偶问题（Lagrangian dual problem）进行推导。

当二次规划问题的变量过多时，对偶问题可以更加高效地求解。对于非线性分类问题，可以通过非线性变换将它转换为某个维特征空间中的线性分类问题，在高维特征空间中学习线性支持向量机。由于在线性支持向量机学习的对偶问题里，目标函数和分类决策函数只涉及样本点之间的内积，所以通常是通过用核函数替换当中的内积，而不需要显式地指定非线性变换，同时也可以在高维的非线性变化情况下减少计算量。

（3）决策树算法

决策树（Decision Tree）是一种预测模型，主要用于分类任务中，当然它也可以用于回归任务中，本小节主要讨论分类任务。分类决策树模型通过树的结构，非常直观地表示决策过程，是一种可解释性比较强的机器学习模型。决策树是由节点（Node）和边（Edge）组成的有向图，其中节点包括两种，分别是叶节点（Leaf Node）和内部节点（Internal Node）。每个节点表示对象的某个特征或属性，而每个分叉路径则代表一个属性值，而每个叶节点则表示一个类，从根节点到叶节点所经历的路径可以理解为被分类过程。决策树学习的内容主要是如何选取决策特征，常见的算法包括ID3、C4.5和CART等。决策树内部节点可以通过信息增益、信息增益率、基尼系数等进行特征选取。我们主要介绍信息增益的方法。

首先可以看到以下定义。

在信息论中，熵（Entropy）用来描述随机变量的不确定性。如果一个离散随机变量X有限多个取值，且其概率分布为$P(X=x_i)=p_i,\forall i=1,2,\cdots,N$，那么这个随机变量的熵$H(x)$定义为

$$H(x)=-\sum_{i=1}^{N}p_i\log p_i$$

其中，当$p_i=0$时，定义$p_i\log p_i=0$。

条件熵（Conditional Entropy）是用来描述在已知一个随机变量 X 的值的前提下，另一个随机变量 Y 的不确定性。假设随机变量 X 和 Y 的联合概率分布为 $P(X=x_i,Y=y_i)=p_{ij}$，随机变量 X 的边缘分布为 $P(X=x_i)=p_i$，那么条件熵 $H(Y|X)$ 被定义为

$$H(Y|X)=\sum_{i=1}^{N}p_iH(Y|X=x_i)$$

接下来介绍一下链式法则和贝叶斯法则。假设两个随机变量 X 和 Y 组合的系统的联合熵为 $H(X,Y)$，当已知变量 X 的熵 $H(X)$ 时，可以求出条件熵：

$$H(Y|X)=H(X,Y)-H(X)$$

根据贝叶斯法则又可得到：

$$H(Y|X)=H(X|Y)-H(X)+H(Y)$$

信息增益表示当知晓一个随机变量的条件下，另一个随机变量的不确定性减少的程度。给定一个数据集 D 的某个特征 A 的信息增益 $g(D,A)$ 被定义为集合 D 的熵 $H(D)$ 与特征 A 给定条件下集合 D 的条件熵 $H(D|A)$ 的差值，即：

$$g(D,A)=H(D)-H(D|A)$$

假设数据集 D 包含 $|D|$ 个样本，K 个类别，记 $C_k(k=1,2,\cdots,K)$ 为属于类 k 的样本集合，则 $\sum_{k=1}^{K}|C_k|=|D|$。假设特征 A 有 n 个可能取值 $\{a_1,a_2,\cdots,a_n\}$，则数据集 D 可以被划分成 n 个子集 $D_1,D_2,\cdots,D_n$，$|D_i|$ 为 D_i 的样本数量，其中子集 D_i 中属于类 C_k 的集合为 D_{ik}。通过以下三个步骤，可以计算特征 A 的信息增益 $g(D,A)$。

1）计算数据集 D 的熵 $H(D)$。

$$H(D)=-\sum_{k=1}^{K}\frac{|C_k|}{|D|}\log\frac{|C_k|}{|D|}$$

2）计算特征 A 对数据集 D 的条件熵 $H(D|A)$。

$$H(D|A)=-\sum_{i=1}^{n}\frac{|D_i|}{|D|}H(D_i)=-\sum_{i=1}^{n}\frac{|D_i|}{|D|}\sum_{k=1}^{K}\frac{|D_{ik}|}{|D_i|}\log\frac{|D_{ik}|}{|D_i|}$$

3）计算特征 A 的信息增益 $g(D,A)$。

$$g(D,A)=H(D)-H(D|A)$$

（4）K 均值算法

K 均值（K-Means）算法是常用的一种通过迭代求解的聚类分析算法。

假设给定一个数据集 $D=\{x_1,x_2,\cdots,x_n\}$，其中 $x_i\in\mathbb{R}^d$，K 均值算法的目的是将 n 个观测值分成 k 个子集 $S=\{S_1,S_2,\cdots,S_k\}$，其中 $k\leqslant n$，使得聚类内的平方和（With-in Cluster sum of squares，WCSS）最大化：$\arg\min\limits_{S}\sum_{i=1}^{k}\sum_{x\in S_i}\|x-\mu_{S_i}\|^2$，其中 μ_{S_i} 为 S_i 的均值。而算法的具体步骤如下。

1）首先随机选取 K 个对象作为初始的种子聚类中心。

2）然后计算每个数据与各个种子聚类中心之间的距离，把每个对象分配给距离它最近的聚类中心。聚类中心以及分配给它们的对象就代表一个聚类。

3）一旦全部对象被分配了，每个聚类的聚类中心会根据聚类中现有的对象被重新计算。

4）回到步骤 2）不断重复该过程，直到满足某个终止条件。

终止条件可以是以下任何一个：没有（或最小数目）对象被重新分配给不同的聚类，没有（或最小数目）聚类中心再发生变化，误差平方和局部最小。值得注意的是，K 均值算法是基于欧几里得空间距离的。选取聚类中心的方法，除了可以根据均值（Mean），还可以选择中位数（Median）、众数（Mode）等。

（5）主成分分析算法

主成分分析（Principal Component Analysis，PCA）是一种使用最广泛的数据降维算法。PCA 的主要思想是将 N 维特征映射到 K 维上，K 维是全新的正交特征，也称为主成分，是在原有 N 维特征的基础上重新构造出来的 K 维特征。PCA 的工作就是从原始的空间中顺序地找一组相互正交的坐标轴，新的坐标轴的选择与数据本身是密切相关的。其中，第一个新坐标轴选择是原始数据中方差最大的方向，第二个新坐标轴选择是与第一个坐标轴正交的平面中方差最大的，第三个轴是与第 1、2 个轴正交的平面中方差最大的，如图 1-5 所示。依此类推，可以得到 n 个这样的坐标轴。通过这种方式获得新的坐标轴，我们发现，大部分方差都包含在前面 k 个坐标轴中，后面的坐标轴所含的方差几乎为 0。

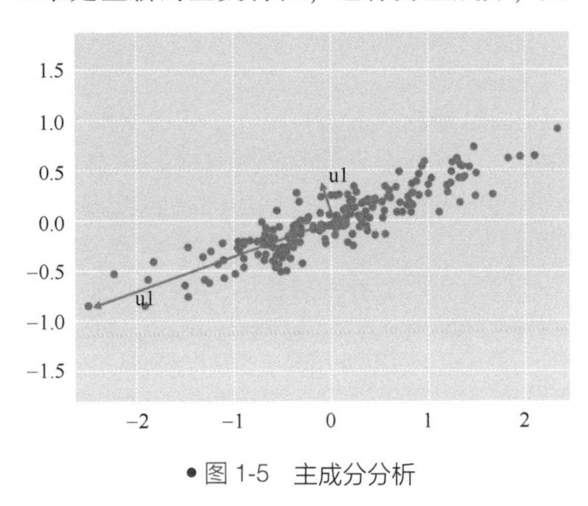

● 图 1-5　主成分分析

1.4　深度学习基础与框架

20 世纪 90 年代以来，随着信息技术和大数据技术的发展，算力和数据量有大幅度的提升，人工智能技术获得进一步优化，人工神经网络主导的深度学习领域也得到了极大的突破。基于深度神经网络技术的发展，人工智能才逐渐步入快速发展期。本节将介绍几年来越来越火热的深度学习的基础和常见的框架。

1.4.1　深度学习基本原理

深度神经网络、激活函数、损失函数、梯度下降和反向传播是深度学习的基本元素。深度神经网络是深度学习算法的核心；激活函数的引入，使得神经网络能够抓取特征的非线性关系；损失函数表现了预测和实际数据的差异；梯度下降算法通过计算可微函数的梯度并沿梯度的相反方向移动，直到搜索损失函数局部或者全局最小值；反向传播是一种机制，通过这种机制，可以反复调整影响神经网络输出的组件，以降低损失函数。

1. 深度神经网络

深度学习（Deep Learning）是机器学习的分支，是一种以神经网络为模型，基于对数据进行表征学习的算法。和许多传统机器学习算法相比，深度学习的模型有更强的学习能力，可以通过更大量的数据来提升性能。接下来将介绍什么是神经网络、常见的深度学习算法，以及几种常见的神经网络模型变形。神经网络，也称为人工神经网络（Artificial Neural Networks），它是深度学习算法的核心。其名称和结构是受人类大脑的启发，模仿了生物神经元信号相互传递的方式。最经典的人工神经网络称为深度前馈网络，指的是由输入层和输出层之间的多层非线性映射组成多层感知器，以完成复杂的函数逼近。一般来讲，神经网络会包含两个主要部分：线性变换函数和非线性变换函数。给定输入 $\boldsymbol{x} \in \mathbb{R}^D$，神经网络预测输出 $\boldsymbol{y} \in \mathbb{R}^K$，其中 D 是输入的维度，K 是输出的维度。神经网络的数学模型可以用以下函数表示：

$$f_{\boldsymbol{\theta}}(\boldsymbol{x}) = \sigma^{(L)}(\boldsymbol{W}^{(L)}\sigma^{(L-1)}(\boldsymbol{W}^{(L-1)}\cdots\sigma^{(2)}(\boldsymbol{W}^{(2)}\sigma^{(1)}(\boldsymbol{W}^{(1)}\boldsymbol{x}))))$$

其中 L 是隐藏层数，$\boldsymbol{\theta} = \{\boldsymbol{W}^{(1)}, \boldsymbol{W}^{(2)}, \cdots, \boldsymbol{W}^{(L)}\}$ 是要学习的参数，$\sigma = \{\sigma^{(1)}, \sigma^{(2)}, \cdots, \sigma^{(L)}\}$ 是非线性激活函数，例如 Tanh、Sigmoid 和 ReLU 等，如图 1-6 所示。

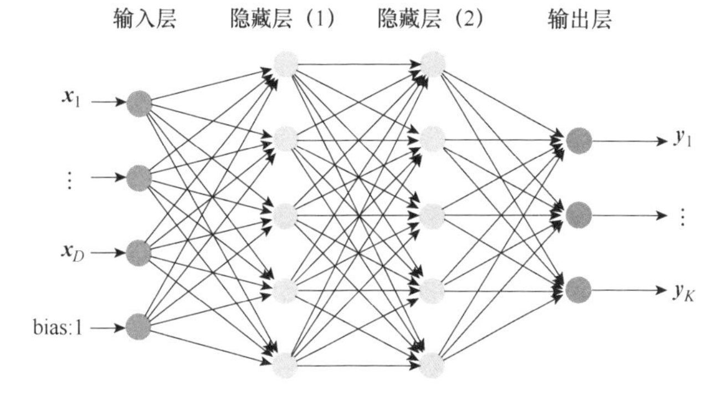

• 图 1-6 包含两个隐藏层的神经网络

可以看出，第 l 层的第 i 个神经元将第 $l-1$ 层的神经元的输出作为输入，经过加权相加和非线性激活函数，然后输出并作为第 $l+1$ 层的神经元的输入。其中，$\boldsymbol{W}_{j,i}^{(l-1)}$ 是第 $l-1$ 层的第 j 个神经元和第 l 层的第 i 个神经元的连接：

$$z_i^{(l)} = \sigma^{(l)}\left(\sum_{j=1}^{N} \omega_{j,i}^{(l-1)} z_j^{(l-1)}\right)$$

因此，也可以用矩阵形式表示，即：

$$\boldsymbol{Z}^{(l)} = \sigma^{(l)}(\boldsymbol{W}^{(l-1)}\boldsymbol{Z}^{(l-1)})$$

2. 激活函数

非线性激活函数，也叫作激活函数，它将神经元的输入映射到一个非线性输出。引入激活函数是为了增加神经网络模型的非线性，所以激活函数对于人工神经网络模型去学习非常复杂和非线性的函数来说，具有十分重要的作用。如果不用激活函数，每一层输出都是上层输入的线性函数，则无论神经网络有多少层，本质上输入的只是线性组合。如果使用激活函数，则原则上神经网络可以任意逼近任何非线性函数，这样神经网络就可以应用到众多的非线性模型中。常见的激活函数包括 Sigmoid 函数、双曲正切函数 Tanh、修正线性单元 ReLU 函数和 Softmax 函数等。

（1）Sigmoid 函数

Sigmoid 函数也叫作 Logistic 激活函数，如图 1-7a 所示，它将实数值压缩进 0 到 1 的区间内，该函数将较大的负数转换为趋近于 0，将较大的正数转换为趋近于 1。可以将它应用在预测概率的输出层中。Sigmoid 函数的导数为

$$f'(x)=f(x)[1-f(x)]$$

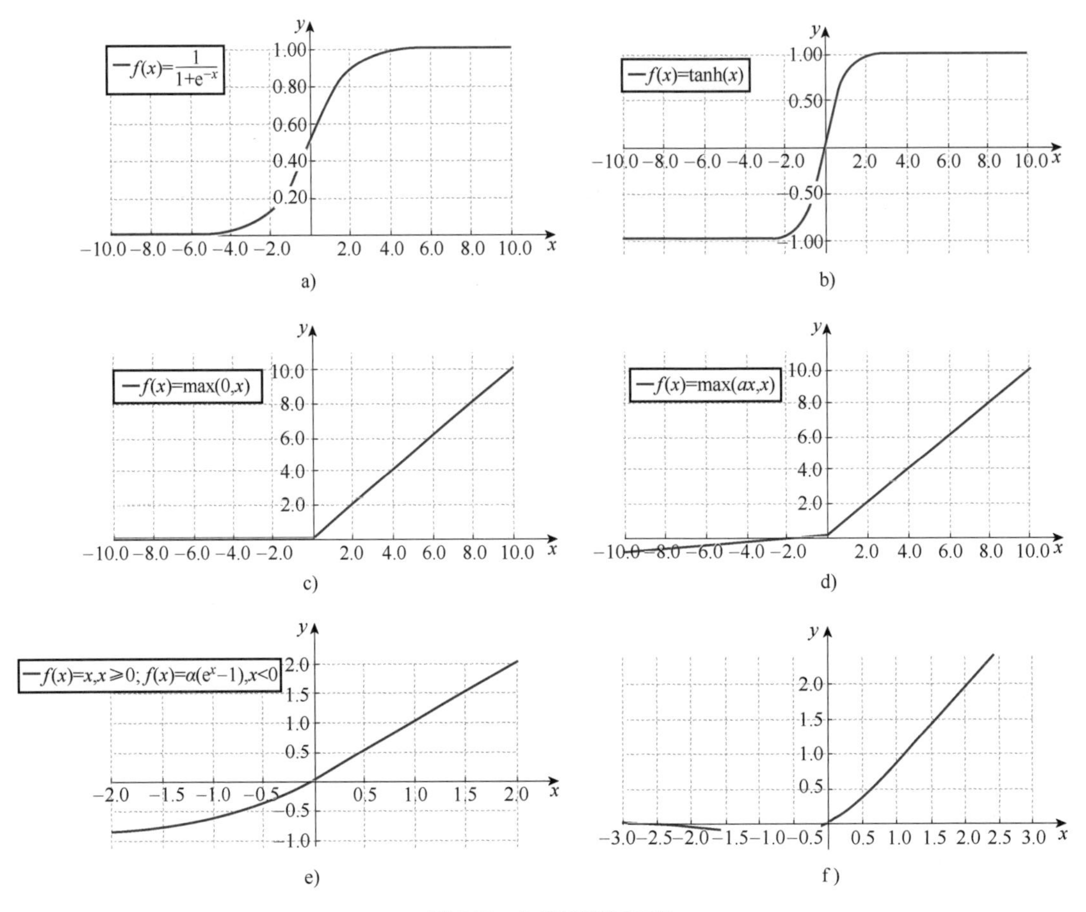

● 图 1-7 非线性激活函数

a）Sigmoid 函数 b）Tanh 函数 c）ReLU 函数 d）LeakyReLU 函数 e）ELU 函数 f）GeLU 函数

Sigmoid 函数的优点在于它可导，并且值域在 0～1，使得神经元的输出标准化。然而，它也有几个缺点：第一，它的输出不是以零为中心的，这会导致参数更新时只能朝一个方向更新，从而影响收敛速度；第二，与其他非线性激活函数相比，以 e 为底的指数函数和它的导数计算成本高；第三，它可能导致梯度消失（Gradient Vanishing）和梯度爆炸（Gradient Exploding）。Sigmoid 函数的基本形式如下：

$$f(x)=\text{sigmoid}(x)=\frac{1}{1+e^{-x}}$$

（2）Tanh 函数

Tanh 函数也叫作双曲正切函数（Hyperbolic Tangent Activation Function），如图 1-7b 所示，与 Sigmoid 函数类似，但 Tanh 函数将全实数域映射至-1 到 1 的区间内。Tanh 函数的特点是：它的输出值以 0 为中心，解决了 Sigmoid 函数输出值只为正，梯度只向一个方向更新

的问题。依然存在 Sigmoid 中梯度消失和爆炸的问题以及指数运算量大的问题。Tanh 函数的基本形式如下：

$$f(x)=\tanh(x)=\frac{e^{x}-e^{-x}}{e^{x}+e^{-x}}$$

（3）ReLU 函数

ReLU 函数也叫作修正线性单元（Rectified Linear Unit），它是目前最常应用的激活函数。如图 1-7c 所示，可以看出，$x\geqslant0$ 时梯度为 1；而在 $x<0$ 的情况下，梯度为 0。该函数的优点是：第一，收敛速度快，并且在正数区域（即 $x\geqslant0$），可以对抗梯度消失问题；第二，计算成本低，导数更加好求；第三，使网格具有稀疏性。而它的缺点也包括：第一，它的输出也不以 0 为中心，因此只存在正向梯度；第二，可能出现神经元“坏死”（Dead Neurons）现象。举个例子：由于 ReLU 在 $x<0$ 时梯度为 0，这样就导致负的梯度在这个 ReLU 被置 0，而且这个神经元有可能保持非激活状态。这样，参数无法得到更新，网络无法学习。

为了避免 ReLU 函数在负数区域的梯度消失问题，人们也提出了一些新的类似 ReLU 的函数，比如渗漏型整流线性单元 LeakyReLU 函数（如图 1-7d 所示）、指数线性单元 ELU 函数（如图 1-7e 所示）、高斯误差线性单元 GeLU 函数（如图 1-7f 所示）。

3. 损失函数

监督学习本质上是给定一系列训练样本（x_i, y_i），尝试学习 $f:x\mapsto y$ 的映射关系，使得给定一个 x，即便它没有在训练样本中出现，也能够输出 $\hat{y}$，尽量与真实的 y 接近。损失函数主要用来估量模型的输出 $\hat{y}$ 与真实值 y 之间的差距，定义了模型优化的方向。

$$\hat{\boldsymbol{\theta}}=\arg\min_{\boldsymbol{\theta}}\frac{1}{N}\sum_{i=1}^{N}L(y_i,f(x_i,\boldsymbol{\theta}))+\lambda\Omega(\boldsymbol{\theta})$$

如上式所示，模型的优化主要是最小化经验风险和结构风险，前面的均值函数为经验风险，$L(y_i,f(x_i,\boldsymbol{\theta}))$ 为损失函数，损失函数是经验风险函数的核心部分，后面的项为结构风险，也称作正则项，$\Omega(\boldsymbol{\theta})$ 用来衡量模型的复杂度。接下来将介绍几个常用到的损失函数。

（1）均方差损失函数

均方差（Mean Squared Error，MSE）损失函数是机器学习、深度学习中回归任务最常用的一种损失函数，也称为 L2 损失函数（L2 Loss Function）。其基本形式如下：

$$J_{\text{MSE}}=\frac{1}{N}\sum_{n=1}^{N}(\hat{y}_i-y_i)^2$$

（2）平均绝对误差损失函数

平均绝对误差（Mean Absolute Error，MAE）损失函数是另一类常用的损失函数，也称为 L1 损失函数。其基本形式如下：

$$J_{\text{MAE}}=\frac{1}{N}\sum_{n=1}^{N}|\hat{y}_i-y_i|$$

（3）Huber 损失函数

Huber 损失函数是一种将 MSE 与 MAE 结合起来的损失函数，也称作 Smooth Mean Absolute Error 损失函数。它取了两者优点，在误差接近 0 时使用 MSE，误差较大时使用 MAE，降低了异常点的影响，使训练更加鲁棒。其基本形式如下：

$$J_{\mathrm{MAE}}=\frac{1}{N}\sum_{n=1}^{N}I_{|\hat{y}_i-y_i|\leqslant\delta}\frac{(\hat{y}_i-y_i)^2}{2}+I_{|\hat{y}_i,y_i|>\delta}\left(\delta|\hat{y}_i-y_i|-\frac{1}{2}\delta^2\right)$$

其中，δ 是 Huber 损失函数的一个超参数，δ 的值是 MSE 与 MAE 连接的位置。

（4）交叉熵损失函数

交叉熵（Cross Entropy）损失函数常常用于分类问题。在二分类中，通常使用 Sigmoid 函数将模型的输出映射到（0,1）区间内。$\hat{y}_i\in(0,1)$ 表示在给定输入 x_i 的情况下，模型判断为正类的概率。其基本形式如下，也叫作 Binary Cross Entropy。

$$J_{\mathrm{BCE}}(\boldsymbol{\theta})=-\frac{1}{N}\sum_{n=1}^{N}y_i\log(\hat{y}_i)+(1-y_i)\log(1-\hat{y}_i)$$

在多分类的任务中，将 y_i 表示成一个 one-hot 向量，其中，$y_{i,c}=1$ 当且仅当该样本属于类 c。通常，模型的最后一层使用 Softmax 函数将输出的向量的每个维度的输出范围限定在（0,1）内，同时所有维度的输出和为 1。其基本形式如下，也叫作 Categorical Cross Entropy。

$$J_{\mathrm{CE}}(\boldsymbol{\theta})=-\frac{1}{N}\sum_{i=1}^{N}\sum_{c=1}^{C}I(y_{i,c}=1)\log(\hat{y}_{i,c})$$

4. 梯度下降和反向传播

梯度下降法是目前最常见的神经网络训练算法，它是一种一阶最优化算法，通常也称为最陡下降法。使用梯度下降法找到一个函数的局部极小值，必须向函数上当前点对应梯度（或者是近似梯度）的反方向的规定步长距离点进行迭代搜索。梯度下降法可以分成三类：批梯度下降法（Batch Gradient Descent，BGD）、迷你批梯度下降法（Mini Batch Gradient Descent，MBGD）和随机梯度下降法（Stochastic Gradient Descent，SGD）。批梯度下降法在一次迭代（Epoch）中，计算损失函数会使用所有训练样本。

$$\boldsymbol{\theta}^{(\tau+1)}=\boldsymbol{\theta}^{(\tau)}-\eta\ \nabla_{\boldsymbol{\theta}}J(\boldsymbol{\theta}^{(\tau)},x^{(i)},y^{(i)})$$

$$\boldsymbol{\theta}^{(\tau+1)}=\boldsymbol{\theta}^{(\tau)}-\eta\sum_{i=1}^{n}\nabla_{\boldsymbol{\theta}}J(\boldsymbol{\theta}^{(\tau)},x^{(i)},y^{(i)})$$

$$\boldsymbol{\theta}^{(\tau+1)}=\boldsymbol{\theta}^{(\tau)}-\frac{\eta}{b}\sum_{i=k+1}^{k+b}\nabla_{\boldsymbol{\theta}}J(\boldsymbol{\theta}^{(\tau)},x^{(i)},y^{(i)})$$

反向传播算法是目前最主要的能够高效计算梯度的算法。它利用链式法则计算神经网络中各个参数的梯度。接下来推导反向传播算法的过程。

首先，来回顾一下神经网络的前向传导过程。如图 1-8 所示，记 $y_i^{(k)}$ 为第 k 层的第 i 个神经元的输出，$z_i^{(k)}$ 为第 k 层的第 i 个神经元的输入，$\boldsymbol{W}^k=(w_{i,j}^{(k)})$ 为连接第 k-1 层和第 k 层的参数矩阵，σ 为非线性激活函数。于是可以得到以下两个公式：

$$z_j^{(k+1)}=\sum_{i=1}^{N_k}w_{j,i}y_i^{(k)}$$

$$y_j^{(k+1)}=\boldsymbol{\sigma}(z_j^{(k+1)})$$

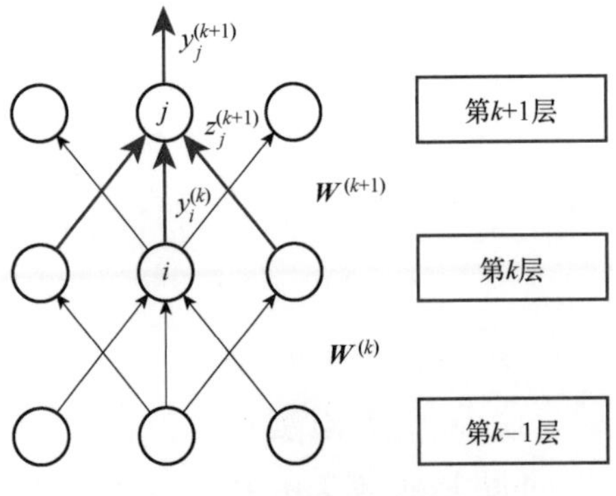

• 图 1-8 神经网络前向传导

反向传播则是从最后一层开始计算，通过链式法则逐层推导梯度。首先，可以根据第 L 层的输出

和定义的损失函数 J 得到损失函数 J 相对于 $y_j^{(L)}$ 的偏导数$\frac{\partial J}{\partial y_j^{(L)}}$。反向传播算法则是以下循环过程：

1）通过损失函数 J 关于第 $k+1$ 层的输出的偏导数，可以计算损失函数 J 关于第 $k+1$ 层的输入的偏导数。如果激活函数为 Sigmoid，则$\frac{\partial y_j^{(k+1)}}{\partial z_j^{(k+1)}}=y_j^{(k+1)}(1-y_j^{(k+1)})$。

$$\frac{\partial J}{\partial z_j^{(k+1)}}=\frac{\partial y_j^{(k+1)}}{\partial z_j^{(k+1)}}\frac{\partial J}{\partial y_j^{(k+1)}}$$

2）通过损失函数 J 关于第 $k+1$ 层的输入的偏导数，可以计算损失函数 J 关于第 k 层的输出的偏导数。

$$\frac{\partial J}{\partial y_i^{(k)}} = \sum_j \frac{\partial z_j^{(k+1)}}{\partial y_i^{(k)}}\frac{\partial J}{\partial z_j^{(k+1)}} = \sum_j w_{j,i} \frac{\partial J}{\partial z_j^{(k+1)}}$$

3）通过损失函数 J 关于第 k 层的输出的偏导数，可以计算损失函数 J 关于连接第 k 层和第 $k+1$ 层参数的偏导数。

$$\frac{\partial J}{\partial w_{j,i}^{(k+1)}}=\frac{\partial z_j^{(k+1)}}{\partial w_{j,i}^{(k+1)}}\frac{\partial J}{\partial z_j^{(k+1)}}=y_i^{(k)}\frac{\partial J}{\partial z_j^{(k+1)}}$$

深度学习的本质是优化问题，而这个优化函数的变量是神经网络的所有参数 θ。上文介绍的三种梯度下降法：批量梯度下降法（Batch Gradient Decent，BGD）、随机梯度下降法（Stochastic Gradient Decent，SGD）和迷你批量梯度下降法（Mini-Batch Gradient Decent，MBGD）是几个简单优化器。它们各自的缺点也比较明显：对于 BGD，它需要对整个数据集计算梯度，所以计算起来非常慢，当遇到很大的数据集时就会非常棘手；对于 SGD，它的更新比较频繁，会造成在损失函数上有严重的震荡。为了解决这些问题，很多不同的优化器也陆续被提出，常用的包括 Momentum、Nesterov Acceleration、Adagrad、Adadelta、RMSprop 和 Adam 等。

1.4.2 常见的神经网络类型

随着神经网络技术的不断发展和完善，越来越多的模型架构被提出。其中主要用于处理数据卷积神经网络、处理序列任务的循环神经网络是神经网络最基本最常见的网络类型。

1. 卷积神经网络

目前，卷积神经网络（Convolutional Neural Networks，CNN）已经广泛应用在了各个领域，特别是在计算机视觉领域。卷积神经网络是一种特殊的神经网络。与普通的神经网络一样包括一个输入层、一个输出层以及多个隐藏层。但是与常规人工神经网络不同的是，卷积神经网络处理的是二维和三维的张量，而不是向量。一个卷积神经网络主要包括 4 个基本结构：卷积层、激活层、池化层和全连接层。接下来将介绍这些基本构件及相关的数学运算过程。

卷积（Convolution）是数学分析中一种重要的运算。假设定义两个在$\mathbb{R}$上的可积函数 $f(x)$ 和 $g(x)$，$f(x)$ 和 $g(x)$ 的卷积$(f*g)(t)$是其中一个函数翻转，并平移后，与另一个函数的乘积的积分，可以定义为如下公式。

$$(f*g)(t)=\int f(x)g(t-x)\mathrm{d}x$$

离散空间的二维卷积如图 1-9 所示，其中中间阴影部分称为窗口函数或者卷积的核，也可以叫作过滤器或者滤波器。我们也可将卷积后的图片上的某一个像素理解成该位置附近的像素集合与卷积核（滤波器或过滤器）对应的加权求和。

如图 1-10 所示，比较经典的卷积核（滤波器或过滤器）包括高斯核（也叫作高斯模糊）和拉普拉斯核等。

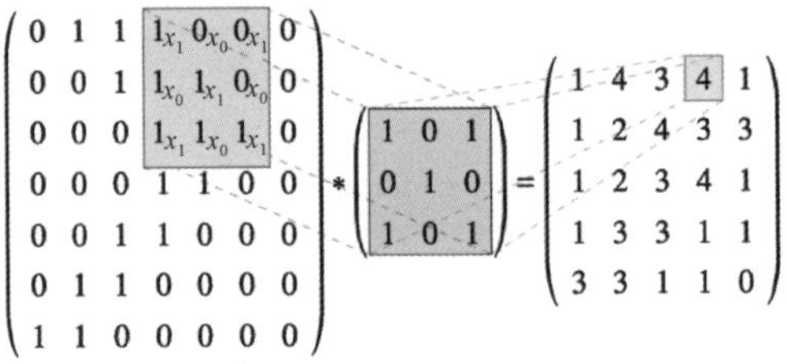

$$\begin{pmatrix} 0 & 1 & 1 & 1_{\times 1} & 0_{\times 0} & 0_{\times 1} & 0 \\ 0 & 0 & 1 & 1_{\times 0} & 1_{\times 1} & 0_{\times 0} & 0 \\ 0 & 0 & 0 & 1_{\times 1} & 1_{\times 0} & 1_{\times 1} & 0 \\ 0 & 0 & 0 & 1 & 1 & 0 & 0 \\ 0 & 0 & 1 & 1 & 0 & 0 & 0 \\ 0 & 1 & 1 & 0 & 0 & 0 & 0 \\ 1 & 1 & 0 & 0 & 0 & 0 & 0 \end{pmatrix} * \begin{pmatrix} 1 & 0 & 1 \\ 0 & 1 & 0 \\ 1 & 0 & 1 \end{pmatrix} = \begin{pmatrix} 1 & 4 & 3 & 4 & 1 \\ 1 & 2 & 4 & 3 & 3 \\ 1 & 2 & 3 & 4 & 1 \\ 1 & 3 & 3 & 1 & 1 \\ 3 & 3 & 1 & 1 & 0 \end{pmatrix}$$

● 图 1-9　二维卷积示例

● 图 1-10　高斯核和拉普拉斯核效果示例

卷积神经网络中的卷积层（或者叫作卷积模块），就是通过深度学习优化算法训练，比如梯度下降法，学习得到不同的卷积核，这些卷积核可以将图像的特征提取出来，得到更抽象的特征图。所有深度学习框架也提供了现成的 2D 卷积类可以调用，如下所示，PyTorch 中的 torch.nn 包中提供了名为 Conv2d 的类，其中必需的参数包括输入特征图的通道数、输出特征图的通道数，以及卷积核的大小，默认步长为 1，默认填充为 0，默认带有偏差 bias。

```
torch.nn.Conv2d(in_channels, out_channels, kernel_size, stride=1, padding=0, dilation=1,
groups=1, bias=True, padding_mode='zeros', device=None, dtype=None)
```

与其他神经网络一样，在卷积神经网络中，卷积层的输出还需要经过激活层。之前介绍的一些非线性激活函数都可以作为卷积神经网络的激活层，如双曲正切函数或者 Sigmoid 函数等。这些函数可以增强网络的非线性特性。但是相比其他函数来说，ReLU 函数更受青睐，这是因为它可以增强判定函数和整个神经网络的非线性特性，而本身并不会改变卷积层。除此之外，ReLU 函数还可以提升神经网络训练收敛的速度，而并不会对模型的泛化准确度造成显著影响。在卷积神经网络中，池化（Pooling）是另一个重要的概念，它实际上是一种非线性形式的降采样。有多种不同形式的非线性池化函数，而其中最大池化（Max

Pooling）是最为常见的。它是将输入的图像划分为若干个矩形区域，对每个子区域输出最大值，图 1-11 表示了核大小为 2，步长为 2 的最大池化。除了最大池化之外，池化层也可以使用其他池化函数，例如平均池化和 L2-范数池化等。过去，平均池化的使用曾经较为广泛，但是最近由于最大池化在实践中的表现更好，平均池化已经不太常用。池化层的优点在于增加了网络的感受野，又减小了特征图的大小，对应减少计算量，一定程度上避免了过拟合。

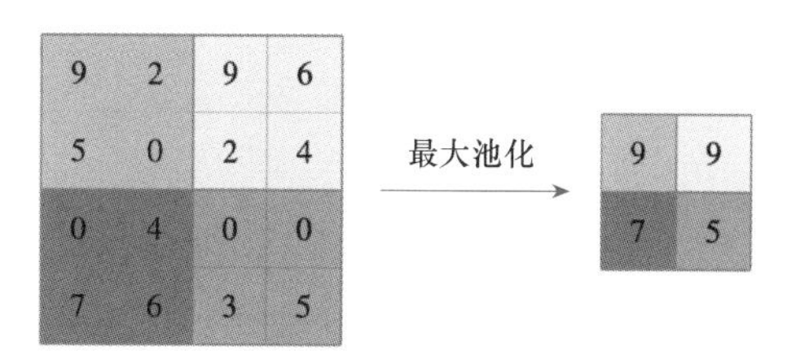

● 图 1-11　最大池化示例

最后，在经过几个卷积和最大池化层之后，神经网络中的高级推理通过完全连接层来完成。就和在常规的非卷积人工神经网络中一样，完全连接层中的神经元与前一层中的所有激活有联系。因此，它们的激活可以作为仿射变换来计算，也就是先乘以一个矩阵，然后加上一个偏差（Bias）偏移量（向量加上一个固定的或者学习来的偏差量）。在图像识别任务中，卷积神经网络通过全连接层和 Softmax 函数将卷积层学习得到的特征图映射成该图片属于某个类别的概率。

2. 循环神经网络

在处理序列数据时，往往需要神经网络具有记忆性。例如，当阅读一篇文章时，会根据前面单词的理解来理解每个单词。而不会把所有东西扔掉，重新开始思考。传统的神经网络显然无法做到这一点。循环神经网络（Recurrent Neural Network，RNN）解决了这个问题。如图 1-12 所示，循环神经网络是一类以序列数据作为输入，具有循环的，允许信息持续存在的递归神经网络。

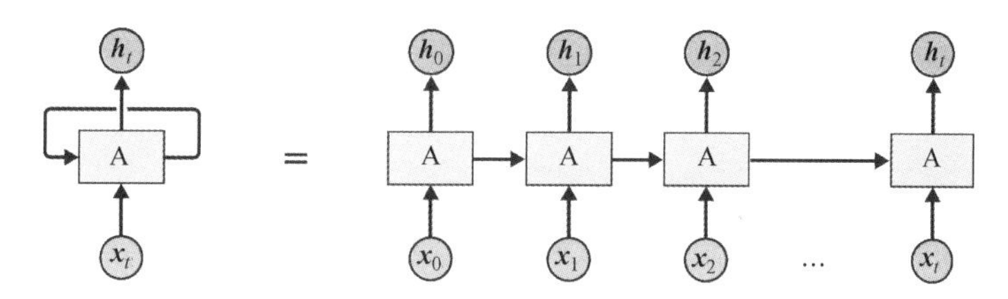

● 图 1-12　循环神经网络

注：该图取自 https：//colah.github.io/posts/2015-08-Understanding-LSTMs

简单的循环神经网络主要有两种：Elman 和 Jordan 网络。假设$\boldsymbol{x}_t$为输入向量的第 t 个元素，$\boldsymbol{h}_t$为隐藏层向量的第 t 个元素，$\boldsymbol{y}_t$为输出向量的第 t 个元素，$\boldsymbol{W}$、$\boldsymbol{U}$ 和 $\boldsymbol{b}$ 分别为参数矩阵和参数向量，σ_h 和 σ_y 为激活函数，则 Elman 和 Jordan 网络可以分别表示为如下公式。

- Elman 网络：

$$\boldsymbol{h}_t=\sigma_h(\boldsymbol{W}_h\boldsymbol{x}_t+\boldsymbol{U}_h\boldsymbol{h}_{t-1}+\boldsymbol{b}_h)$$
$$\boldsymbol{y}_t=\sigma_y(\boldsymbol{W}_y\boldsymbol{h}_t+\boldsymbol{b}_y)$$

- Jordan 网络：

$$\boldsymbol{h}_t=\sigma_h(\boldsymbol{W}_h\boldsymbol{x}_t+\boldsymbol{U}_h\boldsymbol{y}_{t-1}+\boldsymbol{b}_h)$$
$$\boldsymbol{y}_t=\sigma_y(\boldsymbol{W}_y\boldsymbol{h}_t+\boldsymbol{b}_y)$$

然而，RNN 存在梯度消失的问题。随着序列数据长度的增加，RNN 难以获取很久以前的信息。Hochreiter 和 Schmidhuber 于 1997 年提出了长短期记忆网络（Long Short-Term Memory Network，LSTM）。LSTM 在多个序列任务领域得到了广泛的应用。

如图 1-13 所示（图中的 σ 表示 Sigmoid 函数），LSTM 的关键是单元状态（Cell State），即图中 LSTM 单元上方从左贯穿到右的水平线，它像传送带一样，将信息从上一个单元传递到下一个单元，同其他部分只有很少的线性的相互作用。另一方面，LSTM 通过“门”（gate）来控制丢弃或者增加信息，从而实现遗忘或记忆的功能。“门”是一种使信息选择性通过的结构，由一个 Sigmoid 函数（或者 tanh 函数）和一个点乘操作组成。Sigmoid 函数的输出值在 0 到 1 的区间，0 代表完全丢弃，1 代表完全通过。一个 LSTM 通过三个门保护和控制单元状态，分别是遗忘门（Forget Gate）、输入门（Input Gate）和输出门（Output Gate）。

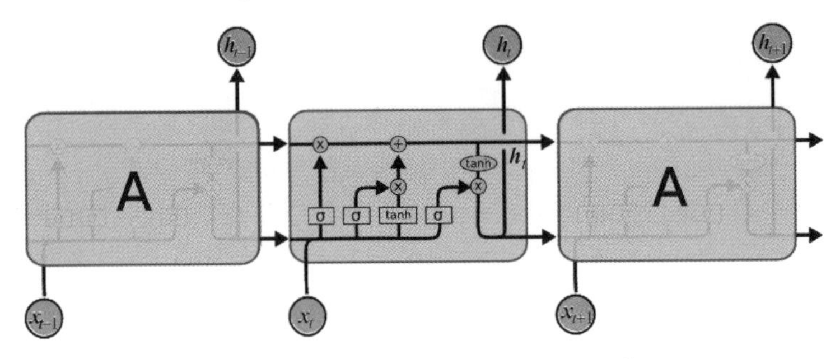

• 图 1-13 长短期记忆（LSTM）网络

（1）遗忘门决定将在单元状态中删除哪些信息：

$$f_t=\sigma(W_f[h_{t-1},x_t]+b_f)$$

（2）输入门决定将在单元状态中存储哪些新信息：

$$i_t=\sigma(W_i[h_{t-1},x_t]+b_i)$$

$$\hat{C}_t=\tanh(W_C[h_{t-1},x_t]+b_C)$$

（3）更新单元状态：

$$C_t=f_t*C_{t-1}+i_t*\hat{C}_t$$

（4）输出门决定（基于目前的单元状态）要输出什么：

$$o_t=\sigma(W_o[h_{t-1},x_t]+b_o)$$

$$h_t=o_t*\tanh(C_t)$$

Gers 和 Schmidhuber 在 2000 年提出了一种流行的 LSTM 变体，在传统的 LSTM 单元中加入了“窥视孔连接（Peephole Connections）”，如图 1-14a 所示。

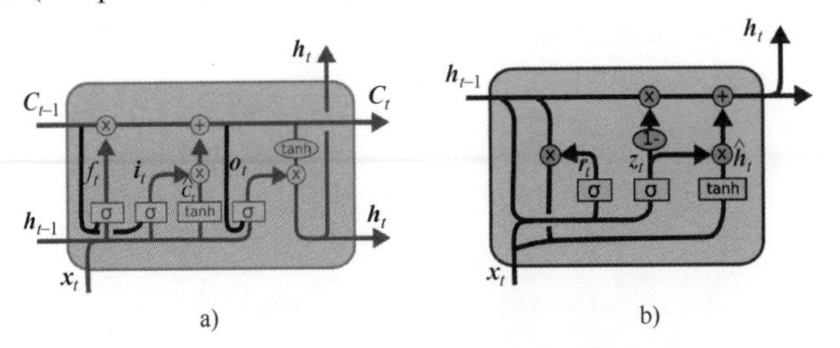

• 图 1-14 LSTM 变体网络结构

a）窥视孔 LSTM b）门控循环单元 GRU

$$f_t=\sigma(W_f[C_{t-1},h_{t-1},x_t]+b_f)$$
$$i_t=\sigma(W_i[C_{t-1},h_{t-1},x_t]+b_i)$$
$$o_t=\sigma(W_o[C_t,h_{t-1},x_t]+b_o)$$

LSTM 的另一个更有名的变体是由 Cho 等人在 2014 年提出的门控循环单元（Gated Recurrent Unit，GRU），如图 1-14b 所示。这种结构将遗忘门和输入门组合成一个“更新门”，还合并了单元格状态和隐藏状态，并进行了一些其他更改。GRU 模型比标准 LSTM 模型更简单，并且越来越受欢迎。

$$z_t=\sigma(W_z[h_{t-1},x_t])$$
$$r_t=\sigma(W_r[h_{t-1},x_t])$$
$$\hat{h}_t=\tanh(W[r_t*h_{t-1},x_t])$$
$$h_t=(1-z_t)*h_{t-1}+z_t*\hat{h}_t$$

1.4.3 常见的深度学习框架

深度学习是一个复杂的系统工程。对于某些简单的模型，研究人员也可以手动实现一个神经网络模型。如果需要更复杂的模型，或者计算系统的基线用于与其他方法比较其优缺点，那么会发现重新实现一个复杂模型是不切实际的。深度学习框架能帮助我们使用 CUDA 代码调用 GPU 资源进行计算，不需要自己构建计算图实现梯度反向传播。标准化的优化器、数据加载器等能帮助研究与开发人员极大地降低工程量。常见的深度学习框架包括 TensorFlow、Keras、PyTorch 等。

1. TensorFlow

TensorFlow 是谷歌基于 DistBelief 进行研发的第二代人工智能学习系统，其命名来源于本身的运行原理。Tensor（张量）意味着 N 维数组，Flow（流）意味着基于数据流图的计算，TensorFlow 为张量从流图的一端流动到另一端的计算过程。TensorFlow 是将复杂的数据结构传输至人工智能神经网络中进行分析和处理的系统。通过描述张量如何在神经网络的一系列层和节点中移动的数据流图来实现的，机器学习开发人员无须处理遍历神经网络所需操作的低级细节，而是专注于应用程序的高级逻辑。TensorFlow 是深度学习领域前景广阔且发展迅速的新产品，它提供了一个灵活、全面的社区资源、库和工具生态系统，有助于构建和部署机器学习应用程序。

TensorFlow 2 是一个端到端的开源机器学习平台，它结合了 4 个关键能力。

- 在 CPU、GPU 或 TPU 上高效执行低级张量操作。
- 计算任意可微表达式的梯度。
- 将计算扩展到许多设备，例如数百个 GPU 的集群。
- 将程序图导出到外部运行时，例如服务器、浏览器、移动和嵌入式设备。

TensorFlow 以文档和培训支持、可扩展的生产和部署选项、多个抽象级别，以及对不同平台（例如 Android）的支持而闻名。TensorFlow 提供的 API 不仅是高级的，还允许一些低级的操作，它还支持 Python、JavaScript、C++和 Java 的 API。除此之外，还有一些针对 C#、Haskell、Julia、R、MATLAB、Scala 等的第三方语言绑定包。使用 TensorFlow 的另一个优势是谷歌提供了张量处理单元或TPU。这些是专用集成电路，专门为了与TensorFlow一起用于机器学习而定制。

2. Keras

Keras是一个Python深度学习框架，可以方便地定义和训练几乎所有类型的深度学习模型。最开始，Keras是为研究人员开发的，其目的在于快速实验。Keras具有以下重要特性：

- 相同的代码可以在CPU或GPU上无缝切换运行。
- 具有对用户友好的API，便于快速开发深度学习模型的原型。
- 内置支持卷积网络（用于计算机视觉）、循环网络（用于序列处理）以及二者的任意组合。
- 支持任意网络架构：多输入或多输出模型、层共享、模型共享等。

Keras是一个模型级（Model-Level）的库，为开发深度学习模型提供了高层次的构建模块。它不处理张量操作、求微分等低层次的运算。相反，它依赖于一个专门的、高度优化的张量库来完成这些运算，这个张量库就是Keras的后端引擎（Backend Engine）。

最初，Keras将Theano作为首选的后端引擎，又支持了其他一些后端引擎，包括CNTK、MxNet和TensorFlow等。随着越来越多的TensorFlow用户开始使用Keras的简易高级API，越来越多的TensorFlow开发人员将Keras项目纳入TensorFlow中作为一个单独模块，并将其命名为tf.keras。TensorFlow v1.10是第一个在tf.keras中包含一个keras分支的TensorFlow版本。而且它也最终成为Keras的默认计算后端引擎。当前Keras是TensorFlow 2的高级API。Keras与TensorFlow 2一起打包为tensorflow.keras。当开始使用Keras时，只需安装TensorFlow 2，然后使用from tensorflow import keras即可。

3. PyTorch

Pytorch是Torch的Python版本，是由Facebook（现更名为Meta）开源的神经网络框架，专门针对GPU加速的深度神经网络（DNN）编程。Torch是一个经典的对多维矩阵数据进行操作的张量（Tensor）库，在机器学习和其他数学密集型应用中有广泛应用。与Tensorflow的静态计算图不同，PyTorch的计算图是动态的，可以根据计算需要实时改变计算图。

PyTorch由Facebook（现更名为Meta）于2017年在GitHub上开源的。由Facebook的AI研究小组开发，并于2017年用于自然语言处理应用程序。PyTorch借鉴了Chainer和Torch，以简单、易用、灵活、高效的内存使用和动态计算图而闻名。它可以使编码更易于管理并提高处理速度。开发人员通常认为PyTorch比其他框架更“Pythonic”。PyTorch是一个非常灵活的框架，虽然它依赖于图来定义神经网络架构的逻辑，但我们不需要在计算之前定义它。相反，可以以动态方式将组件添加到图中，并且彼此独立。这也为代码的测试和调试阶段带来了优势。与TensorFlow相比，PyTorch凭借其动态图方法，以及调试和测试代码的灵活性，已经获得了大量的支持者。

4. TensorFlow、Keras和PyTorch的比较与使用建议

Keras在小数据集中是首选，它提供了快速原型和扩展的大量后端支持，而TensorFlow提供了不同平台不同语言的广泛支持，尤其是在嵌入式设备部署任务上，TensorFlow仍然是首选。PyTorch具有较强的灵活性和调试能力，可以在最短的数据集训练时间内适应。

目前，在学术界PyTorch已经超越TensorFlow。研究人员考虑的是科研的速度而非性能，即哪一种框架能够让他们更快、更好地实践想法。PyTorch 可以替代 NumPy，轻松与 Python 生态系统的其余部分集成。而在 TensorFlow 中，调试模型需要一个活动会话，并且最终会非常棘手。与 TensorFlow 的 API 相比，大多数研究人员更喜欢 PyTorch 的 API。其设计得更好，而 TensorFlow 则需要进行多次切换。在性能方面，PyTorch 建立在支持动态图计算的基础上，其运行速度与 TensorFlow 并没有拉开明显差距，甚至在一些测试中要快于 TensorFlow。在工业界，Tensorflow 的地位仍然相当稳固。工业界更注重部署，而 TensorFlow 的生态更有利于快速部署。以英伟达开发的 TensorRT 为例子，与 PyTorch 相比，英伟达官方不仅是支持了 TensorFlow，而且发布了很多 TensorRT 实现的深度模型。除此之外，还给出了不同模型在最常用的嵌入式设备 Jetson TX2 上的算法测试时间。所以工程人员为了更快速地给出方案、更快速地跑通流程，最好的方式就是在现有的生态基础上，进行算法组合和调优，以满足特定任务。如果采用部署生态尚不成熟的 PyTorch，可能遇到 TensorRT 不支持某些操作的情况。所以目前的部署任务中，TensorFlow 要比 PyTorch 更成熟，值得推荐。

第 2 章　联邦学习框架

正所谓“工欲善其事，必先利其器”，联邦学习研究和应用离不开开源开放的框架支持。选择一个好的联邦学习框架，往往能让联邦学习研究和应用事半功倍。这一章将学习几款不同的联邦学习框架，通过几个简单的示例，加强对联邦学习的理解。最后，从不同角度讨论不同框架，以及对它们的选择。

2.1　百度 PaddleFL 框架

PaddleFL 是百度开发的一个基于飞桨（PaddlePaddle）的开源联邦学习框架，让研发人员可以很轻松地使用不同的联邦学习算法，同时也让开发人员比较容易在大规模分布式集群中部署 PaddleFL 联邦学习系统。PaddleFL 可以算是最早的联邦学习框架之一。本节将首先介绍一下 PaddlePaddle 飞桨深度学习框架、PaddleFL 框架结构，以及简单的实战示例。

2.1.1　PaddleFL 框架结构

PaddleFL 提供了很多种联邦学习策略（横向联邦学习、纵向联邦学习）及其在计算机视觉、自然语言处理、推荐算法等领域的应用。此外，PaddleFL 还将提供传统机器学习训练策略的应用，例如多任务学习、联邦学习环境下的迁移学习。依靠着 PaddlePaddle 的大规模分布式训练和 Kubernetes 对训练任务的弹性调度能力，PaddleFL 可以基于全栈开源软件轻松地部署。PaddleFL 联邦学习框架如图 2-1 所示。

PaddleFL 以飞桨作为其深度学习框架，提供编程语言、模型参数训练、边缘计算，以及弹性调度等底层服务。它支持目前主流的两类联邦学习策略：横向联邦学习策略和纵向联邦学习策略。对于横向联邦学习策略，它主要通过联邦平均（FedAvg）算法、差分隐私-随机梯度下降法（DP-SGD），以及安全聚合（SecAgg）算法保障用户数据隐私和深度学习训练过程的安全。对于纵向联邦学习策略，它提供了基于 PrivC 的两方安全计算训练方式和基于 ABY3 的三方安全计算训练方式。

PaddleFL 主要提供了两种解决方案：数据并行（Data Parallel）和基于安全多方计算的联邦学习（PaddleFL with MPC，PFM）。通过数据并行的方式，各数据方可以基于经典的横向联邦学习策略（如 FedAvg、DP-SGD 等）完成模型训练。PFM 是基于安全多方计算（MPC）实现的联邦学习方案。PFM 可以很好地支持联邦学习，包括横向、纵向及联邦迁移学习等多个场景，既提供了可靠的安全性，也拥有可观的性能。

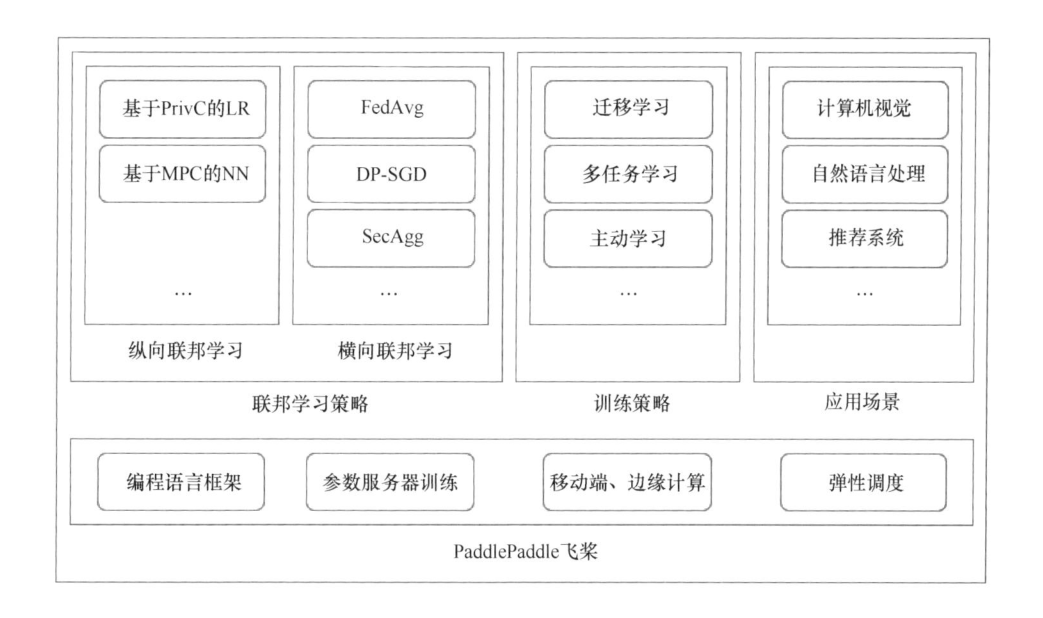

● 图 2-1 PaddleFL 联邦学习框架示意图

1. 数据并行机制

在数据并行模式中，模型训练的整个过程分为两个阶段：编译阶段（Compile Time）和运行阶段（Run Time）。编译阶段主要定义联邦学习任务，运行阶段主要进行联邦学习训练工作，具体的组件如图 2-2 所示。

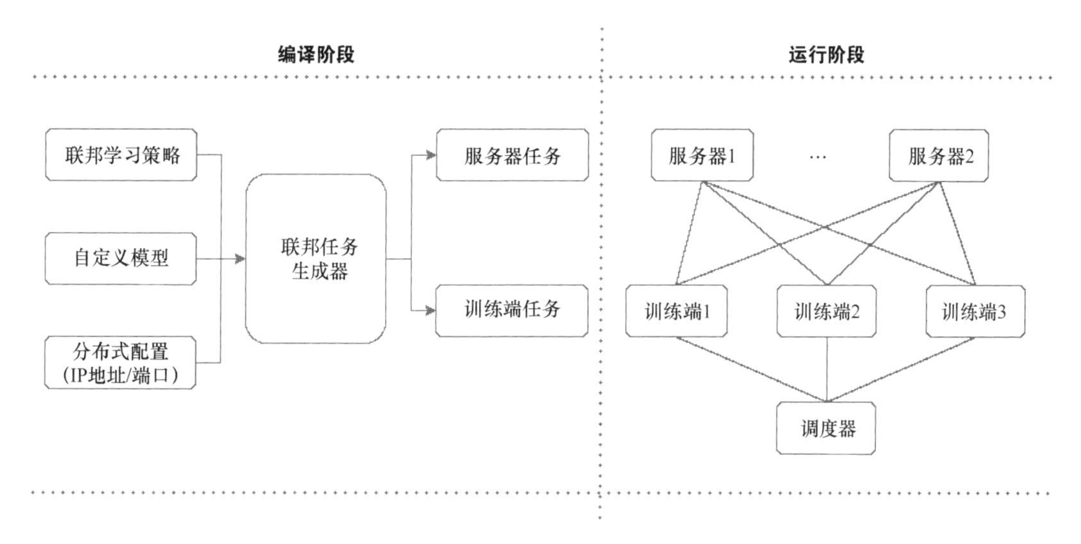

● 图 2-2 PaddleFL 基于数据并行的联邦学习内部服务

编译阶段的任务如下。

- 联邦学习策略（FL-Strategy）：用户可以使用 FL-Strategy 定义联邦学习策略，例如 Fed-Avg 等。
- 自定义模型（User-Defined-Program）：定义了机器学习模型的结构和训练策略，例如多任务学习等。

- 分布式配置（Distributed-Config）：定义联邦学习系统的分布式环境部署，例如分布式训练配置定义训练节点信息。
- 联邦任务生成器（FL-Job-Generator）：给定 FL-Strategy、User-Defined-Program 和 Distributed-Config，联邦参数的 Server 端和 Client 端的 FL-Job 将通过 FL-Job-Generator 生成。FL-Job 被发送到组织和联邦参数服务器，以进行联合训练。

运行阶段的任务如下。

- 服务器（FL-Server）：通常在云或第三方集群中运行的参数服务器。
- 训练端（FL-Worker）：每个参与联邦学习的组织都将拥有一个或多个 FL-Worker，它们将与联邦学习参数服务器进行通信。
- 调度器（FL-Scheduler）：训练过程中起到调度 Worker 的作用，在每个更新周期前，决定哪些 Worker 参与训练。

2. 基于安全多方计算的 PFM 运行机制

PaddleFL 的 PFM 是基于 ABY3 和 PrivC 等底层 MPC 协议来实现安全训练和推理任务的，是一种高效的多方计算模型。基于 PrivC 的两方联邦学习主要支持线性/逻辑回归、DNN 模型。基于 ABY3 的三方联邦学习则支持线性/逻辑回归、DNN、CNN、FM 等。

在 PaddleFL 的 PFM 中，参与者可以分为不同的角色，包括输入方（Input Party）、计算方（Computing Party）和结果方（Result Party）。输入方，包括训练数据所有者和模型所有者，将数据或模型加密并分发给计算方（ABY3 协议中存在三个计算方，而 PrivC 协议中存在两个计算方）。计算方（例如云上的虚拟机）基于特定的 MPC 协议进行训练或推理任务，被限制只能看到加密的数据或模型，从而保证数据的隐私。当完成运算任务后，计算方将加密结果发送给一个或多个结果方（例如数据所有者或指定的第三方），使结果通过第三方解密重构，如图 2-3 所示。

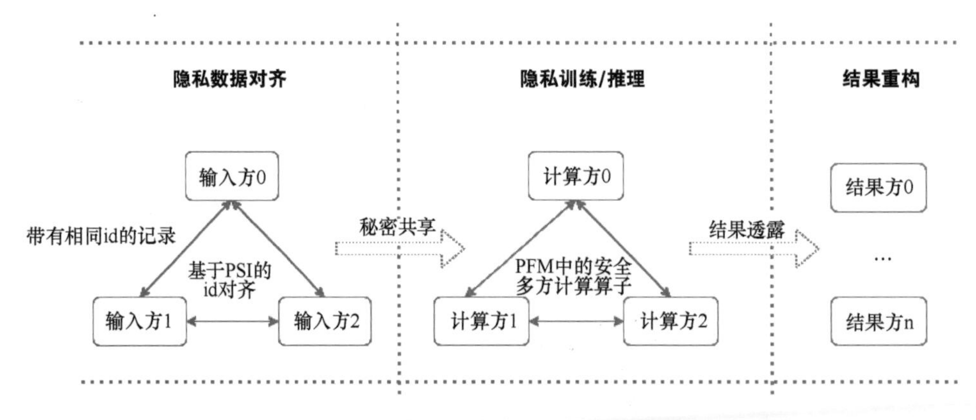

• 图 2-3　PaddleFL 基于安全多方计算的联邦学习内部服务

PFM 中的完整训练或推理过程主要包括三个阶段：数据准备、训练/推理和结果重构。在数据准备阶段，PFM 需要进行私有数据对齐、加密与分发。私有数据对齐：PFM 使所有的数据所有者能够找出具有相同密钥（如 UUID）的记录，而不会相互泄露私有数据。这在纵向联邦学习案例中是非常关键的一个步骤。目前常用的方法是私有集合交集（Private Set

Intersection）、隐私保护记录链接（Privacy-Preserving Record Linkage）和布隆过滤器（Bloom Filter）等。加密和分发：PFM 提供在线、离线数据加密和分发解决方案。在离线数据共享解决方案中，来自输入方的数据和模型将使用秘密分享（Secret-Sharing）进行加密，然后通过直接传输或 HDFS 等分布式存储发送到计算方。而在在线数据共享解决方案中，输入方在训练阶段开始时，在线加密和分发数据、模型，每个计算方只能获得一份数据，因此在半诚实攻击模型中，攻击方无法恢复原始值。PFM 拥有与 PaddlePaddle 相同的运行模式。在训练、推理阶段，用户首先需要选择 MPC 协议，定义机器学习模型及其训练策略。paddle_fl.mpc 中提供了可以操作加密数据的算法，在运行时算法的实例会被创建并被执行器依次运行。在训练过程中，密文的通信支持 gloo 和 grpc 两种网络通信模式。安全训练和推理运算完成后，结果将由计算方以加密形式发送给结果方。结果方可以收集加密的结果，使用 PFM 中的工具对其进行解密，并将明文结果传递给用户。目前数据分享和重构支持离线和在线两种模式。

2.1.2 PaddleFL 框架安装和部署

PaddleFL 提供了 Docker、安装包、编译源代码，以及 Kubernetes 这几种安装和部署方式。接下来将简单介绍这三种形式的安装过程。

1. 通过 Docker 安装 PaddleFL

通过 Docker 安装 PaddleFL 是官方推荐的安装方式。只需要通过简单的两行命令即可安装部署，前提是已经安装了 Docker 环境：

```
docker pull paddlepaddle/paddlefl:1.1.2
docker run --name <docker_name> --net=host -it -v $PWD:/paddle <image id> /bin/bash
```

2. 通过安装包安装 PaddleFL

官方已经提供了编译好的 PaddlePaddle 飞桨和 PaddleFL 安装包，可以直接下载安装。

因为 PaddleFL 使用 PaddlePaddle 飞桨作为它的底层深度学习框架，所以首先需要下载并安装 PaddlePaddle 飞桨。

```
#安装 PaddlePaddle
wget https://paddlefl.bj.bcebos.com/paddlepaddle-1.8.5-cp** -cp** -linux_x86_64.whl
pip3 install paddlepaddle-1.8.5-cp** -cp** -linux_x86_64.whl
```

其中，需要将“**”替换为安装环境中的 Python 版本。如果使用的是 Python 3.8，则使用的安装命令如下：

```
wget https://paddlefl.bj.bcebos.com/paddlepaddle-1.8.5-cp38-cp38-linux_x86_64.whl
pip3 install paddlepaddle-1.8.5-cp38-cp38-linux_x86_64.whl
```

接下来通过 pip 安装 PaddleFL（假设用户已经安装了 Python 和 pip 环境）：

```
#安装 PaddleFL
pip3 install paddle_fl
```

以上命令会自动安装 Python 3.8 对应的 PaddleFL。对于其他 Python 3 环境，则需要下载对应的安装包 https://pypi.org/project/paddle-fl/1.1.2/#files 并且手动安装。

3. 通过编译源代码安装 PaddleFL

首先，准备安装环境的搭建，PaddleFL 有如下系统和软件要求：

- CentOS 7（64 位）或者 Ubuntu 16.04。
- Python 3.5/3.6/3.7（64 位）或者更高版本。
- pip3 9.0.1+（64 位）。
- PaddlePaddle 1.8.5（或者使用 PaddlePaddle-GPU 1.8.5 来编译 GPU 版本）。
- Redis 5.0.8（64 位）。
- GCC 或 G++ 8.2.0+。
- cmake 3.15+。

通过以下方式来编译代码：

```
git clonehttps://github.com/PaddlePaddle/PaddleFL
cd /path/to/PaddleFL
mkdir build && cd build
```

接着执行编译命令，其中 CMAKE_C_COMPILER 是 gcc 的路径，CMAKE_CXX_COMPILER 是 g++的路径，PYTHON_EXECUTABLE 是安装 PaddlePaddle 的 Python 二进制文件的路径，PYTHON_INCLUDE_DIRS 是文件 Python.h 的路径，此外，也可以通过设置-D WITH_GPU 选择编译 GPU 版本或 CPU 版本，比如：

```
cmake .. -D CMAKE_C_COMPILER=gcc -D CMAKE_CXX_COMPILER=g++
-D PYTHON_EXECUTABLE=/usr/local/python/bin/python3.8
-D PYTHON_INCLUDE_DIRS=/usr/local/python/include/python3.8/
-D BUILD_PADDLE_FROM_SOURCE=ON -D WITH_GRPC=ON
```

值得注意的是，GPU 版本仅在 CUDAPlace 中运行。如果已经提前安装了 PaddlePaddle，只想编译 PaddleFL，那么把上面命令中的“-D BUILD_PADDLE_FROM_SOURCE=ON”改成“-D BUILD_PADDLE_FROM_SOURCE=OFF”。

最后安装编译好的安装包。

CPU 版本：

```
make install
cd /path/to/PaddleFL/python
${PYTHON_EXECUTABLE} setup.py sdist bdist_wheel
pip3 install dist/*** .whl -U
```

GPU 版本：

```
make install
cd /path/to/PaddleFL/python
${PYTHON_EXECUTABLE} setup.py sdist bdist_wheel
pip3 install dist/***.whl -U
```

2.1.3 PaddleFL 使用示例

接下来通过一个简单的横向联邦学习的示例进一步了解 PaddleFL 的使用。本小节将使用 LEAF 中的 FEMNIST[⊖] 作为训练数据集，以一个简单的卷积神经网络作为训练模型，

⊖ https://github.com/TalwalkarLab/leaf/tree/master/data/femnist

FedAvg 作为联邦学习策略，最后通过 Docker 的方式模拟和运行分布式环境。示例的源代码来自于 PaddleFL 的官方 GitHub 仓库⊖。

首先在 fl_master.py（见代码 2-1）中定义了联邦学习训练策略（FL-Strategy）、用户定义程序（User-Defined-Program），比如模型、损失函数、训练的超参数等，以及分布式系统配置（Distributed-Config）。然后 FL-Job-Generator 为服务器（FL-Server）和训练端（FL-Worker）生成任务（FL-Job）。

代码 2-1　FL Master 示例代码（定义模型、损失函数和训练策略等）

```
import paddle.fluid as fluid
import paddle_fl.paddle_fl as fl
from paddle_fl.paddle_fl.core.master.job_generator import JobGenerator
from paddle_fl.paddle_fl.core.strategy.fl_strategy_base import FLStrategyFactory

class Model(object):
    def __init__(self):
        pass

    def cnn(self):
        self.inputs = fluid.layers.data(
            name='img', shape=[1, 28, 28], dtype="float32")
        self.label = fluid.layers.data(name='label', shape=[1], dtype='int64')
        self.conv_pool_1 = fluid.nets.simple_img_conv_pool(
            input=self.inputs,
            num_filters=20,
            filter_size=5,
            pool_size=2,
            pool_stride=2,
            act='relu')
        self.conv_pool_2 = fluid.nets.simple_img_conv_pool(
            input=self.conv_pool_1,
            num_filters=50,
            filter_size=5,
            pool_size=2,
            pool_stride=2,
            act='relu')

        self.predict = self.predict = fluid.layers.fc(input=self.conv_pool_2,
                                                      size=62,
                                                      act='softmax')
        self.cost = fluid.layers.cross_entropy(
            input=self.predict, label=self.label)
        self.accuracy = fluid.layers.accuracy(
            input=self.predict, label=self.label)
        self.loss = fluid.layers.mean(self.cost)
        self.startup_program = fluid.default_startup_program()


model = Model()
model.cnn()
```

⊖ https://github.com/PaddlePaddle/PaddleFL/tree/master/python/paddle_fl/paddle_fl/examples/femnist_demo

```
job_generator = JobGenerator()
optimizer = fluid.optimizer.Adam(learning_rate=0.1)
job_generator.set_optimizer(optimizer)
job_generator.set_losses([model.loss])
job_generator.set_startup_program(model.startup_program)
job_generator.set_infer_feed_and_target_names(
    [model.inputs.name, model.label.name],
    [model.loss.name, model.accuracy.name])

build_strategy = FLStrategyFactory()
build_strategy.fed_avg = True
build_strategy.inner_step = 1
strategy = build_strategy.create_fl_strategy()

endpoints = ["127.0.0.1:8181"]
output = "fl_job_config"
job_generator.generate_fl_job(
    strategy, server_endpoints=endpoints, worker_num=4, output=output)
```

在 fl_scheduler.py（见代码 2-2）中，注册一个联邦学习服务器（FL-Server）和联邦学习训练端（FL-Worker）。

代码 2-2　FL Scheduler 示例代码

```
from paddle_fl.paddle_fl.core.scheduler.agent_master import FLScheduler
worker_num = 4
server_num = 1
# Define the number of worker/server and the port for scheduler
scheduler = FLScheduler(worker_num, server_num, port=9091)
scheduler.set_sample_worker_num(4)
scheduler.init_env()
print("init env done.")
scheduler.start_fl_training()
```

在 fl_server.py（见代码 2-3）中，加载并运行联邦学习服务器（FL-Server）的任务。

代码 2-3　FL Server 示例代码

```
import paddle_fl.paddle_fl as fl
import paddle.fluid as fluid
from paddle_fl.paddle_fl.core.server.fl_server import FLServer
from paddle_fl.paddle_fl.core.master.fl_job import FLRunTimeJob

server = FLServer()
server_id = 0
job_path = "fl_job_config"
job = FLRunTimeJob()
job.load_server_job(job_path, server_id)
job._scheduler_ep = "127.0.0.1:9091"  # IP address for scheduler
server.set_server_job(job)
server._current_ep = "127.0.0.1:8181"  # IP address for server
server.start()
```

在 fl_trainer.py（见代码 2-4）中，加载并运行联邦学习的训练任务。

代码 2-4 FL Trainer 示例代码

```
from paddle_fl.paddle_fl.core.trainer.fl_trainer import FLTrainerFactory
from paddle_fl.paddle_fl.core.master.fl_job import FLRunTimeJob
import paddle_fl.paddle_fl.dataset.femnist as femnist
import numpy
import sys
import paddle
import paddle.fluid as fluid
import logging
import math

trainer_id = int(sys.argv[1]) # trainer id for each guest
job_path = "fl_job_config"
job = FLRunTimeJob()
job.load_trainer_job(job_path, trainer_id)
job._scheduler_ep = "127.0.0.1:9091" # Inform the scheduler IP to trainer
print(job._target_names)
trainer = FLTrainerFactory().create_fl_trainer(job)
trainer._current_ep = "127.0.0.1:{}".format(9000 + trainer_id)
place = fluid.CPUPlace()
trainer.start(place)
print(trainer._step)
test_program = trainer._main_program.clone(for_test=True)

img = fluid.layers.data(name='img', shape=[1, 28, 28], dtype='float32')
label = fluid.layers.data(name='label', shape=[1], dtype='int64')
feeder = fluid.DataFeeder(feed_list=[img, label], place=fluid.CPUPlace())

def train_test(train_test_program, train_test_feed, train_test_reader):
    acc_set = []
    for test_data in train_test_reader():
        acc_np = trainer.exe.run(program=train_test_program,
                                 feed=train_test_feed.feed(test_data),
                                 fetch_list=["accuracy_0.tmp_0"])
        acc_set.append(float(acc_np[0]))
    acc_val_mean = numpy.array(acc_set).mean()
    return acc_val_mean

epoch_id = 0
step = 0
epoch = 3000
count_by_step = False
if count_by_step:
    output_folder = "model_node%d" % trainer_id
else:
    output_folder = "model_node%d_epoch" % trainer_id

while not trainer.stop():
```

```
    count = 0
    epoch_id += 1
    if epoch_id > epoch:
        break
    print("epoch %d start train" % (epoch_id))
    #train_data,test_data= data_generator(trainer_id,inner_step=trainer._step,batch_size
=64,count_by_step=count_by_step)
    train_reader = paddle.batch(
        paddle.reader.shuffle(
            femnist.train(
                trainer_id,
                inner_step=trainer._step,
                batch_size=64,
                count_by_step=count_by_step),
            buf_size=500),
        batch_size=64)

    test_reader = paddle.batch(
        femnist.test(
            trainer_id,
            inner_step=trainer._step,
            batch_size=64,
            count_by_step=count_by_step),
        batch_size=64)

    if count_by_step:
        for step_id, data in enumerate(train_reader()):
            acc = trainer.run(feeder.feed(data), fetch=["accuracy_0.tmp_0"])
            step += 1
            count += 1
            print(count)
            if count % trainer._step == 0:
                break
    # print("acc:%.3f" % (acc[0]))
    else:
        trainer.run_with_epoch(
            train_reader, feeder, fetch=["accuracy_0.tmp_0"], num_epoch=1)

    acc_val = train_test(
        train_test_program=test_program,
        train_test_reader=test_reader,
        train_test_feed=feeder)

    print("Test with epoch %d, accuracy: %s" % (epoch_id, acc_val))
    if trainer_id == 0:
        save_dir = (output_folder + "/epoch_%d") % epoch_id
        trainer.save_inference_program(output_folder)
```

2.2 Flower 框架

Flower 是由英国剑桥大学等组织提出的一个新颖的端到端轻量级的联邦学习框架，它可以无缝地从模拟实验研究过渡到对大量真实边缘设备的系统研究。Flower 在两个领域（即模拟和现实世界设备）提供了各自的优势，并提供实验（实现在探索和开发过程中，根据需要在两个极端之间迁移的能力）。本节将介绍 Flower 的系统架构、框架安装和算法开发流程，以及一个实战示例。

2.2.1 Flower 框架结构

服务器端的事务逻辑，包括客户端选择、实验配置、参数更新聚合，以及全局和本地模型的评估，都可以通过“策略（Strategy）”抽象类来表示。“策略”抽象类的实现表示一个联邦学习算法，Flower 提供了一些流行且经过测试的算法实现，例如 FedAvg 和 FedYogi 等。Flower 核心框架实现了大规模运行这些工作负载所需的基础设施。Flower 框架的服务器端主要涉及三个组件：客户端管理器（Client Manager）、联邦学习循环（FL Loop），以及用户定制的联邦学习策略，如图 2-4 所示。服务器组件从客户端管理器中采样选择客户端，它管理一组客户端代理（Client Proxy）对象，每个对象代表一个连接到服务器的客户端，负责发送和接收真实的客户端的 Flower 协议信息通信。联邦学习循环协调整个联邦学习过程，但是它不会决定如何进行，因为这些决定被委托给用户定制的联邦学习策略的配置来实现。

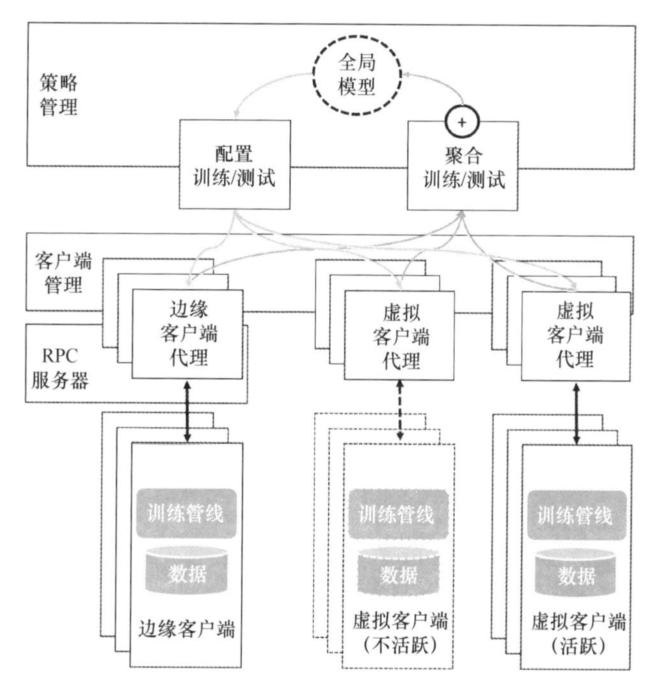

图 2-4 Flower 框架架构图

本质上，联邦学习可以描述为全局计算（模型聚合）和局部计算（模型训练）之间的相互配合。服务器端负责执行全局计算，以及编排全局模型在一组可用客户端上的训练过程。客户端则负责进行局部计算，即通过本地数据进行本地模型训练。Flower 的核心框架架构（见图 2-4）反映了这些思想，使得开发者或者研究人员可以通过类似搭积木的形式（包括服务器和客户端）进行开发或实验最新的研究学习方法。

也就是说，联邦学习循环要求联邦学习策略配置下一轮训练，将这些配置发送到对应的客户端，并且从客户端接收经过客户端本地训练得到的模型更新（或者故障报告），最后将模型聚合委托给联邦学习策略。至于客户端就更加简单，它只需要等待来自服务器的消息，然后通过调用用户提供的训练和评估函数，对收到的消息做出反馈。

Flower 框架内置了虚拟客户端引擎（Virtual Client Engine），它可以实现 Flower 客户端的虚拟化，以最大限度地利用可用硬件。在给定客户端池，各自的计算和内存预算（例如 CPU 数量、VRAM 要求等），以及特定的联邦学习超参数（例如每轮的客户端数量），虚拟客户端引擎 以资源感知（Resource-Aware）的方式启动 Flower 客户端，并以对用户和 Flower 服务器端透明的方式调度、实例化和运行 Flower 客户端。这一属性极大地简化了工作负载的并行化，确保可用硬件被充分利用，并且无须重新配置即可将相同的联邦学习实验移植到各种设置：台式机、单个 GPU 机器或多节点 GPU 集群。

Flower 是一套开源、可扩展、与框架和设备无关的联邦学习框架，支持不同的深度学习框架，包括 TensorFlow 和 PyTorch。一些适用于轻量级联邦学习工作负载的设备（例如树莓派等）需要最少的配置或不需要特殊配置。一方面，一些支持 Python 的嵌入式设备可以很容易地用作 Flower 客户端；另一方面，像智能手机等设备则需要专业的计算芯片完成机器学习负载。为了克服这个限制，Flower 框架提供了一个通过直接在客户端处理 Flower 协议消息的低层级集成方式，即边缘客户端引擎（Edge Client Engine）。

2.2.2 Flower 框架安装与部署

在这一小节将简单介绍一下基于 Pytorch 和 Flower 框架的联邦学习算法开发流程。在上一小节中，介绍了联邦学习算法主要包括两个部分：客户端本地模型训练和服务器端模型聚合。

首先，安装 Flower 框架。安装 Flower 之前，需要先确保机器安装了 3.7 或更高版本的 Python。使用下面的第一行命令直接安装稳定版本的 Flower，也可以使用下面的第二行命令直接从 GitHub 上安装最新版本的 Flower：

```
pip install flwr
pip install git+https://github.com/adap/flower.git
```

然后介绍一下完成联邦学习任务应该如何部署 Flower，一共有哪些步骤。Flower 的联邦学习系统主要由一个服务器和多个客户端组成。在联邦学习的过程中，服务器将全局模型参数发送给客户端，客户端使用从服务器接收到的参数来更新本地模型。然后它在本地数据上训练模型（在本地更改模型参数）并将更新的模型参数发送回服务器。在客户端，需要通过两个辅助函数，使用从服务器接收到的模型参数来更新本地模型，并从本地模型获取更新后的模型参数：set_parameters 和 get_parameters。以 PyTorch 为例，下面是这两个函数的具体实现：通过 state_dict 函数访问 PyTorch 的模型参数张量，然后将它们与 NumPy（Flower 支持对 NumPy 的序列化）进行相互转换（如代码 2-5 所示）。

代码 2-5 Flower 设置 Pytorch 模型参数

```
def get_parameters(net) -> List[np.ndarray]:
    return [val.cpu().numpy() for _, val in net.state_dict().items()]

def set_parameters(net, parameters: List[np.ndarray]):

    params_dict = zip(net.state_dict().keys(), parameters)
    state_dict = OrderedDict({k: torch.Tensor(v) for k, v in params_dict})
    net.load_state_dict(state_dict, strict=True)
```

在 Flower 中，通过实现 flwr.client.Client 或 flwr.client.NumPyClient 的子类来创建客户端（如代码 2-6 所示）。接下来以 flwr.client.NumPyClient 实现一个 Flower 的客户端。其中，需要实现三个方法 get_ parameters、fit 和 evaluate。其中 fit 函数从服务器接收模型参数，在本地数据上训练模型参数，并将（更新的）模型参数返回给服务器；evaluate 函数从服务器接收模型参数，在本地数据上评估模型参数，并将评估结果返回服务器。fit 和 evaluate 函数中对应的训练和测试（train 和 test）函数需要用户定义，在之后的实战示例中，可以看到一个基础的 CIFAR-10 数据集合上的例子。

代码 2-6 Flower 的客户端

```
class FlowerClient(fl.client.NumPyClient):

    def __init__(self, net, trainloader, valloader):
        self.net = net
        self.trainloader = trainloader
        self.valloader = valloader

    def get_parameters(self, config):
        return get_parameters(self.net)

    def fit(self, parameters, config):
        set_parameters(self.net, parameters)
        train(self.net, self.trainloader, epochs=1)
        return get_parameters(self.net), len(self.trainloader), {}

    def evaluate(self, parameters, config):
        set_parameters(self.net, parameters)
        loss, accuracy = test(self.net, self.valloader)
        return float(loss), len(self.valloader), {"accuracy": float(accuracy)}
```

用户可以使用三种方式自定义 Flower 在服务器端编排联邦学习过程的方式。

第一种，使用现有策略，例如 FedAvg；第二种，使用回调函数自定义现有策略；第三种，实施新策略。Flower 允许通过 Strategy 的抽象类来控制联邦学习过程。Flower 的核心框架中提供了许多内置策略。

启动服务器端，只需要调用 flower 框架提供的接口（如代码 2-7 所示），同时，可以定义配置信息，以及联邦学习策略等。其中，配置信息目前只需要定义联邦学习的通信次数。

代码 2-7 Flower 启动服务器

```
import flwr as fl
if __name__ == "__main__":
    fl.server.start_server("0.0.0.0:8080", config={"num_rounds": 50})
```

2.2.3 Flower 使用示例

接下来将通过 Flower 提供的一个简单嵌入式设备的例子[⊖]进行实战演示。在本次实战中，将演示通过三个客户端进行 CIFAR-10 数据库的联邦学习，共同训练一个 ResNet-18 神经网络。我们将使用一台 Windows 计算机作为服务器，一个 Raspberry PI、一台 Windows 计算机，以及一台 MacBook 笔记本计算机作为三个客户端，如图 2-5 所示。

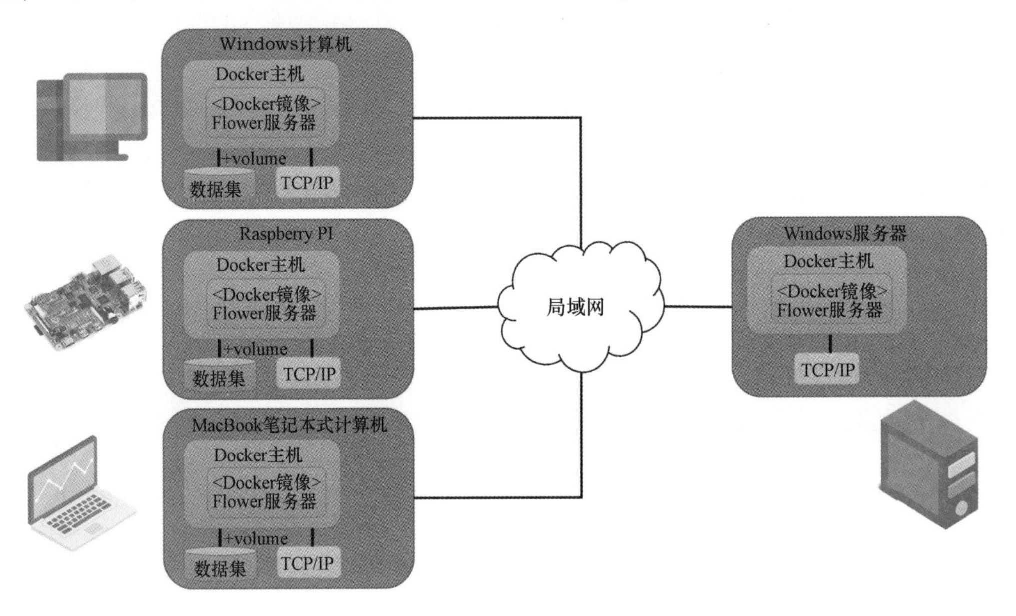

• 图 2-5 Flower 框架实战演练用例

首先，在每台设备上准备训练数据。通过 torch.utils.data 中的 random_split 将训练数据分成 3 份，并得到对应的训练集、验证集和测试集（如代码 2-8 所示）。

代码 2-8 CIFAR10 的 Pytorch 数据集实例

```
from torch.utils.data import DataLoader, random_split
from torchvision.datasets import CIFAR10
NUM_CLIENTS = 3
BATCH_SIZE = 32

def load_datasets(idx):
    # Download and transform CIFAR-10 (train and test)
    transform = transforms.Compose(
```

⊖ https://github.com/adap/flower/tree/main/examples/embedded_devices

```
        [transforms.ToTensor(), transforms.Normalize((0.5, 0.5, 0.5), (0.5, 0.5, 0.5))]
    )
    trainset = CIFAR10("./dataset", train=True, download=True, transform=transform)
    testset = CIFAR10("./dataset", train=False, download=True, transform=transform)
    partition_size = len(trainset) // NUM_CLIENTS
    lengths = [partition_size] * NUM_CLIENTS
    datasets = random_split(trainset, lengths, torch.Generator().manual_seed(42))
    trainloaders = []
    valloaders = []
    for ds in datasets:
        len_val = len(ds) // 10  # 10 % validation set
        len_train = len(ds) - len_val
        lengths = [len_train, len_val]
        ds_train, ds_val = random_split(ds, lengths, torch.Generator().manual_seed(42))
        trainloaders.append(DataLoader(ds_train, batch_size=BATCH_SIZE, shuffle=True))
        valloaders.append(DataLoader(ds_val, batch_size=BATCH_SIZE))
    testloader = DataLoader(testset, batch_size=BATCH_SIZE)
    return trainloaders[idx], valloaders[idx], testloader
trainloader, valloader, testloader = load_datasets()
```

另外，在客户端定义和中心化的机器学习相同的训练和测试函数（如代码 2-9 所示）。

代码 2-9 Flower 客户端训练和测试代码示例

```
def train(net, trainloader, epochs: int, verbose=False):
    criterion = torch.nn.CrossEntropyLoss()
    optimizer = torch.optim.Adam(net.parameters())
    net.train()
    for epoch in range(epochs):
        correct, total, epoch_loss = 0, 0, 0.0
        for images, labels in trainloader:
            images, labels = images.to(DEVICE), labels.to(DEVICE)
            optimizer.zero_grad()
            outputs = net(images)
            loss = criterion(net(images), labels)
            loss.backward()
            optimizer.step()
            epoch_loss += loss
            total += labels.size(0)
            correct += (torch.max(outputs.data, 1)[1] == labels).sum().item()
        epoch_loss /= len(testloader.dataset)
        epoch_acc = correct / total
        if verbose:
            print(f"Epoch {epoch+1}: train loss {epoch_loss}, accuracy {epoch_acc}")

def test(net, testloader):
    criterion = torch.nn.CrossEntropyLoss()
    correct, total, loss = 0, 0, 0.0
    net.eval()
    with torch.no_grad():
        for images, labels in testloader:
            images, labels = images.to(DEVICE), labels.to(DEVICE)
```

```
            outputs = net(images)
            loss += criterion(outputs, labels).item()
            _, predicted = torch.max(outputs.data, 1)
            total += labels.size(0)
            correct += (predicted == labels).sum().item()
    loss /= len(testloader.dataset)
    accuracy = correct / total
    return loss, accuracy
```

定义模型并创建一个客户端实例。在这里使用一个简单的卷积神经网络，以及创建一个fl.client.NumPyClient的子类（代码如2-10所示）。

代码2-10　定义模型和CIFAR10的客户端

```
class Net(nn.Module):
    def __init__(self) -> None:
        super(Net, self).__init__()
        self.conv1 = nn.Conv2d(3, 6, 5)
        self.pool = nn.MaxPool2d(2, 2)
        self.conv2 = nn.Conv2d(6, 16, 5)
        self.fc1 = nn.Linear(16 * 5 * 5, 120)
        self.fc2 = nn.Linear(120, 84)
        self.fc3 = nn.Linear(84, 10)

    def forward(self, x: torch.Tensor) -> torch.Tensor:
        x = self.pool(F.relu(self.conv1(x)))
        x = self.pool(F.relu(self.conv2(x)))
        x = x.view(-1, 16 * 5 * 5)
        x = F.relu(self.fc1(x))
        x = F.relu(self.fc2(x))
        x = self.fc3(x)
        return x
class CifarClient(fl.client.NumPyClient):
     def __init__(self, model: Net,
                  trainloader: torch.utils.data.DataLoader,
                  testloader: torch.utils.data.DataLoader,
                  num_examples: Dict,
     ) -> None:
        self.model = model
        self.trainloader = trainloader
        self.testloader = testloader
        self.num_examples = num_examples

    def get_parameters(self) -> List[np.ndarray]:
        self.model.train()
        return [val.cpu().numpy() for _, val in self.model.state_dict().items()]

    def set_parameters(self, parameters: List[np.ndarray]) -> None:
        self.model.train()
        params_dict = zip(self.model.state_dict().keys(), parameters)
        state_dict = OrderedDict({k: torch.tensor(v) for k, v in params_dict})
```

```
        self.model.load_state_dict(state_dict, strict=True)

    def fit(self, parameters: List[np.ndarray], config: Dict[str, str]) -> Tuple[List[np.
ndarray], int, Dict]:
        self.set_parameters(parameters)
        train(self.model, self.trainloader, epochs=1, device=DEVICE)
        return self.get_parameters(), self.num_examples["trainset"], {}

    def evaluate(self, parameters: List[np.ndarray], config: Dict[str, str]) -> Tuple[float,
int, Dict]:
        self.set_parameters(parameters)
        loss, accuracy = cifar.test(self.model, self.testloader, device=DEVICE)
        return float(loss), self.num_examples["testset"], {"accuracy": float(accuracy)}
```

接下来开始进行联邦学习过程。首先需要开启一个联邦学习服务器，然后创建客户端实例，并连接到服务器加入联邦学习（如代码 2-11 所示）。

代码 2-11　Flower 联邦学习启动服务器和客户端

```
import flwr as fl
strategy = fl.server.strategy.FedAvg()
fl.server.start_server(config=fl.server.ServerConfig(num_rounds=3), strategy=strategy)

trainloader, valloader, testloader = load_datasets(idx)
model = cifar.Net().to(DEVICE).train()
client = CifarClient(model, trainloader, valloader, num_examples)
fl.client.start_numpy_client(server_address="127.0.0.1:8080", client=client)
```

2.3　微众银行 FATE 框架

FATE（Federated AI Technology Enabler）是由中国深圳的民营新银行微众银行 AI 部门发起的，并在及其支持下开发的全球首个联邦学习工业级开源框架，旨在支持安全和联合的 AI 生态系统，可以让企业和机构在保护数据安全和数据隐私的前提下进行数据协作。FATE 覆盖横向联邦学习、纵向联邦学习、联邦迁移学习。它在安全底层支持同态加密、秘密共享、散列等多种安全多方计算机制；在算法层支持安全多方计算模式下的逻辑回归、Boosting 等主流算法，覆盖常规商业应用场景建模要求；为机器学习、深度学习、迁移学习算法提供强有力的安全计算支持。本节将介绍 FATE 的技术架构、安全协议，以及安装与部署。

2.3.1　FATE 的技术架构

FATE 的技术架构可分为 4 层：从最底层的计算、通信和存储层，到安全协议层，再到联邦学习层，最后是最上层的应用层，如图 2-6 所示。

FATE 的最底层主要包括三个模块，分别是计算模块、联邦服务模块和存储模块。在计算模块中，用户可以使用任意的深度学习框架（例如 TensorFlow 或 PyTorch），并通过 EggRoll 和 Spark 支持分布式计算。在联邦模块中，FATE 使用 RollSite、Pulsar 和 RabbitMQ 进行通信交流。而在存储模块中，FATE 支持多种存储形式，包括 HDFS、HIVE、LocalFS 等存储系统，以及 MySQL 的数据库。

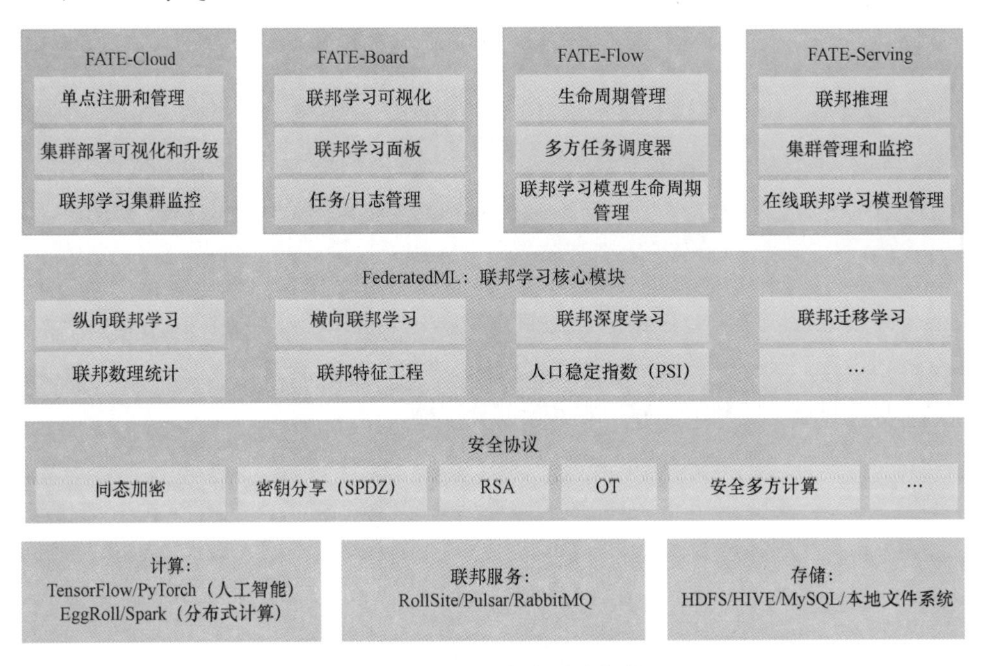

• 图 2-6　FATE 框架技术架构

注：图片取自 https：//fate.readthedocs.io/en/latest/zh/architecture/

FATE 的安全协议层提供了多种安全多方计算协议的实现和支持。包括同态加密（Homomorphic Encryption）、秘密分享（Secret-Sharing）、不经意传输（Oblivious Transfer）协议等。它为上层的联邦学习提供了安全可靠的分布式计算环境。

FATE 的联邦学习核心模块使用 FederatedML 库。FederatedML 包括了许多常见机器学习算法联邦化实现，并且所有模块均采用去耦的模块化方法开发，以增强模块的可扩展性，如下所示。

- 联邦统计：包括隐私交集计算、并集计算、皮尔逊系数、PSI 等。
- 联邦信息检索：基于 OT 的 PIR（SIR）。
- 联邦特征工程：包括联邦采样、联邦特征分箱、联邦特征选择等。
- 联邦机器学习算法：包括横向和纵向的线性回归、梯度提升决策树（GBDT）、深度神经网络、迁移学习和无监督学习等。
- 模型评估：提供二分类、多分类、回归评估、聚类评估、联邦和单边对比评估。
- 安全协议：提供了多种安全协议，以进行更安全的多方交互计算。

FATE 的应用层包括 FATE-Cloud、FATE-Flow、FATE-Board、FATE-Serving。

FATE-Cloud 使 FATE 能够在云环境中进行管理，形成一个安全的联邦数据网络，旨在提供安全、合规的跨组织或组织内部数据协作的云解决方案，提供企业级的联邦学习应用解决方案。FATE-Flow 是联邦学习端到端的多方联邦任务安全调度平台，提供生产级服务能力，包括数据访问、组件注册、模型注册、工作和任务调度、多方资源协调、数据流跟踪和实时作业监控等。FATE-Board 是 FATE 的可视化工具套件，如图 2-7 所示。它主要包括任务管理、任务可视化、任务面板、运行管理等。FATE-Serving 是一个用于联邦学习模型的高性能工业化服务系统，专为生产环境而设计，为训练好的模型提供高性能且实时的在线推理。

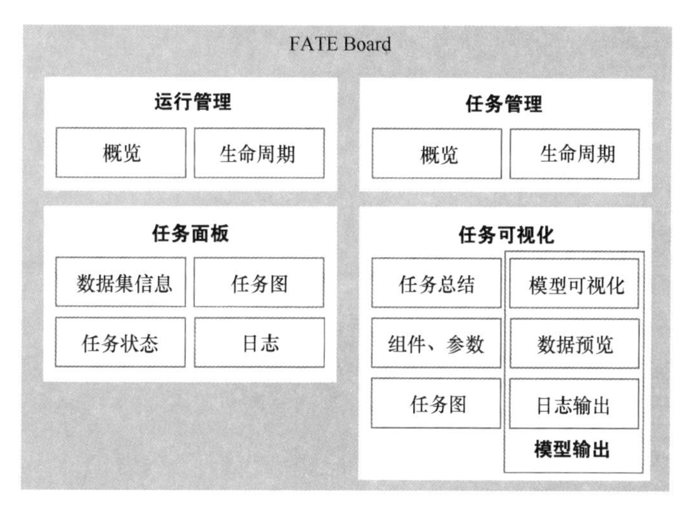

• 图 2-7 FATE-Board 功能概览

2.3.2 FATE 安装与部署

FATE 可以部署在单个主机或多个节点上。因此，它提供了单机部署和集群部署两种方式。

对于单机部署，可以通过 Docker 方式或者下载安装包两种方式安装。

1. 使用 Docker 镜像安装 FATE

官方推荐使用 Docker 安装，这样大大降低了遇到问题的可能性。主机需要能够访问外部网络，从公共网络中拉取安装包和 Docker 镜像。对于 Docker 的版本，官方建议版本是 18.09。在安装前，需要先检查 8080 是否已被占用。可以通过以下命令行进行安装，其中 ${version} 用实际的版本号替换，如：

```
#通过公共镜像服务
# Docker Hub
docker pull federatedai/standalone_fate:${version}
# Tencent Container Registry
docker pull ccr.ccs.tencentyun.com/federatedai/standalone_fate:${version}
docker tag ccr.ccs.tencentyun.com/federatedai/standalone_fate:${version}
federatedai/standalone_fate:${version}


#通过镜像服务
wget https://webank-ai-1251170195.cos.ap-
guangzhou.myqcloud.com/fate/${version}/release/standalone_fate_docker_image_${version}_
release.tar.gz
```

```
docker load -i standalone_fate_docker_image_${version}_release.tar.gz
docker images | grep federatedai/standalone_fate

#创建 FATE 容器实例
docker run -d --name standalone_fate -p 8080:8080 federatedai/standalone_fate:${version};
```

可以通过以下命令测试是否安装成功。

```
docker exec -it $(docker ps -aqf "name=standalone_fate") bash
bash bin/init.sh start
source bin/init_env.sh
flow test toy -gid 10000 -hid 10000
```

2. 在主机中直接安装 FATE

首先，需要检查一下 8080、9360、9380 端口是否被占用。因为安装 OS 依赖需要 root 权限。可以使用 root 用户进行后续操作。如果不使用 root 用户，需要 root 用户授予 sudo 权限。

```
netstat -apln | grep 8080
netstat -apln | grep 9360
netstat -apln | grep 9380
```

接着下载并解压安装包。

```
wget https://webank-ai-1251170195.cos.ap-guangzhou.myqcloud.com/fate/${version}/release/standalone_fate_install_${version}_release.tar.gz;
tar -xzvf standalone_fate_install_${version}_release.tar.gz
```

然后可以进入解压后的目录，使用 bin/init.sh 配置并安装 FATE 服务。该脚本将会自动完成以下内容：

- 安装必要的操作系统依赖项。
- 安装 Python 环境。
- 安装 pypi 依赖。
- 安装 JDK 环境。
- 配置 FATE 环境变量脚本。
- 配置 FATE-Flow。
- 配置 FATE-Board。
- 安装 FATE-Board 客户端。

```
cd standalone_fate_install_${version}_release
bash bin/init.sh init
```

最后，开启 FATE 服务。

```
bash bin/init.sh start
```

对于集群部署，FATE 支持以 Spark 或者 EggRoll 作为机器学习和深度学习的大规模分布式框架。图 2-8 以 EggRoll 为例，包括两个主机的集群部署系统架构。其中，EggRoll 为 FATE 框架提供了包括计算、存储和通信等模块在内的底层支撑。

我们暂时不演示集群部署的内容，欢迎读者参考官方文档进行安装测试。

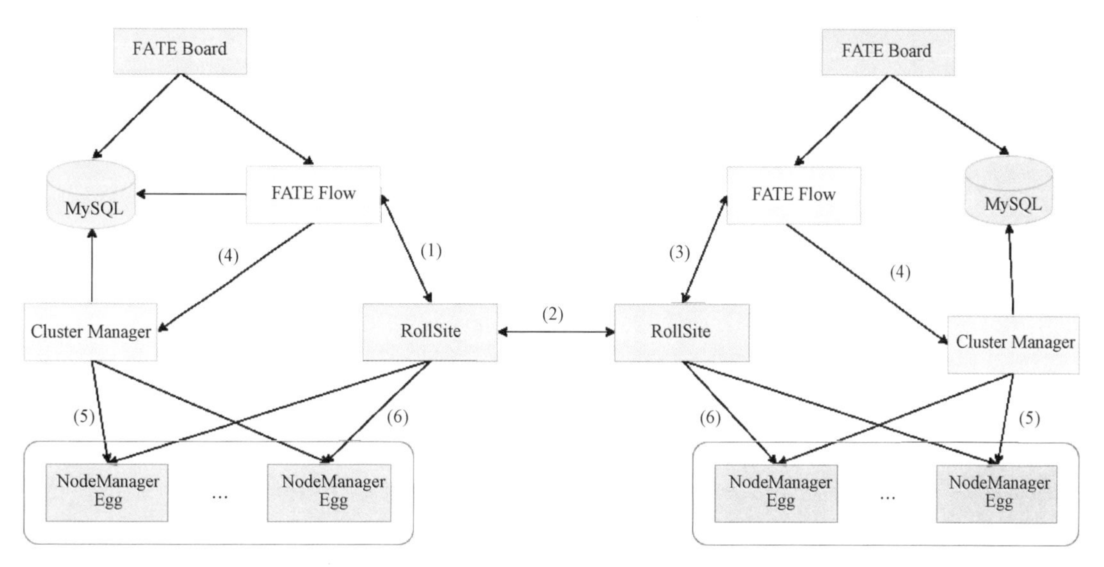

• 图 2-8 两个主机的集群部署系统架构

2.4 联邦学习框架对比

前面已经介绍了三种不同的联邦学习框架，包括百度的 PaddleFL、剑桥大学以及德国初创公司的 Flower，以及微众银行的 FATE。目前，市场上还有很多其他的联邦学习框架可以让用户选择，比如 FedML 框架、OpenMinded 的 Pysyft 框架、谷歌的 TensorFlow Federated 和英伟达的 Clara 等。那么如何选择一个联邦学习框架呢？本节就会从不同的角度对不同的联邦学习框架进行对比。读者可以从自身项目角度出发，选择适合自己项目的联邦学习框架。

（1）软件定位

根据微众银行等组织发布的联邦学习白皮书，从软件的定位出发，可以将联邦学习框架大致分为两类，包括工业产品和学术研究。比如 Pysyft、Flower、TenserFlow Federated，它们主要为联邦学习学术研究提供支持。而像 FATE，它的目标受众定位，既包括了工业产品，又包括了学术研究。往往用于工业产品的联邦框架设计，需要考虑到方方面面，比如接下来会讨论到的安全协议、部署方式等。因此，这类框架往往都是比较重量级的，在功能比较全面的同时，往往伴随着部署复杂的问题。

（2）安全协议

保护数据隐私是联邦学习作为分布式机器学习模式的一个主要目的。联邦学习虽然不直接分享数据（而是分享模型的梯度或者参数更新），但是通过模型的梯度或者参数更新，用户的训练数据依旧存在泄露的风险，比如梯度匹配攻击（Gradient Matching Attacks）等。大多数联邦学习框架，通过差分隐私机制保护用户的数据安全性。像 FATE 和 PaddleFL，还支持通过不同的安全多方计算协议和同态加密的方法，进一步为联邦学习提供安全的分布式计算环境。然而作为代价，效率也会大大降低，也需要更多时间完成联邦学习的训练。

(3) 联邦学习策略支持

目前，大部分的联邦学习研究主要集中在横向联邦学习场景，即不同的组织拥有的数据具有相同的特征空间。因此，几乎所有的框架支持横向联邦学习的不同策略。然而在现实生活中，用户往往会在不同的组织中留下不同的特征数据，比如一个病人会在化验科保存化验记录，在药房保存配药信息等。在这种情况下，我们需要用到纵向联邦学习。因为纵向联邦学习中，往往只有一个组织拥有数据的标签，所以无法通过单一组织计算模型的梯度，往往也需要通过安全协议进一步保护计算的安全。当前支持纵向联邦学习的框架有 FATE、PaddleFL 和 FedML 等，并且 FedML 还支持 Split Learning 和去中心化的联邦学习模式。

除了上述的几个角度，往往还会考虑到联邦学习框架对于深度学习框架的支持。比如 PaddleFL 只支持百度的飞桨 PaddlePaddle 深度学习框架，Pysyft 和 TensorFlow Federated 则分别只支持 PyTorch 和 TensorFlow，而其他的深度学习框架，像 FATE、Flower 和 FedML 等，则在深度学习框架的选择上会更加自由，除了 TensorFlow 和 PyTorch 之外，还可以选择 MxNet 和 JAX 等。另外就是关于部署方式：对于单机安装的用户，既可以通过安装包手动安装，也可以通过 Docker 镜像的方式安装，这样更加方便快捷。对于有集群安装的用户，比较主流的是通过 Kubernetes 进行集群部署。

从以上几个角度，读者大致可以理解，根据自己的项目需求，如何去选择一个适合的联邦学习框架。

第3章　联邦学习系统架构

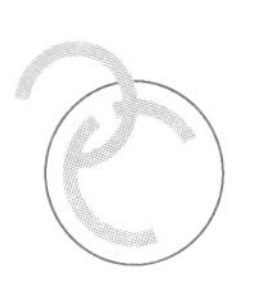

根据数据集特征空间和样本空间分类，联邦学习可以分为横向联邦学习、纵向联邦学习和联邦迁移学习。最近，来自 MIT 的研究团队又提出了联邦学习新的变种：分割学习。本章将详解横向联邦学习、纵向联邦学习与分割学习。

3.1　横向联邦学习

横向联邦学习是目前研究最多、应用最广泛的一种联邦学习形式，如果没有特别的说明，通常联邦学习就是指横向联邦学习。横向联邦学习在不同的数据端训练相同或者相近的模型，然后采用聚合策略实现最优的全局模型聚合。

3.1.1　横向联邦学习定义

典型的横向联邦学习系统如图 3-1 所示。这种架构也称为客户端-服务器（Client-Server）架构或者中心化架构。在这种系统中，具有相同特征的不同数据的联邦学习参与者将作为客

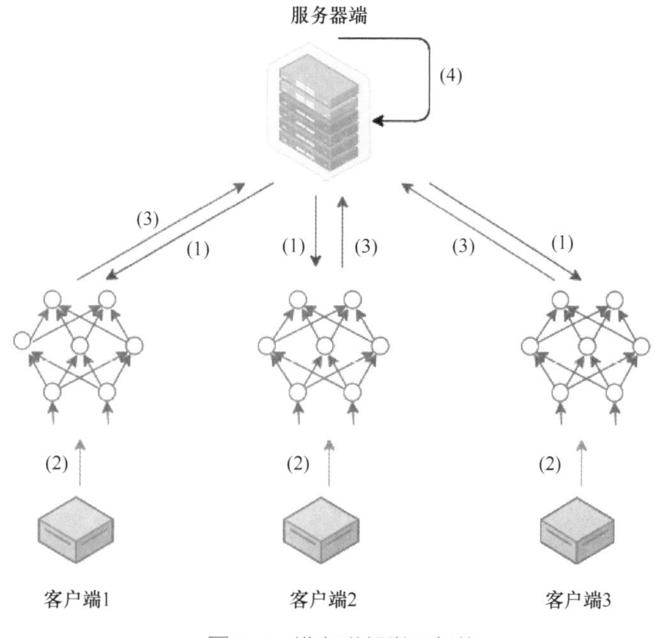

● 图 3-1　横向联邦学习架构

户端在服务器的协调组织下，协作训练机器学习模型。横向联邦学习系统训练过程主要包括以下 4 个步骤。

在配置好系统的连接并初始化全局模型之后，服务器将进行：

1）模型分发，将初始化模型发送到每一个稳定连接的客户端，包括当前通信回合的编号。

2）客户端在收到模型之后，将启动本地模型训练。

3）在本地训练结束后，客户端使用同态加密、秘密共享等技术对模型更新进行掩饰，将掩饰后的模型（加密模型）发送模型更新返回到服务器。

4）服务器进行安全聚合。安全聚合的目的是使得服务器仅能观察到模型聚合后的结果，而不能看到在聚合前的各客户端模型。如果为了系统调试、系统可解释性或者系统中可能存在质量较差的数据节点，可以关闭安全聚合，这样能够追踪每个客户端的行为。上述步骤将会不断迭代进行，直到损失函数收敛到可接受的范围或者达到允许的迭代次数的上限。

3.1.2 横向联邦学习算法

随机梯度下降（SGD）在深度学习中显示了良好的结果。因此，它也作为联邦学习训练算法的基线——联邦随机梯度下降（FedSGD）。随机梯度下降可以直接用于联邦优化问题。然而使用基于随机梯度下降的优化算法能够保证模型的收敛，但是它必须在客户端的每次迭代中进行通信，频繁的通信、大体量模型对网络带宽的要求非常高，尤其是在 B2C 的场景中，系统中可能存在上百万的客户端。系统将很难保证完整系统的延迟。为此，科研人员提出了联邦模型平均算法（FedAvg）。FedAvg 算法与 FedSGD 算法最大的区别是：FedSGD 在客户端计算梯度，并将梯度发送到服务器。而在 FedAVG 算法中，客户端计算梯度，更新模型，最后发送到服务器的也是模型参数。FedAvg 可以通过增加模型在本地更新的次数，进而降低与服务器通信的频率，减少系统的通信负载。

FedSGD 和 FedAvg 算法对比如下，W、∇W 分别表示模型参数和梯度信息，上标 t 和$t+1$ 表示通信回合数，下标 k 表示参与客户端的序号，n 表示全局样本数量之和，n_k 表示第 k 个客户端上的样本数量，μ 表示学习率。在 FedSGD 中，模型梯度聚合和全局模型更新都发生在服务器，而在 FedAvg 中，本地模型在本地更新之后，将更新后的模型发送到服务器进行聚合。代码 3-1 和代码 3-2 中分别展示了使用 PyTorch 实现的 FedSGD 和 FedAvg 算法。

（1）FedSGD：

$$\nabla W^t = \sum_k \frac{n_k}{n} \nabla W_k^t$$

$$W^{t+1} = W^t - \mu \nabla W^t$$

（2）FedAvg：

$$W_k^{t+1} = W^t - \mu \nabla W_k^t$$

$$W^{t+1} = \sum_k \frac{n_k}{n} W_k^{t+1}$$

代码 3-1　FedSGD 算法的简单实现

```
class Server:
  ......
  def __average_grads(local_grads_info):
```

```
        total_grads = {}
        n_total_samples = 0
        for info in local_grads_info:
          n_samples = info['n_samples']
          for k, v in info['named_grads'].items():
            if k not in total_grads:
                    total_grads[k]= v
                    total_grads[k]+= v * n_samples
                n_total_samples += n_samples
            gradients = {}
            for k, v in total_grads.items():
                gradients[k]= torch.div(v, n_total_samples)
            return gradients

def __step(self, gradients):
        self.model.train()
        self.optimizer.zero_grad()
        for k, v in self.model.named_parameters():
          v.grad = gradients[k]
        self.optimizer.step()

    def aggregate(self):
        local_grads_info = self.__receive_grads()
        gradients = self.__average_grads(local_grads_info)
        self.__step(gradients)
```

代码 3-2 FedAvg 算法的简单实现

```
class Server:
  ......
  def __average_models(local_models_info):
    total_model = {}
    n_total_samples = 0
    for info in local_models:
      n_samples = info['n_samples']
      for k, v in info['named_models'].items():
        if k not in total_model:
                total_model[k]= v
                total_model[k]+= v * n_samples
            n_total_samples += n_samples

        model = {}
        for k, v in total_model.items():
            model[k]= torch.div(v, n_total_samples)
        return model

  def aggregate(self):
    local_models_info = self.__receive_models()
```

3.1.3 安全聚合算法

很多工作已经得出结论：联邦学习不能彻底保护机器学习系统隐私。研究人员已经能从某个客户端上传的模型梯度或者参数信息中恢复隐私数据的细节信息。

如何减少本地模型参数上传所带来的泄露？一种方法是使用安全聚合，这是一种秘密聚合所有本地模型更新的方法，服务器只能看到聚合结果，却不能知晓每个单独的本地模型的参数。由于结果来自所有的参与者，模型聚合是有意义的，聚合后的模型模糊了个体模型信息，因此服务器几乎无法了解单个参与者任何有意义的信息。在横向联邦学习中，服务器将使用安全聚合方法将各方信息进行聚合，用来更新服务器端的模型（全局模型），并把更新发送给各个参与方。安全聚合将保证服务器作为协调者只能得到聚合后的结果，不能获取到指定参与者的模型信息。安全聚合的基本原理是通过在上传的聚合消息中增加随机掩码，同时也希望在安全聚合时，所有的随机掩码能抵消。

1. 安全聚合基本原理

谷歌的 Bonawitz 等人在 2017 年发表的文章 Practical secure aggregation for privacy-preserving machine learning 中提出了一种安全聚合加密方案。

现在系统中有 m 个客户端 C_1，C_2，…，C_m，其中每个 C_i 拥有对应的私有数据 x_i，需要求出所有私有数据之和 $\sum_i x_i$，但是 C_i 的输入 x_i，不能泄露给服务器 S，且不能泄露给其他的客户端 C_j（$j \neq i$）。安全聚合的核心原理就是设计安全的掩码方案，防止客户端和服务器在模型聚合过程中获得额外信息，如图 3-2 所示。

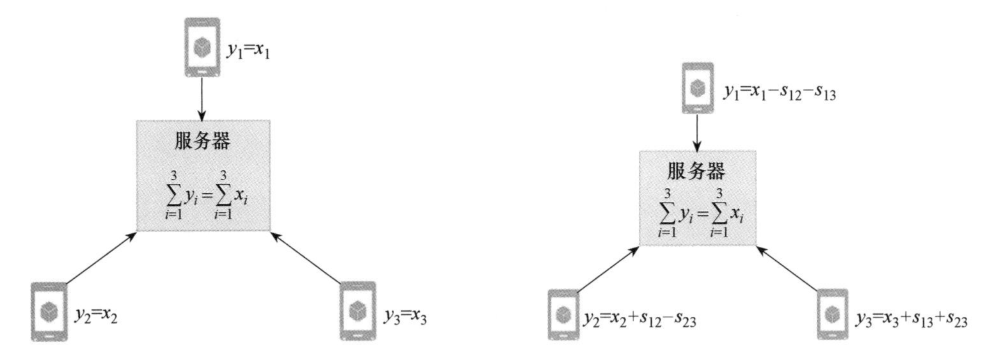

• 图 3-2 安全聚合算法基本原理

2. 安全聚合基础知识

（1）认证加密

认证加密（Authenticated Encryption，AE）是一种能够同时保证数据的保密性、完整性和真实性的加密模式。认证加密包括一个将密钥 c 和信息 x 作为输入并输出密文 y 的加密算法 $AE.enc()$，满足：

$$y = AE.enc(c, x)$$

和一个将密文 y 和密钥 c 作为输入并输出原始明文 x 的解密算法 $AE.dec()$ 并保证：

$$AE.dec(c, y) = x$$

（2）密钥交换

迪菲-赫尔曼密钥交换（Diffie-Hellman Key Exchange，DH）是一种安全协议。它可以让双方在完全没有对方任何预先信息的条件下，通过不安全信道创建一个密钥。这个密钥可以在后续的通信中作为对称密钥来加密通信内容。

DH 算法的安全性依赖于计算离散对数的困难程度。离散对数问题可以理解为：如果 p 是一个素数，g 和 x 都是整数，前向计算 $y=g^x \bmod p$ 非常快，但是逆向过程：假如知道 p，g 和 y，要求某个离散对数 x 就会非常困难。例如：$15=3^6 \bmod 17$，则 $x=6$。

g 和 p 的选择对此类系统的安全性影响非常大，为了保证此类离散对数问题无法求解，p 应该是一个很大的素数，而且 $(p-1)/2$ 也应该是素数。而且 g 要求是 p 的原根（Primitive Root），即整数序列：

$$g \bmod p, g^2 \bmod p, \cdots, g^{p-1} \bmod p$$

均是不同的整数。

在一些特殊情况下，离散对数可以快速计算。然而，通常没有已知的有效方法来计算它们。公钥密码学中的几个重要算法，例如 ElGamal，它们的安全性基于这样的假设，即精心选择的离散对数问题没有有效的解决方案。

DH 算法流程如下，假设 Alice 和 Bob 想共用一个密钥，用于对称加密，但是他们之间的通信渠道并不安全，所有经过此渠道的信息均能被敌手 Charlie 看到。使用 DH 密钥交换协议：

1）Alice 和 Bob 先对 p 和 g 达成一致，而且对外公开。此时 Charlie 也知道它们的值。

2）Alice 先取私密的整数，不让任何人知道，然后给 Bob 发送计算结果 $A=g^a \bmod p$，此时 Charlie 知晓 A 的值。

3）Bob 也取一个私密的整数 b，不让任何人知道，然后给 Alice 发送计算结果 $B=g^b \bmod p$，此时 Charlie 知晓 B 的值。

4）Alice 能计算出 $S=B^a \bmod p=(g^b)^a \bmod p=g^{ab} \bmod p$。

5）Bob 能计算出 $S=A^b \bmod p=(g^a)^b \bmod p=g^{ab} \bmod p$。

6）此时 Alice 和 Bob 共享密钥 S。虽然 Charlie 看见了 p，g，a，b，但是由于计算离散对数的困难性，使其无法知道 a，b 的具体值，也就无从知晓密钥 S 的值。

根据 DH 密钥交换的基本原理，我们将密钥协商（Key Agreement，KA）表示为三个基本协议。

1）初始化公共参数：

$$KA.param(k) \rightarrow pp$$

2）允许用户生成公钥和私钥对：

$$KA.gen(pp) \rightarrow (S_u^{SK}, S_u^{PK})$$

3）结合己方私钥和对方分享的公钥，可以生成两方的公共密钥。

$$KA.aggre(S_u^{SK}, S_u^{PK}) \rightarrow S_{uv}$$

（3）秘密共享

秘密共享（Secret-Sharing）是现代密码学领域的一个重要分支，是信息安全和数据保密中的重要手段，也是安全多方计算和联邦学习等领域的一个基础应用技术。实际应用中，在密钥管理、数字签名、身份认证、安全多方计算、纠错码、银行网络管理，以及数据安全等方面都有重要作用。秘密共享最早由 Sharmir 和 Blakley 在 1979 年提出，其思想是将秘密以适当的方式分割，分割后的每一个份额由不同的参与者管理，单个参与者无法恢复秘密信息，只有若干个参与者一同协作才能恢复秘密消息。更重要的是，当其中任何相应范围内的参与者出问题时，秘密仍可以完整恢复。

Sharmir 秘密共享是一种理想的 (t,n) -门槛方案。在这个方案中，秘密 S 被分割为 n 个数据片段 S_1，S_2，…，S_n，称为秘密份额（Share），要求：

1）任何知晓 t 个或者更多的秘密份额 S_i 都会导致秘密 S 很容易计算，换句话说，完整的秘密 S 可以从任意 t 个秘密份额的组合中重构。

2）任何知晓少于 t 个或者更少的秘密份额都会使得秘密 S 不能确定，换句话说，完整的秘密 S 不能由任意少于 t 个秘密份额重建。

该方案基于拉格朗日插值定理，t 个点坐标足以确定次数小于或者等于 $t-1$ 的多项式。例如，2 个点足以确定一条直线，3 个点足以确定一条抛物线，4 个点足以确定一条三次曲线等，如图 3-3 所示。

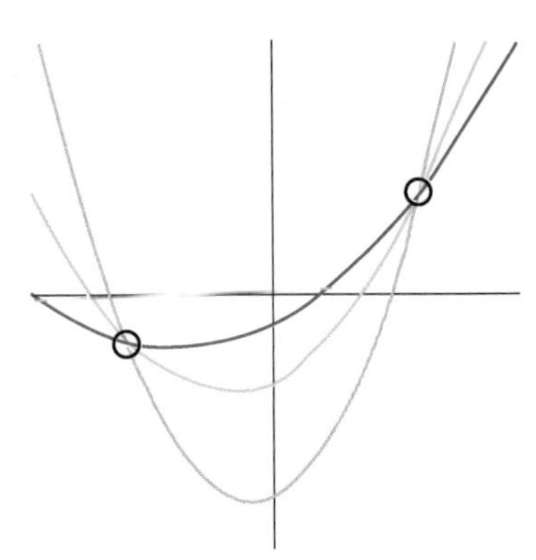

图 3-3 平面内过两点可以画出无数条二次多项式，但是通过三点的二次多项式仅有一条

假设秘密 S 可以表示为一个元素a_0，随机选择 $t-1$ 个元素a_1，a_2，…，a_{t-1}构造多项式：

$$f(x)=a_0+a_1x+a_2x^2+\cdots+a_{t-1}x^{t-1}$$

假设在多项式曲线上任取 t 个点，坐标为(x_i,y_i)，则在这些点的任意包含 t 个点的子集中，可以使用插值计算得到a_0：

$$a_0=f(0)=\sum_{j=0}^{t-1}y_j\sum_{\substack{m=0,\\m\neq j}}^{t-1}\frac{x_m}{x_m-x_j}$$

根据以上原理，将 Sharmir 秘密共享方案表示成两个基本协议：

- 秘密拆分协议：

$$SS.share(S,t,U)=\{(u,S_u)\}_{u\in U}$$

其中，输入 S 为秘密；U 是用户集合，与系统中所有用户的总数 n 相对应；t 是秘密共享的阈值。

- 秘密重构协议：

$$SS.reon(\{(u,S_u)\}_{u\in V},t)\rightarrow S$$

其中，输入$\{(u,S_u)\}_{u\in V}$为子集信息，$|V|\geqslant t$。

3. 单掩码方案

单掩码方案的算法流程如下。

1）不同的用户 u 和用户 v 通过 DH 密钥交换协议建立秘密通信通道，他们之间共享一个秘密随机数 S_{uv}。

2）用户 u 真实且需要共享的参数为 x_u，发送服务器经掩码处理过的模型参数为 y_u：

$$y_u=x_u+b_u+\sum_{\substack{u,v\in U\\u<v}}S_{uv}-\sum_{\substack{u,v\in U\\u>v}}S_{uv}$$

3）服务器对所有收到的值进行聚合，掩码部分相互抵消，相当于真实值的聚合，效果等同于 FedAvg 方案。

单掩码方案看似完美，但还是面临一些问题：

（1）随机数该如何协商

现在的算法是两两如何确定一个随机数，并且这个随机数还不能被第三者知道。这个方案可以使用 DH 密钥协商方案来实现，并且可以借助伪随机数生成器（Pseudorandom Generator，PRG）减少通信开销。协商的密钥作为伪随机数生成器 PRG 的种子。所以协商随机数，实际上协商的是随机数的种子。

（2）客户端突然掉线怎么办

举个例子：当用户 2 掉线后，那么系统中的服务器就只能收集到 y_1+y_3，实际上希望能收集到真实值 x_1+x_3作为模型平均。因此可以从两个客户端中询问 S_{12}和 S_{23}的值。由于仅靠这两个秘密，模型无法恢复在线客户端的信息，因此是可行的。只要保证系统中有足够多的客户端，随机掩码就能被还原出来。因此可以用秘密共享方案：每个用户将秘密 S_{uv}以（t，n)-秘密共享方案发送出去，只要有 t 个用户在线，就不怕客户端掉线。

可另一个问题是，如果 y_2没有掉线，而是延迟，此时服务器就能根据收集的秘密恢复出 x_2的真实值，因此这种方法是不可接受的。掩码方案不仅能恢复用户掉线、延迟情况下的秘密 S，还要确保不能恢复出真实数据 x_i。

4. 双掩码方案

在双掩码方案中，当大家都不掉线时，秘密可以互相抵消，秘密 b_u 可以被恢复出来，用于还原 x 的聚合。当有用户 u 掉线的情况下，服务器可以恢复出 S 信息，用户还原 x 的聚合，但是由于存在 b_u，所以不管 y_u 是延迟还是掉线都无影响。双掩码方案具体实现如下。

（1）初始阶段

1）首先，每个客户端会初始化一个安全参数 k，用来生成 DH 的相关参数：

$$pp \leftarrow KA.param(k)$$

2）规定秘密分享协议中的用户数量 n 和阈值 t。

3）规定 m 为传输向量的大小，x_u 为隐私数据向量。

4）所有用户 u 与服务器之间都有一个私有且经认证的通道。

5）所有的用户 u 都可以从可信第三方得到他们的签名密钥 d_u^{SK} 和绑定所有其他用户身份的验证密钥 d_v^{SP}。

（2）第 0 轮

1）对于客户端 u：

- 根据 pp 分别生成两对公私钥对$(c_u^{PK},c_u^{SK}) \leftarrow KK.gen(pp)$和$(s_u^{PK},s_u^{SK}) \leftarrow KK.gen(pp)$，然后使用数字签名算法对两个公钥签名：

$$\sigma_u \leftarrow SIG.sign(d_u^{SK},c_u^{SK} \parallel s_u^{SK})$$

- 将生成的两个公钥连同签名结果

$$(c_u^{PK} \parallel s_u^{PK} \parallel \sigma_u)$$

通过经验证的通道发送给服务器。

2）对于服务器端 s：

- 检查从所有客户端收集到的消息数至少为 t，将收到消息的客户端集合记为 U_1，否则中止算法。

- 向所有 U_1 中的用户广播列表$\{(v,c_v^{PK},s_v^{PK},\sigma_v)\}_{v\in U_1}$进入下一个回合。

（3）第 1 轮

1）对于客户端 u：

- 收到来自服务器的列表$\{(v,c_v^{PK},s_v^{PK},\sigma_v)\}_{v\in U_1}$，为了验证$|U_1|\geqslant t$是否真的成立，防止服务器伪造客户端来套取客户端数据，先对 U_1 中的所有客户端进行消息验证，公钥对没有重复，且对任意 $v\in U_1$ 都有

$$SIG.ver(d_v^{PK},c_v^{PK}\parallel s_v^{PK},\sigma_u)=1$$

- 由于公钥与私钥是由可信第三方分发的，如果服务器伪造客户端，那么这个公式就不成立，客户端立刻中止算法。
- 随机抽样一个 b_u，用于 PRG（伪随机数生成器）生成种子。
- 通过秘密共享算法生成 s_u^{SK} 的（$t,|U_1|$）秘密份额：

$$\{(v,s_{uv}^{SK})\}_{v\in U_1}\leftarrow SS.share(s_u^{SK},t,U_1)$$

- 通过秘密共享算法生成 b_u 的秘密份额：

$$\{(v,b_{uv})\}_{v\in U_1}\leftarrow SS.share(b_u,t,U_1)$$

- 对于 U_1 中的其他客户端，针对每个客户端使用认证加密技术，使用的密钥是两个客户端经过密钥协商出来的结果，计算：

$$e_{uv}\leftarrow AE.enc(KA.agree(c_u^{SK},c_u^{PK}),u\parallel v\parallel s_{uv}^{SK}\parallel b_{uv})$$

- 如果上述任何操作（断言、签名验证、密钥协商、加密）失败，则算法中止。
- 将所有密文 e_{uv} 发送到服务器（每一个都隐含着寻址信息）。
- 存储本轮收到的所有消息和生成的值，进入下一轮。

2）对于服务器端 s：

- 检查所有客户算法中收集的消息数是否大于 t，否则就中止算法，将收到消息的客户端集合记为$|U_2|$，注意 $U_2\subseteq U_1$。
- 将收集到的所有 e_{uv} 分别广播给相应的客户端。

（4）第 2 轮

1）对于客户端 u：

- 收集来自服务器的其他客户端对应的$\{e_{uv}\}_{v\in U_2}$，并且得到集合 U_2，如果$|U_2|\leqslant t$，则算法中止。
- 对于每个客户端 u，计算 U_2 中其他客户端的共享掩码，通过密钥协商得到密钥 $s_{uv}\leftarrow KA.agree(s_u^{SK},s_v^{PK})$，然后用这个密钥作为种子，送入 PRG，生成与隐私数据大小相同的掩码向量。即 $p_{uv}=\Delta_{uv}\cdot PRG(s_{uv})$。当 $u>v$ 时，$\Delta_{uv}=1$；当 $u<v$ 时，$\Delta_{uv}=-1$，（$p_{uv}+p_{vu}=0$ 对于所有 u 不等于 v），定义 $p_{uu}=0$。
- 计算每个客户端 u 的个人掩码向量 $p_u=PRG(b_u)$，然后计算隐私数据向量与个人掩码向量和共享掩码向量的加和，用来掩码个人隐私数据。

$$y_u\leftarrow x_u+p_u+\sum_{v\in U_2}p_{uv}(\bmod R)$$

- 如果上述过程中的任意操作，例如密钥协商、PRG 操作失败，则算法中止，将 y_n 发送给服务器。

2）对于服务器端 s：

- 检查所有客户端中收集的 y_n 是否大于 t，否则中止算法。将收到消息的客户端集合记为 U_3，注意 $U_3 \subseteq U_2$，将 U_3 的列表发送给每个用户。

（5）第 3 轮

1）对于客户端 u：

- 检查收集到的客户端集合 U_3，确认 $U_3 \geq t$，否则算法中止。
- 将 U_3 使用数字签名进行某种形式的签名，得到 σ'_u：

$$\sigma'_u \leftarrow SIG.sign(d_u^{SK}, U_3)$$

这一步的目的主要是防止服务器在上一步恶意欺骗大多数客户端以套取信息，因为如果上一步中的服务器故意伪造某个客户端掉线的假象，那么想要套取信息的那个客户端和其他客户端收到的 U_3 就会不一样，这样就会被客户端发现服务器造假。

2）对于服务器端 s：

- 收集所有的 σ'_u，确认收到的消息数大于 t，否则终止，将这部分用户记为 U_4，注意 $U_4 \subseteq U_3$。对于该集合中的每一个用户，发送对应的签名结果：

$$\{v, \sigma'_v\}_{v \in U_4}$$

（6）第 4 轮

1）对于客户端 u：

- 收到来自服务器端列表 $\{v, \sigma'_v\}_{v \in U_4}$ 验证 $U_4 \subseteq U_3$，且 $U_4 \geq t$，并且对于所有 $v \in U_4$，$SIG.ver(d_u^{PK}, U_3, \sigma') = 1$，这一步主要是防止服务器端故意欺骗客户端，以套取客户端信息，如果以上任何环节出现问题，则算法中止。
- 在 U_2 中除了 u 的其他客户端，对于每个客户端 v，可以使用密钥来解密认证加密过的信息：

$$v' \parallel u' \parallel s_{uv}^{SK} \parallel b_{uv} \leftarrow AE.dec(KA.agree(c_u^{SK}, c_u^{PK}), e_{uv})$$

- 得到这 4 个结果后，其中前两个首先验证是否满足 $u = u'$，$v = v'$，如果不满足，则中止算法。
- 将得到的两个结果有选择地发送给服务器，对于客户端 $v \in U_2 \backslash U_3$，即掉线的客户端，发送 s_{vu}^{SK}，即在线的客户端，发送 b_{uv}：

2）对于服务器端 s：

- 收集至少 t 个用户的消息，用户集为 U_5，否则中止算法。
- 对于客户端 $v \in U_2 \backslash U_3$ 即掉线的客户端，使用秘密分享中的恢复算法，恢复 s_u^{SK}。
- 将它送入 PRG 计算出针对它和其他客户端的所有 p_{uv}。
- 同理，对于 $v \in U_3$，即在线的客户端，使用秘密分享中的恢复算法，恢复 b_u。

$$b_u \leftarrow SS.recon(\{b_{uv}\}_{v \in U_5}, t)$$

送入 PRG 计算出自己的 p_u。

- 最后计算出聚合后的结果，即 $z = \sum_{u \in U_3} x_u$。

$$\sum_{u \in U_3} x_u = \sum_{u \in U_3} y_u - \sum_{u \in U_3} p_u + \sum_{\substack{u \in U_3, \\ v \in U_2 \backslash U_3}} p_{uv}$$

3.2 纵向联邦学习

纵向联邦学习由于广泛适用于用户重叠众多、特征互补的场景，是当前在国内比较流行的企业间合作方案。本节将在第一小节介绍纵向联邦学习的背景、基本方法，在后面小节将分别介绍纵向逻辑回归的原理和具体的有无可信第三方参与的联邦学习算法流程。

3.2.1 纵向联邦学习算法概述

纵向联邦学习算法有利于各企业之间建立合作，使用各自的特有数据，共同建立更加强大的模型。纵向联邦学习的概念首次在 Private federated learning on vertically partitioned data via entity resolution and additively homomorphic encryption 中被提出，其概念也在综述文章 Federated machine learning：Concept and applications 中得到了完善。纵向联邦学习也继承了数据不出本地的原则，与横向联邦学习的数量不足不同，纵向联邦学习也称“样本对齐的联邦学习”，适用于数据提供方的样本重叠很多，但数据特征重叠较少的场景。在纵向联邦学习过程中，各数据提供方先进行样本对齐，即找出共有样本，再联合共同样本的不同特征进行模型训练，使得训练样本的特征维度增加。

纵向联邦学习可以为多机构用户提供一种可行的解决方案。不同的机构可以先通过加密样本对齐确认共同数据样本，然后利用安全联合模型训练完成双方模型参数的计算与更新，最终学习到完整的纵向联邦模型。整个过程中数据均保留在本地，只计算模型参数和中间结果。纵向联邦学习对于某些特征较为单一的领域来说，是一个非常重要的需求。一个最典型的例子就是银行：银行一直是一个被严格审查的行业，行业规则要求其为了用户隐私拒绝向其他行业公开用户的数据。实际上，银行拥有的样本数量足够充分，其有海量的用户收支记录，但是银行拥有的这些用户特征都比较简单，一种理想的情况是其能够与其他机构之间联合，降低金融系统的风险。近年来，国家政策支持通过小微贷款促进市场活力，然而由于风险过高，很多银行不愿意向小微企业贷款。与小微企业风险相关的信息包括税务状况、财务状况、无形资产等。这些信息需要从其他机构获得，且未经特别允许，银行也不能访问这些特征。还有一个例子是购物网站，仅仅局限于用户的浏览记录是难以为用户主动进行高质量商品推荐的，如果能够使用相同用户的不同维度的特征（比如视频网站、视频网站等）进行联合训练，就可以给用户提供更好的个性化服务。

对于纵向联邦学习来说，同一个样本的特征输入，分散在各个不同的参与方手中。那些没有用户标签、只有用户特征的参与方无法单独完成训练。因此，纵向联邦学习的训练方式与横向联邦学习不同，不能简单地对模型或梯度进行平均。假设公司 A 和公司 B 要共同训练一个机器学习模型，并且业务系统都有自己的数据。此外，B 公司也有模型所需要的标签数据。称 B 公司为纵向联邦学习的主动方，A 公司为被动方。纵向联邦学习的过程可以在中心服务器的协调下完成，也可以在去中心化的情况下完成，因此中心服务器是非必需的。纵向联邦学习基本包含两大步骤：加密样本对齐和算法联邦化改造。

1. 加密样本对齐

在纵向联邦学习里，需要找出参与方 A 与参与方 B 共有的训练样本 ID，且除了 A 和 B

双方共有的样本 ID（例如一家银行和另一家电商共同的客户 ID，可以用手机设备号的哈希值作为客户的 ID 标识）以外，不能泄露其他样本 ID 给彼此，如图 3-4 所示。这个过程需要用到加密样本 ID 对齐机制。

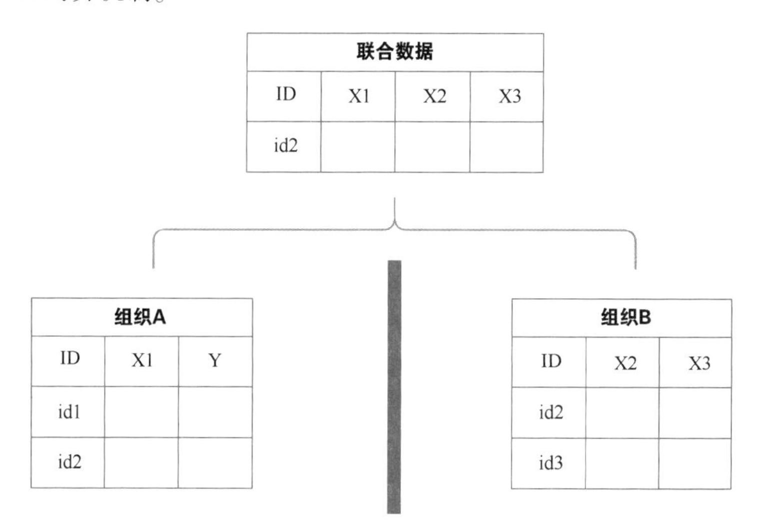

• 图 3-4　纵向联邦学习里的加密样本 ID 对齐

加密样本 ID 对齐是有着丰富学术研究和工程应用的问题，也是很有趣的数据问题。这个问题被称为隐私集求交（Private Set Intersection，PSI）或者安全实体对齐（Secure Entity Alignment）。

2. 算法联邦化改造

纵向联邦学习通常使用加法同态加密，例如 Paillier 算法加密模型的中间输出结果，更多关于同态加密的相关知识将在 5.3 节进行介绍。参与方使用相同的公钥加密需要传输的数据，包括深度学习中的激活值和梯度信息。通过加法对复杂的激活函数进行近似，转化成可以使用加法同态进行处理的近似计算。当计算完成之后，参与联邦学习的各方将得到各自对应的加密结果，然后各方再使用私钥对密文进行解密。

从模型来看，现有的机器学习模型都可以通过算法拆分进行设计，分解成多人合作才能完成的计算并将中间传递结果加密。表 3-1 展示了当前一些常见机器学习模型的纵向联邦实现。除了这些常见的机器学习模型，更复杂的深度模型可以通过分割学习来表示。在分割学习中，每个客户端拥有部分神经网络，称为底部模型，服务器具有高层次的神经网络，称为顶部模型，参与方通过底部模型提取出嵌入（Embedding）发送给服务器，服务器聚合这些嵌入，然后在顶部模型中执行前向传播并计算损失函数，最后利用反向传播计算模型梯度，再更新模型参数。更多关于分割学习的知识见 3.3 节。

表 3-1　不同机器学习算法的纵向联邦实现论文

机器学习模型	论　文
决策树	SecureBoost: A Lossless Federated Learning Framework
	Privacy-preserving Decision Trees over Vertically Partitioned Data
	Privacy Preserving Decision Tree Learning Over Vertically Partitioned Data
	Practical Federated Gradient Boosting Decision Trees

（续）

机器学习模型	论　文
线性回归	Federated Machine Learning：Concept and Applications
逻辑回归	Private Federated Learning on Vertically Partitioned Data via Entity Resolution and Additively Homomorphic Encryption
	A Quasi-Newton Method based Vertical Federated Learning Framework for Logistic Regression
	Parallel Distributed Logistic Regression for Vertical Federated Learning without Third-party Coordinator
核学习	Federated Doubly Stochastic Kernel Learning for Vertically Partitioned Data
支持向量机	Privacy-preserving Classification with Secret Vector Machines

本节将以逻辑回归为例，详细解释如何将传统的机器学习模型转化为纵向联邦实现。标准逻辑函数及其梯度可以表示为

$$S(\boldsymbol{x})=\frac{1}{1+\mathrm{e}^{-x}},\ S'(x)=\frac{\mathrm{e}^{-x}}{(1+\mathrm{e}^{-x})^2}$$

假设训练的 mini batch 为 S，大小为 n。逻辑回归的损失函数计算公式为

$$L(\boldsymbol{\theta})=\frac{1}{n}\sum_{i\in S}\log(1+\mathrm{e}^{-y_i\boldsymbol{\theta}^{\mathrm{T}}x_i})$$

它的梯度计算公式如下：

$$\nabla L(\boldsymbol{\theta})=\frac{1}{n}\sum_{i\in S}\left(\frac{1}{1+\mathrm{e}^{-y_i\boldsymbol{\theta}^{\mathrm{T}}x_i}}-1\right)y_i x_i$$

逻辑回归的损失和梯度的公式中包含着指数运算，因此，如果要用 Paillier 算法进行加密，就需要对原公式进行一定的改造，使其仅用加法和乘法来表示。将指数运算改造为加法与乘法运算的一种常用方法就是用泰勒展开来进行近似。直接使用泰勒展开计算上面的梯度计算公式过于复杂。为了简化计算过程，选择先利用泰勒展开近似损失函数，再对近似后的损失函数求导。

使用泰勒级数在 $z=0$ 处展开 $\log(1+\mathrm{e}^{-z})$ 近似非线性逻辑损失：

$$\log(1+\mathrm{e}^{-z})=\log2-\frac{1}{2}z+\frac{1}{8}z^2-\frac{1}{192}z^4+O(z^6)$$

因此损失函数的泰勒展开式可以表示为

$$L(\boldsymbol{\theta})\approx\frac{1}{n}\sum_{i\in S}\log2-\frac{1}{2}y_i\boldsymbol{\theta}^{\mathrm{T}}x_i+\frac{1}{8}(\boldsymbol{\theta}^{\mathrm{T}}x_i)^2$$

其对应导数为

$$\nabla L(\boldsymbol{\theta})\approx\frac{1}{n}\sum_{i\in S}\left(\frac{1}{4}\boldsymbol{\theta}^{\mathrm{T}}x_i-\frac{1}{2}y_i\right)x_i$$

因此，对于 A、B 双方来说，其本地子模型的参数即为

$$\frac{\partial L}{\partial\boldsymbol{\theta}_A}=\boldsymbol{X}_{\mathrm{A}}^{\mathrm{T}}\left(\frac{1}{4}\boldsymbol{X}_{\mathrm{A}}\boldsymbol{\theta}_{\mathrm{A}}^{\mathrm{T}}+\frac{1}{4}\boldsymbol{X}_{\mathrm{B}}\boldsymbol{\theta}_{\mathrm{B}}^{\mathrm{T}}-\frac{1}{2}y\right)$$

$$\frac{\partial L}{\partial\boldsymbol{\theta}_B}=\boldsymbol{X}_{\mathrm{B}}^{\mathrm{T}}\left(\frac{1}{4}\boldsymbol{X}_{\mathrm{A}}\boldsymbol{\theta}_{\mathrm{A}}^{\mathrm{T}}+\frac{1}{4}\boldsymbol{X}_{\mathrm{B}}\boldsymbol{\theta}_{\mathrm{B}}^{\mathrm{T}}-\frac{1}{2}y\right)$$

以上是纵向联邦：两方逻辑回归的基本原理。人们发现攻击者仍然可以从分享的梯度信息中获取模型训练的敏感信息。安全的纵向联邦其设计目的就是通过噪声或者密码学技术实现梯度信息的安全交换，纵向联邦训练过程只需要根据上面的公式进行计算，如果不需要性能监控，可以只计算梯度信息即可而不需要计算损失函数。根据联邦系统中是否有可信第三方存在，研究人员分别设计了基于可信第三方的联邦逻辑回归和无须可信第三方的联邦逻辑回归算法。

3.2.2 纵向联邦逻辑回归算法

目前，纵向联邦逻辑回归算法主要有两种实现方式，一种是基于可信第三方的联邦逻辑回归；另一种是无须可信第三方的联邦逻辑回归。

1. 基于可信第三方的联邦逻辑回归

图 3-5 展示了基于可信第三方实现纵向联邦学习架构。假设在纵向联邦系统中被动方为 A 只拥有共同用户的部分特征 $\boldsymbol{X}_A$，主动方为 B 拥有共同用户的另一部分特征 $\boldsymbol{X}_B$ 和标签 y，存在权威的可信第三方 C 负责密钥生成，以及对加密模型解密，并且确信可以严格按联邦学习协议执行，不会违规分享私钥和解密模型信息。下面是这种纵向联邦实现的计算步骤。更详细的算法计算流程可以参考表 3-2。

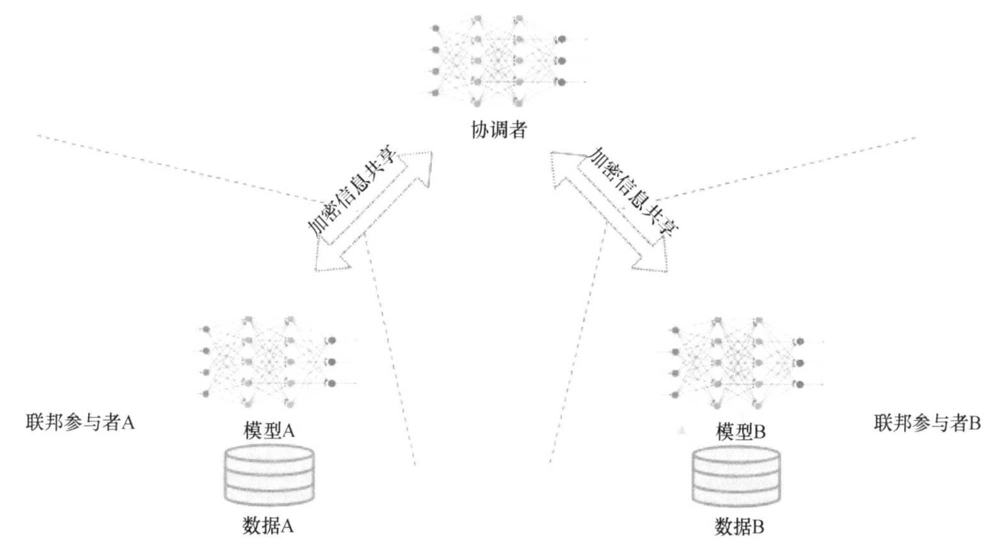

• 图 3-5 基于可信第三方的纵向联邦学习架构

表 3-2 基于可信第三方的联邦逻辑回归计算流程

步 骤	A 方	B 方	C 方
第 0 步			生成密钥对并分发公钥
第 1 步	收到公钥并初始化 $\boldsymbol{\theta}_A$	收到公钥并初始化 $\boldsymbol{\theta}_B$	
第 2 步	$\left[\left[\frac{1}{4}\boldsymbol{X}_A\boldsymbol{\theta}_A^T\right]\right]\to B$	$\left[\left[\frac{1}{4}\boldsymbol{X}_B\boldsymbol{\theta}_B^T-\frac{1}{2}y\right]\right]\to A$	

（续）

步　骤	A 方	B 方	C 方
第 3 步	计算 $\left[\left[\frac{\partial L}{\partial \boldsymbol{\theta}_A}\right]\right]$	计算 $\left[\left[\frac{\partial L}{\partial \boldsymbol{\theta}_B}\right]\right]$	
第 4 步	$\left[\left[\frac{\partial L}{\partial \boldsymbol{\theta}_A}+R_A\right]\right]\rightarrow$C	$\left[\left[\frac{\partial L}{\partial \boldsymbol{\theta}_B}+R_B\right]\right]\rightarrow$C	
第 5 步			$\frac{\partial L}{\partial \boldsymbol{\theta}_A}+R_A\rightarrow$A $\frac{\partial L}{\partial \boldsymbol{\theta}_B}+R_B\rightarrow$B
第 6 步	更新 $\boldsymbol{\theta}_A$	更新 $\boldsymbol{\theta}_B$	

1）参与方 A 和 B 各自初始化自己的参数，协调方生成密钥对并分发公钥给 A 和 B。

2）参与方 A 和 B 分别计算$\frac{1}{4}\boldsymbol{X}_A\boldsymbol{\theta}_A^T$ 和$\frac{1}{4}\boldsymbol{X}_B\boldsymbol{\theta}_B^T-\frac{1}{2}y$；分别使用公钥加密后发送给对方。

3）此时参与方 A 和 B 能各自计算：

$$\left[\left[\frac{\partial L}{\partial \boldsymbol{\theta}_A}\right]\right]=\left[\left[\boldsymbol{X}_A^T\left(\frac{1}{4}\boldsymbol{X}_A\boldsymbol{\theta}_A^T+\frac{1}{4}\boldsymbol{X}_B\boldsymbol{\theta}_B^T-\frac{1}{2}y\right)\right]\right]$$

$$\left[\left[\frac{\partial L}{\partial \boldsymbol{\theta}_B}\right]\right]=\left[\left[\boldsymbol{X}_B^T\left(\frac{1}{4}\boldsymbol{X}_A\boldsymbol{\theta}_A^T+\frac{1}{4}\boldsymbol{X}_B\boldsymbol{\theta}_B^T-\frac{1}{2}y\right)\right]\right]$$

其中，$[[x]]$表示 x 的同态加密形式。

4）参与方 A 和 B 需要将加密的梯度发送给 C 来进行解密，但是为了避免 C 直接获得梯度信息，A 和 B 可以分别在梯度上加上一个随机数 R_A 和 R_B。

5）C 在获得加密梯度之后进行解密，再把结果返还给 A 和 B。

6）参与方 A 和 B 只要再减去之前加的随机数，就能获得最真实的梯度，更新其参数。

2. 无须可信第三方的联邦逻辑回归

如图 3-6 所示，这种方案解决了对可信第三方的依赖。假设在纵向联邦系统中被动方为 A 只拥有共同用户的部分特征 $\boldsymbol{X}_A$，主动方为 B 拥有共同用户的另一部分特征 $\boldsymbol{X}_B$ 和标签 y。与基于可信第三方的联邦逻辑回归不同，系统不存在权威的可信第三方 C，也就是所有参与方都担心第三方会与另外一方串通泄密。表 3-3 展示了无须可信第三方的联邦逻辑回归计算流程，读者可以将它与表 3-2 对比，更好地理解两种算法的异同。联邦逻辑回归的具体计算流程如下。

1）双方各自生成同态加密的公私钥对 PK_A、SK_A 和 PK_B、SK_B，并交换公钥 PK_A、PK_B。

2）参与方 A 和 B 分别计算$\frac{1}{4}\boldsymbol{X}_A\boldsymbol{\theta}_A^T$ 和$\frac{1}{4}\boldsymbol{X}_B\boldsymbol{\theta}_B^T-\frac{1}{2}y$，并分别使用自己的公钥加密后发送给对方。

3）此时参与方 A 和 B 能各自计算：

$$\left[\left[\frac{\partial L}{\partial \boldsymbol{\theta}_A}\right]\right]_{PK_B}=\left[\left[\boldsymbol{X}_A^T\left(\frac{1}{4}\boldsymbol{X}_A\boldsymbol{\theta}_A^T+\frac{1}{4}\boldsymbol{X}_B\boldsymbol{\theta}_B^T-\frac{1}{2}y\right)\right]\right]_{PK_B}$$

$$\left[\left[\frac{\partial L}{\partial \boldsymbol{\theta}_B}\right]\right]_{PK_A}=\left[\left[\boldsymbol{X}_B^T\left(\frac{1}{4}\boldsymbol{X}_A\boldsymbol{\theta}_A^T+\frac{1}{4}\boldsymbol{X}_B\boldsymbol{\theta}_B^T-\frac{1}{2}y\right)\right]\right]_{PK_A}$$

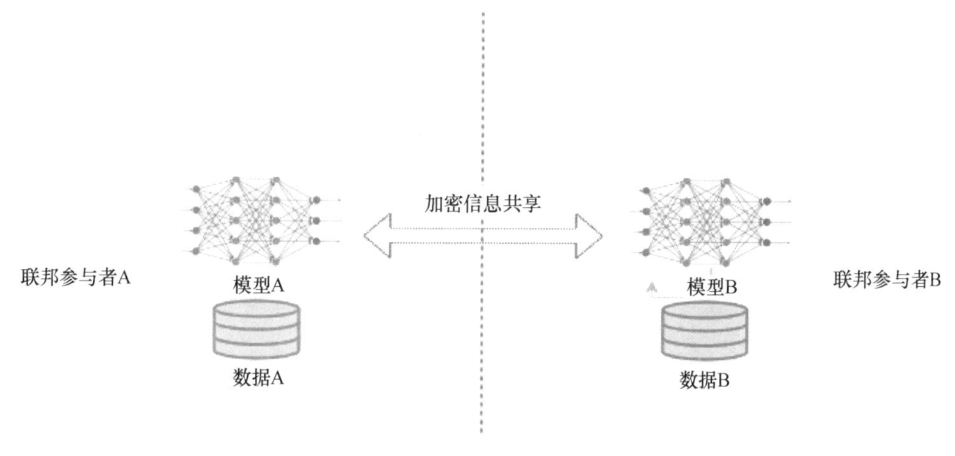

● 图 3-6 无须可信第三方的纵向联邦学习架构

4）为了避免对方直接获得梯度信息，A 和 B 可以分别在梯度上加上一个随机数 R_A 和 R_B。分别将 $\left[\left[\frac{\partial L}{\partial \boldsymbol{\theta}_A}+R_A\right]\right]_{PK_B}$ 和 $\left[\left[\frac{\partial L}{\partial \boldsymbol{\theta}_B}+R_B\right]\right]_{PK_A}$ 发送给对方。

5）A 使用私钥SK_A 解密 $\left[\left[\frac{\partial L}{\partial \boldsymbol{\theta}_B}+R_B\right]\right]_{PK_A}$，B 使用私钥 SK_B解密 $\left[\left[\frac{\partial L}{\partial \boldsymbol{\theta}_A}+R_A\right]\right]_{PK_B}$，双方分别将解密结果发送给对方。

6）参与方 A 和 B 只要再减去之前加的随机数，就能获得最真实的梯度，更新其参数。

表 3-3 无须可信第三方的联邦逻辑回归计算流程

步 骤	A 方	B 方
第 0 步	创建密钥对(PK_A,SK_A)，将 PK_A 发送给 B	创建密钥对(PK_B,SK_B)，将 PK_B 发送给 A
第 1 步	初始化 $\boldsymbol{\theta}_A$	初始化 $\boldsymbol{\theta}_B$
第 2 步	$\left[\left[\frac{1}{4}\boldsymbol{X}_A\boldsymbol{\theta}_A^T\right]\right]_{PK_A}\rightarrow$B	$\left[\left[\frac{1}{4}\boldsymbol{X}_B\boldsymbol{\theta}_B^T-\frac{1}{2}y\right]\right]_{PK_B}\rightarrow$A
第 3 步	计算 $\left[\left[\frac{\partial L}{\partial \boldsymbol{\theta}_A}\right]\right]_{PK_B}$	计算 $\left[\left[\frac{\partial L}{\partial \boldsymbol{\theta}_B}\right]\right]_{PK_A}$
第 4 步	$\left[\left[\frac{\partial L}{\partial \boldsymbol{\theta}_A}+R_A\right]\right]_{PK_B}\rightarrow$B	$\left[\left[\frac{\partial L}{\partial \boldsymbol{\theta}_B}+R_B\right]\right]_{PK_A}\rightarrow$A
第 5 步	$\frac{\partial L}{\partial \boldsymbol{\theta}_B}+R_B\rightarrow$B	$\frac{\partial L}{\partial \boldsymbol{\theta}_A}+R_A\rightarrow$A
第 6 步	更新 $\boldsymbol{\theta}_A$	更新 $\boldsymbol{\theta}_B$

3.3 分割学习

分割学习，也被称为拆分学习（Split Learning），它是一种分布式和隐私保护的深度学习技术，它可以实现在多个数据源上训练深度神经网络而无须直接共享原始标记数据。

3.3.1 分割学习基本原理

在分割学习中，深度神经网络被分成多个部分，每个部分在不同的客户端上进行训练。被训练的数据可能驻留在一个超级计算资源上，也可能驻留在参与协作训练的多个客户端中。但是参与训练深度神经网络的客户不能“看到”彼此的数据，并且由于神经网络被分成多个部分，这些部分中的每一个会在不同的客户端上进行训练，因此通过将每个部分的最后一层的权重转移到下一部分来进行网络的训练。因此，客户端之间不会共享原始数据，每个部分的最后一层（也称为切割层）的权重会被发送到下一个客户端。

图 3-7 展示了基础分割模型，可以分为训练数据以及标签、隐藏层、分割层（Cut Layer）。与一般的深度学习相同，分割学习的训练过程同样包括前向传播与反向传播计算。不同点在于一般神经网络的前向传播与反向传播计算发生在同一个设备上，而在分割学习网络中，前向传播与反向传播由两部分神经网络接力完成。

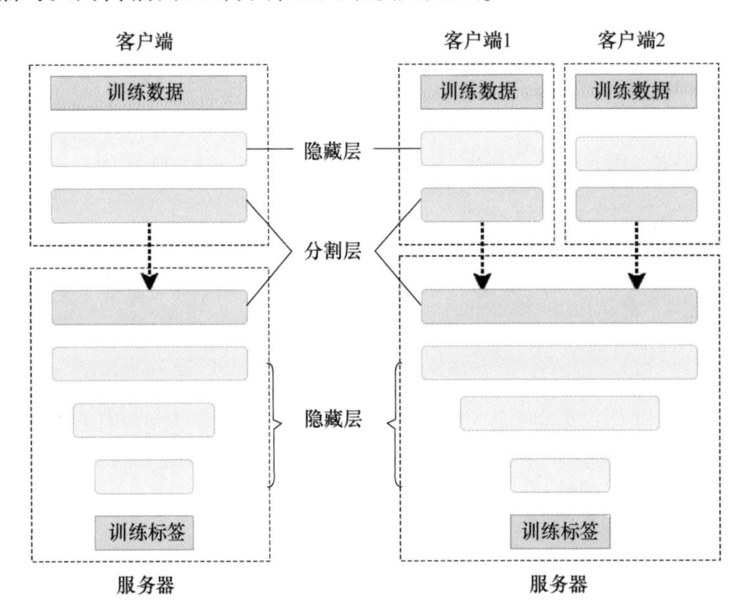

• 图 3-7　基础分割学习模型

前向传播过程如下：

- 在分割学习系统中，每一个客户端训练一个特定的深度学习模型直到分割层。
- 分割层的输出被发送到另一个服务器或者客户端上，对方将会完成剩下的神经网络层的训练，不依赖于原客户端的原始数据。

反向传播过程如下：

- 梯度信息会从最后一层反向传播到分割层，然后进行模型参数更新，正如一般的反向传播。
- 分割层输出的梯度信息将被发送到对应的原客户端。
- 剩余的反向传播将在原客户端执行，计算出梯度更新后，原客户端也将进行模型参数更新。

重复这些步骤直至收敛，客户端可以与服务器联合训练深度网络，而不需要客户端共享原始数据，也不需要共享客户端或者服务器端持有的模型部分的任何细节。

分割学习通常假设设备的计算能力不足，需要依赖服务器强大的算力才能完成模型训练。代码 3-3、代码 3-4 和代码 3-5 展示了基于 PyTorch 实现的分割学习客户端、服务器端以及神经网络的实现。

代码 3-3　分割学习客户端的简单实现

```
import torch

class Client(torch.nn.Module):
  def __init__(self, client_model):
    super().__init__()
    """class that expresses the Client on SplitNN
    Args:
    client_model (torch model): client-side model
    Attributes:
      client_model (torch model): cliet-side model
      client_side_intermidiate (torch.Tensor): output of
                                client-side model
      grad_from_server
    """

    self.client_model = client_model
    self.client_side_intermidiate = None
    self.grad_from_server = None

  def forward(self, inputs):
    """client-side feed forward network
    Args:
      inputs (torch.Tensor): the input data
    Returns:
      intermidiate_to_server (torch.Tensor): the output of client-side
                               model which the client sent
                               to the server
    """

    self.client_side_intermidiate = self.client_model(inputs)
    # send intermidiate tensor to the server
    intermidiate_to_server = self.client_side_intermidiate.detach() \
      .requires_grad_()

    return intermidiate_to_server

  def client_backward(self, grad_from_server):
    """client-side back propagation
    Args:
      grad_from_server: gradient which the server send to the client
    """
    self.grad_from_server = grad_from_server
    self.client_side_intermidiate.backward(grad_from_server)
```

```
  def train(self):
    self.client_model.train()

  def eval(self):
    self.client_model.eval()
```

代码 3-4　分割学习服务器端的简单实现

```
class Server(torch.nn.Module):
  def __init__(self, server_model):
    super().__init__()
    """class that expresses the Server on SplitNN
    Args:
      server_model (torch model): server-side model
    Attributes:
      server_model (torch model): server-side model
      intermidiate_to_server:
          grad_to_client
      """
    self.server_model = server_model

    self.intermidiate_to_server = None
    self.grad_to_client = None

  def forward(self, intermidiate_to_server):
    """server-side training
    Args:
      intermidiate_to_server (torch.Tensor): the output of client-side
                              model
    Returns:
      outputs (torch.Tensor): outputs of server-side model
    """
    self.intermidiate_to_server = intermidiate_to_server
    outputs = self.server_model(intermidiate_to_server)

    return outputs

  def server_backward(self):
    self.grad_to_client = self.intermidiate_to_server.grad.clone()
    return self.grad_to_client

  def train(self):
    self.server_model.train()

  def eval(self):
    self.server_model.eval()
```

代码 3-5　分割学习神经网络

```
class SplitNN(torch.nn.Module):
  def __init__(self, client, server,
```

```
            client_optimizer, server_optimizer,
        ):
    super().__init__()
    """class that expresses the whole architecture of SplitNN
    Args:
      client (attack_splitnn.splitnn.Client):
      server (attack_splitnn.splitnn.Server):
            clietn_optimizer
            server_optimizer
        Attributes:
            client (attack_splitnn.splitnn.Client):
            server (attack_splitnn.splitnn.Server):
            clietn_optimizer
            server_optimizer
    """
    self.client = client
    self.server = server
    self.client_optimizer = client_optimizer
    self.server_optimizer = server_optimizer

    self.intermidiate_to_server = None

  def forward(self, inputs):
    # execute client - feed forward network
    self.intermidiate_to_server = self.client(inputs)
    # execute server - feed forward netwoek
    outputs = self.server(self.intermidiate_to_server)

    return outputs

  def backward(self):
    # execute server - back propagation
    grad_to_client = self.server.server_backward()
    # execute client - back propagation
    self.client.client_backward(grad_to_client)

  def zero_grads(self):
    self.client_optimizer.zero_grad()
    self.server_optimizer.zero_grad()

  def step(self):
    self.client_optimizer.step()
    self.server_optimizer.step()

  def train(self):
    self.client.train()
    self.server.train()

  def eval(self):
    self.client.eval()
    self.server.eval()
```

3.3.2 分割学习设置与应用场景

分割学习具有较好的灵活性，在不同的场景之下，当不同的客户端拥有不同的数据或者计算资源时，可以灵活设计分割神经网络协作完成训练任务。

1. 前向基础分割神经网络

如图 3-7 左图所示。在此设置中，客户端仅拥有训练数据而没有训练标签，服务器则拥有训练标签。

每个客户端将部分深度网络训练成为分割层的特定层。分割层的输出被发送到服务器，该服务器完成其余的训练，而不需要查看来自客户端的原始数据。然后梯度从服务器上的最后一层反向传播到分割层。分割层的梯度被发送回客户端，而其余的反向传播将在客户端完成。这个过程一直持续到模型训练达到收敛。

这种配置也可以扩展到多客户端系统中，如图 3-7 右图所示，不同的客户端作为不同的数据中心有相同样本 ID 的不同类型数据。不同的客户端都将在本地训练模型直到分割层，然后这两个客户端的分割层输出将发送到服务器，服务器将来自不同客户端的输出拼接，输入到模型的剩余部分。同样不断重复完成前向和后向传播，以完成多客户端形式下的协作学习。

2. U 形分割学习神经网络

基础分割神经网络可能需要在服务器原本不知道样本标签的情况下，主动与服务器共享样本标签信息，这将暴露客户端的部分隐私。可以通过不需要共享标签的 U 形配置来缓解这个问题。如图 3-8 所展示的设置中，服务器将把网络末端的输出发送回客户端进行训练。虽然服务器仍然保留模型的大部分，但是客户端从本地进行损失函数计算并生成梯度，并将

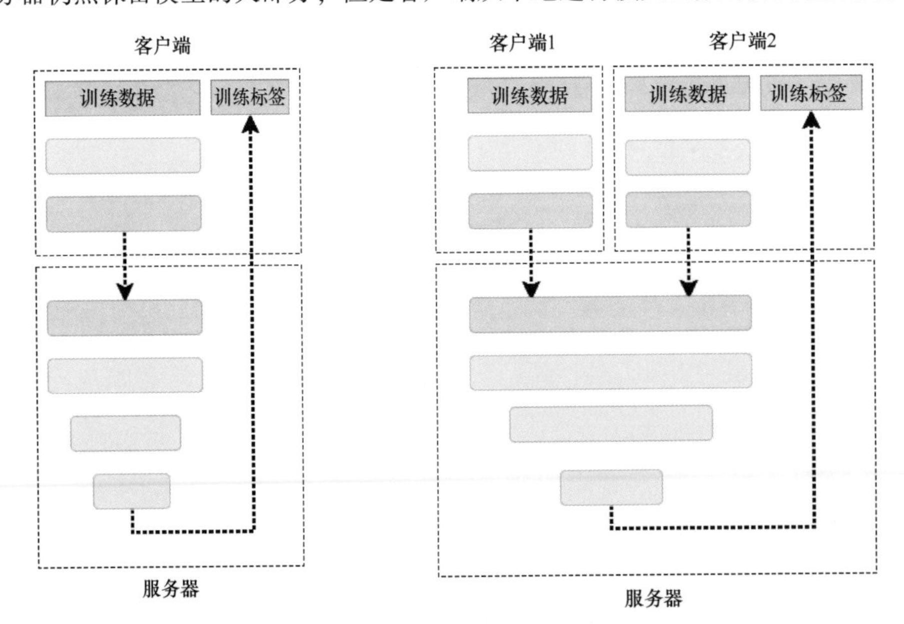

• 图 3-8　U 形分割学习模型

它们用于反向传播。服务器在这一过程中，既不接触到原始数据，也不能访问标签信息，同时原始数据和标签层都设有隐藏层，防止服务器从梯度等信息中逆向推导出隐私信息。U 形分割神经网络极大地缓解了边缘设备的计算压力，联网设备只需要执行一些简单的模型计算和结果分发，就能完成大型模型的训练。这种方式被视为一种灵活的纵向联邦实现方式，如图 3-8 右图所示，客户端 1 仅拥有部分训练特征，而客户端 2 将同时拥有部分特征和标签信息。

3. 多任务分割学习神经网络

分割神经网络还可以用来支持隐私保护下的多任务学习。如图 3-9 所示，如果客户端 1 和客户端 2 两者任务并不完全相同，但是它们有大量重复的样本 ID。在进行样本对齐之后，可以在分割神经网络技术的支持下进行多任务训练。通常这样的设置可能发生在两个不同的移动端应用后台。不同的 App 拥有海量相同的用户群体，但是 App 需要预测不同的任务。因此可以通过这种方式实现隐私保护下的跨组织合作，同时可以协作设计服务器的神经网络部分。

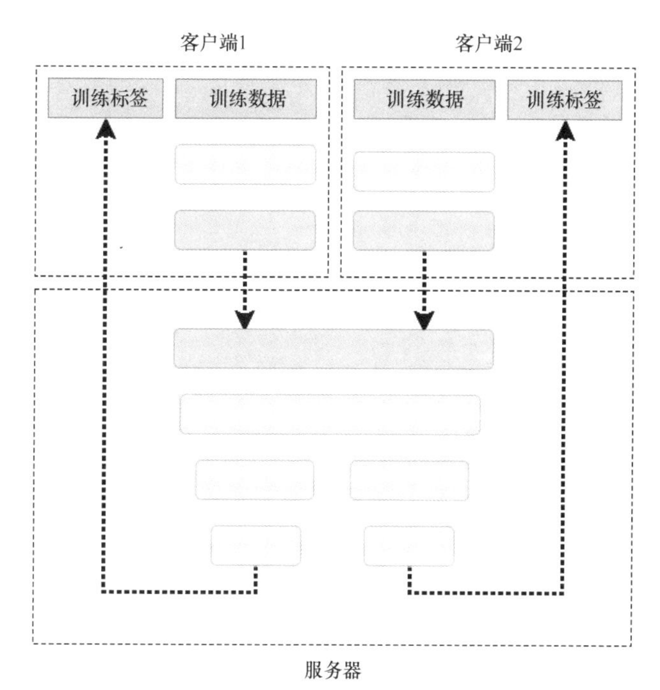

• 图 3-9 多任务分割学习神经网络

相较于传统的联邦学习，分割学习有如下的优缺点。

（1）优点

- 对客户端而言拥有高效的通信效率和计算效率。由于要传输的数据仅限于分割神经网络（SplitNN）分割层的前向输出和后向梯度信息，因此客户端的通信成本显著降低。出于同样的原因，客户端仅需要计算部分神经网络的更新，可以根据设备算力分摊服务器与客户端的计算成本，从而有效提高整体的计算效率。
- 分割学习多功能配置，即插即用，方便灵活。分割学习的多功能配置可满足以下各种实际需求：多任务分割学习；不同实体拥有不同模态的数据；多跳学习；将繁重的计算任务转移到服务器，客户端只保持很低的计算量。

- 隐私保护。每次通信环节，服务器只能接收到客户端分割层的输出，而不是完整的客户端模型的所有参数和梯度。因此，服务器缺乏足够多的信息去推理客户端的隐私数据。

（2）缺点

训练过程难以进行并行优化。训练每次都是在两个或多个设备之间来回流转，任务之间有严格的依赖关系，不能直接并行加速。这也导致一部分神经网络在计算时，另一部分神经网络正处于闲置状态。

第4章 联邦学习建模难点与解决方案

由于深度模型的特性，分布式机器学习的模型融合仍然是黑盒化问题，缺乏可解释性。这一章将介绍联邦学习建模的难点，以及当前主流的解决方案。

4.1 数据统计异质性

不同地区、不同设备、不同用户产生的数据分布的模式会不同，位于任何客户端设备上的数据样本和标签有可能会遵循不同的分布，有的甚至会与全局数据分布相去甚远，不能代表全局数据分布，这种现象称为联邦学习的数据统计异质性或者数据非独立同分布。现有的联邦学习基线方法并没有很好地解决数据非独立同分布带来的统计挑战。在模型准确性和模型收敛所需要的通信轮次等指标上，联邦学习基线，尤其是 FedAvg 方法，会在数据非独立同分布的情况下有显著下降。如图 4-1 所示，当各客户端数据服从非独立同分布时，随机选择的局部模型所对应的数据集将无法反映真实的全局数据的分布，这不可避免地会在模型平均的时候产生偏差，原始的聚合策略会使得全局模型的收敛速度大幅下降并降低模型的准确性，甚至会出现模型不收敛的情况。本节将会介绍数据非独立同分布的定义，研究在非独立同分布的数据上训练机器学习模型的影响和它们的收敛性分析，并且介绍一些针对非独立同分布数据训练的改进优化算法。

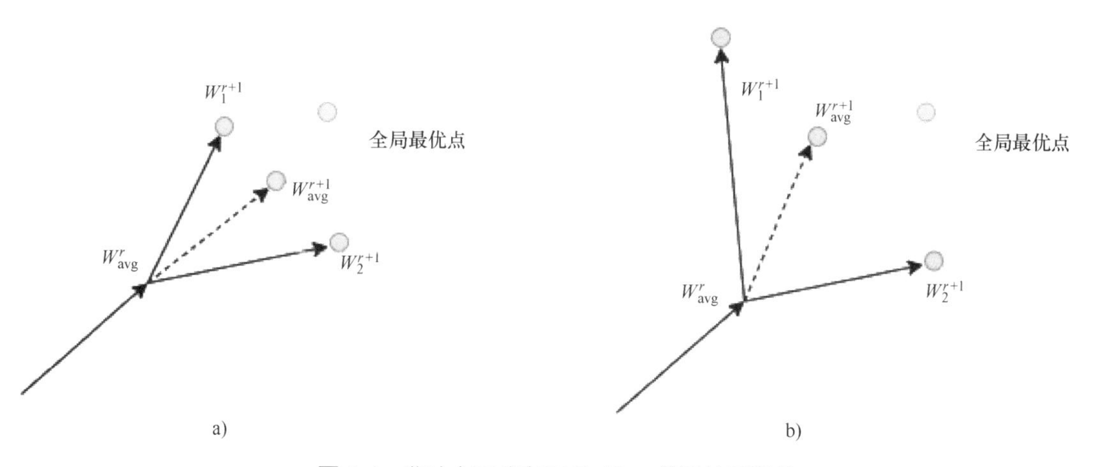

● 图 4-1　非独立同分布下 FedAvg 算法的局限性
a）各客户端数据独立同分布　b）各客户端数据非独立同分布

4.1.1 非独立同分布影响与收敛性分析

在讨论联邦学习的非独立同分布之前，先了解一下独立同分布和数据集偏移这两个概念。

1. 独立同分布

独立同分布（Independent and Identically Distributed，I.I.D.）是指在随机过程中，一组随机变量中每个变量的概率分布相同，且这些随机变量互相独立。如果随机变量 X_1 和 X_2 独立，是指 X_1 的取值不影响 X_2 的取值，X_2 的取值也不影响 X_1 的取值，且随机变量 X_1 和 X_2 服从同一分布，这意味着 X_1 和 X_2 具有相同的分布形状和相同的分布参数，即相同的期望、方差等，对离随机变量具有相同的分布律，对连续随机变量具有相同的概率密度函数。

2. 数据集偏移

在传统的机器学习任务中，数据集偏移往往描述的是训练集和测试集之间的关系。在联邦学习中，由于数据仅存储在本地，不同用户，不同地域，都有可能导致收集的数据分布的不一致性，由于无法探知数据的整体分布，在联邦学习中，以上情况也有可能发生在客户端与客户端之间、客户端与服务器之间。如果用 $P(X,X)$ 来表示采样数据和标签的联合概率，即对两个不同的客户端 i 和 j，$P_i(x,y)\neq P_j(x,y)$。根据贝叶斯定理，可以将 $P(X,Y)$ 重写成 $P(X\mid Y)P(Y)$ 或者 $P(Y\mid X)P(X)$。因此，可以根据边缘分布或者条件分布的不同，将数据集偏移分为三种情况，分别是协变量偏移（Covariate Shift）、先验偏移（Prior Shift）和概念偏移（Concept Shift）。除此之外，联邦学习中还可能存在最基本的数据量倾斜，不同的客户端可以持有非常不同的数据量，这也会影响到全局模型的训练效果。

（1）协变量偏移

协变量偏移也称为特征分布偏移（Feature Distribution Skewness），是指不同的客户端上，条件概率 $P_i(Y\mid X)=P_j(Y\mid X)$ 是相同的，但是边缘分布 $P_i(X)\neq P_j(X)$ 是不同的。例如，在手写识别领域中，写相同单词的用户可能仍然有不同的笔画宽度、倾斜度等。

（2）先验偏移

先验偏移也称为标签分布偏移（Label Distribution Skewness），是指不同客户端上，即使条件分布 $P_i(X\mid Y)=P_j(X\mid Y)$ 是相同的，但是标签的先验分布不同 $P_i(Y)\neq P_j(Y)$。比如垃圾邮件的分类，很可能在实际场景中，邮件样本绝大多数是垃圾邮件，只有少部分不是垃圾邮件，但是训练集的数据类别占比各是50%，这就形成了先验偏移。

（3）概念偏移

概念偏移是指在边缘概率分布相同的情况下条件概率分布不同的情况，一般可以分为两种：第一种是相同特征不同标签，即特征边缘概率分布 $P_i(X)=P_j(X)$ 相同，条件概率 $P_i(Y\mid X)\neq P_j(Y\mid X)$ 不同，如文化差异、天气影响、生活水平等，世界各地的房屋形状可能会有很大差异，而服装也有很大差异。即使在美国，冬天停放的汽车也只会在该国的某些地区被雪覆盖。同一个标签对应的图片在不同的时间看起来非常不同：白天与黑夜、季节影响、自然灾害、时尚和设计趋势等；第二种是相同标签不同特征，即标签概率分布 $P_i(Y)=$

$P_j(Y)$相同，但是条件分布$P_i(X|Y) \neq P_j(X|Y)$，由于用户的个人喜好导致一个训练数据中相同的特征向量可以有不同的标签，比如在文本情绪预测或下一个词预测任务中，变量的标签具有个人和区域差异。

（4）数据量偏移

数据量偏移（Quantity Skewness）是联邦学习中另一种常见的不平衡现象。比如，由于城市人口的差异，不同城市的医院中，某一疾病的患者数量也可能存在较大的差异。

以上只是一种简单的区分方式。在现实世界中，联邦学习遇到的数据非独立同分布的问题可能包含这些影响的混合。现实世界分区数据集中，跨客户端差异的表征是一个重要的开放性问题。

3. 数据非独立同分布对联邦学习的影响

联邦学习系统中一个关键的挑战就是参与各方训练数据的非独立同分布性质。现有的研究表明，非独立同分布数据对 FedAvg 算法的性能影响很大。由于每个参与训练的局部数据集的数据分布与全局数据分布非常不同，因此各方的局部目标与全局最优值很可能不一致。当全局模型分发时，对参与方来说存在“模型漂移”。而且平均模型也很可能不是全局最优，特别是当局部更新幅度非常大时（局部训练多个回合之后），得到的全局最优模型要比独立同分布下的模型精度差很多。

图 4-1 展示了非独立同分布下 FedAvg 算法的局限性。在独立同分布下，全局最优模型W^*接近于局部最优模型W^1和W^2，因此模型均值也会接近全局最优值。然而，在非独立同分布的设置下，全局最优值远离局部最优值。

4.1.2 非同质性数据分类与构建

联邦学习基准实验一直缺乏一个统一的、被广泛接受的基础数据集。一般的做法有两种，第一种是使用真实场景的联邦数据，第二种是人工构建联邦学习数据集。

1. 真实场景的联邦数据

（1）LEAF

LEAF 是一个模块化的联邦学习基准测试框架，它包含了 6 种不同任务的联邦学习数据集，详细的数据集统计信息见表 4-1。

- Federated Extended MNIST（FEMNIST）：根据 Extended MNISI 中数字和字符的作者进行划分得到的数据集。
- Sentiment140：是一个自动生成的情绪分析数据集，它根据其中出现的表情符号对推文进行注释，每个客户端代表不同的推特用户。
- Shakespeare：是一个从《威廉·莎士比亚全集》中构建的数据集，每一个客户端对应戏剧中的不同角色。
- CelebA：根据图片集上的人脸构成的数据集，每一个客户端对应一个名人。
- Reddit：对 Reddit 网站在 2017 年 12 月所有用户发表的评论进行预处理。
- Synthetic Dataset：根据现有的生成数据集制作的联邦学习数据集。

表 4-1　LEAF 联邦学习数据集的部分统计结果

数据集	客户端数量	总样本数	每个客户端样本数据	
			均值	方差
FEMNIST	3550	805263	226.83	88.94
Sentiment140	660120	1600498	2.42	4.71
Shakespeare	1129	4226158	3743.28	6212.26
CelebA	9343	200288	21.44	7.63
Reddit	1660820	56587343	34.07	62.95

（2）Office-Caltech 10

Office-Caltech 10 是一个领域自适应（Domain Adaptation）的标准基准，由 Office-31（3 个数据源）和 Caltech-256（一个数据源）两个数据集组成，它们根据不同的相机拍摄设备或者在不同的真实环境，由不同背景的数据集组成。联邦学习为每个客户端分配一个数据源，因此这些不同客户端的数据是特征不均衡的。

（3）DomainNet

DomainNet 数据集由来自 6 个不同领域的图像组成，包括照片（真实）、绘画、剪贴画、快速绘图、信息图和草图。每个域有 4.8 万到 17.2 万张图像（总共 60 万张），分为 345 个类别。

2. 人工构建联邦学习数据集

现在有很多研究者将真实的数据集分割为多个更小的子集来合成分布式非独立同分布数据集，与使用真实世界的联邦场景的数据集相比，采用分割大数据集方法具有以下优点。

首先，很难评估真实联邦数据集中数据的不均衡程度，但是使用数据分割策略可以很容易地量化和控制局部数据的不均衡水平；其次，分区策略可以很容易地设置不同数量的各方来模拟不同的场景，但真实的联邦数据集通常有固定数量的数据资源（控制客户端的数量和各个客户端上数据的分布情况）；最后由于数据监管和隐私问题，真实联邦数据集可能无法公开获得。在现有的广泛使用的公共数据集上使用数据分割策略会更加灵活，这些数据集已经有大量的集中式训练的知识经验作为参考，同时不同领域的数据集可以模拟足够多的不同的非独立同分布场景。

联邦学习跨客户端的数据统计异质性大致可以分为：①各客户端数据量的不均衡；②各客户端数据类别分布的不均衡；③各客户端数据特征分布的不均衡。其他一些统计异质性可以归纳为这些基础异质性的组合，在了解这些概念之后，可以人工构建非独立同分布的联邦学习数据集。

（1）客户端的数据量不均衡

这是数据统计异质性最简单的形式。仅考虑不同参与方拥有样本数量对最终训练得到的全局模型的影响。一种方法是使用狄利克雷分布来分配每个节点拥有的训练样本的数量。使用浓度参数（Concentration Parameter）控制样本数量的不均衡度。

（2）客户端类别分布不均衡

类别分布不均衡也称为标签分布不均衡。在医疗领域这一现象发生在当不同医院由于地理位置差异，或者饮食与生活习惯差异，某些疾病在一个医院就诊的记录要高于另一个医院。另一种情况是某医院拥有专家特色门诊，很多特定疾病患者会专程就诊。类别分布不均衡有两种构建方式：

- 基于标签类型的分布不均衡。在这种情况下，每个参与方有固定标签对应的数据。其中具有相同标签的数据将会被分到同一个子集中，最后每个参与者将被分到两个或者多个具有不同标签的子集。比如根据 CIFAR 10 或者 MNIST 构建联邦数据集时，每个客户端上仅有两种类别的标签，形成 5 个客户端。更极端的情况是，每个参与者只拥有单个标签对应的数据。
- 基于狄利克雷分布的标签分布不均衡。每个参与方对于每个标签将根据狄利克雷分布分配对应比例的样本数。狄利克雷分布是在贝叶斯统计中常见的先验分布。使用浓度参数控制标签的不均衡度。

3. 客户端特征分布不均衡

特征分布不均衡是另一种常见的非独立同分布情况。例如，不同地区的宠物狗或猫的皮毛颜色、尺寸大小可能会有所不同。通常有三种不同的设置来模拟特征分布倾斜：天然特征不均衡、基于噪声的特征不均衡、基于特征筛选的特征不均衡。

（1）天然特征不均衡

由于不同人的笔迹特征通常不同，比如笔画宽度、倾斜等，因此可以根据书写者将数据集划分为不同的子集。由于子集是不同的作者，所以这样产生的非独立同分布称为天然特征不均衡。比如在 FedBN 论文中，研究者使用了一个包含不同数据源的基准数字分类任务，每一个数据集来自一个特定领域的数字识别数据集。具体来说，包括了 SVHN、USPS、SynthDigits、MNIST-M、MNIST 这 5 个数据集，通过随机抽样，将每个数据集截断为最小数据集中样本的数量。

（2）基于噪声的特征不均衡

首先，将数据集随机且平均地分成多份子集。对于每份子集，向其中添加不同级别的高斯噪声，以制造特征倾斜。高斯噪声是图像数据中常见的噪声。用户可以通过控制每个子集高斯噪声的标准差来增加各方之间的特征倾斜。

（3）基于特征筛选的特征不均衡

将数据投影到多维空间，可以根据多维空间的划分直接创造特征不均衡。例如将高维数据投影到三维空间，然后在三个维度对所有的样本进行分割，可以将样本分为 8 个小方块，选取独立的小方块或者几块方块组成训练子集，如图 4-2 所示。

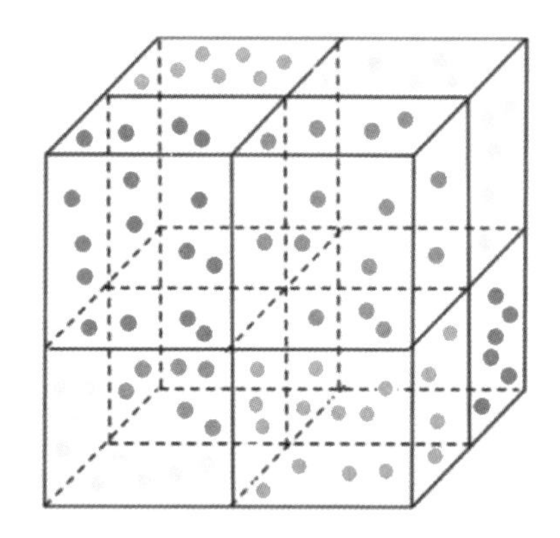

图 4-2 基于特征筛选的特征不均衡数据构造方法

4.1.3 联邦学习非独立同分布策略

目前联邦学习中处理数据非独立同分布问题主要可以分为基于数据的方法和基于算法的方法。值得注意的是，有很多研究表明，虽然联邦学习旨在训练更好的单个全局模型，但是一个模型可能并不适合所有的参与者。传统的联邦学习方法可能会导致某些节点模型性能下降，考虑到数据异质性，另一种联邦学习的目的是让每个模型都能在联邦学习中受益，最终系统中会存在多个模型而不是唯一的全局模型。本节仅讨论缓解非独立同分布的算法。

1. 基于数据的方法

联邦学习系统的性能降级本质上是由于数据的非独立同分布引起的，因此，基于数据的方法旨在通过修改分布来改善这个问题，主要的方法是数据共享和数据增强。

（1）数据共享

在服务器上存储均匀分布的全局共享数据集，并在全局训练集预热全局模型。实验结果表明共享数据的方法能有效提高全局模型性能。然而这种方法有非常明显的缺点，就是往往很难得到均匀分布的全局数据集，因为服务器可能不知道所连接的客户端数据的分布情况。如果要求客户端上传部分数据贡献全局数据集，则违反了隐私保护的原则。

（2）数据增强

数据增强原本是通过随机变换和知识迁移来缓解训练数据的不平衡性和增加数据多样性，使训练得到的模型能够更加稳定。在联邦学习中使用数据增强的思想是：每个客户需要发送标签信息到服务器，服务器将统计每种标签数据对应的样本个数，以得到每个客户端应该增强的数据的量。具体的数据增强可以使用 GAN 等方法。

2. 基于算法的方法

基于算法的方法主要考虑了全局模型信息和局部模型信息，最小化局部模型和全局模型之间的差异，主要使用的方法是正则化和贝叶斯方法。

（1）正则化

很多研究通过正则化来减轻非同质化数据对全局模型的影响。接下来介绍一些传统的方法，比如 FedNova、FedProx、SCAFFOLD 等。正则化的方法主要作用在联邦学习的模型训练阶段和模型聚合阶段。

FedProx 通过引入正则项限制本地模型更新的幅度，确保所有模型的更新不会远离全局模型，以此减少系统异质性 Non-IID 带来的影响。FedProx 考虑把在本地模型更新时，本地模型与全局模型之间的距离作为正则惩罚项，修改后的本地模型优化目标函数变为

$$\min_{\boldsymbol{\theta}} L_n(\boldsymbol{\theta};\boldsymbol{\theta}_S) = L_n(\boldsymbol{\theta}) + \frac{\mu}{2}\|\boldsymbol{\theta}-\boldsymbol{\theta}_S\|^2$$

此时通过对本地优化的非精确求解，动态调整本地迭代次数，保证对异质性的容忍度，$\boldsymbol{\theta}_S$ 表示全局模型参数。

$$\nabla L_n(\boldsymbol{\theta};\boldsymbol{\theta}_S) = \nabla L_n(\boldsymbol{\theta}) + \mu(\boldsymbol{\theta}-\boldsymbol{\theta}_S)$$

FedNova 考虑不同的客户端每轮参与模型训练的数据数量不同，即在相同的时间约束下，各方具有不同的计算能力，或者在批量大小（Mini-Batch Size）和本地训练代数（Local Epochs）相同的情况下，各方具有不同的数据集大小。直观上看，局部步数越大的一方，局部更新越大。如果简单地用模型平均来更新，对全局更新的影响会更显著。这也是一种通过归一化平均消除客观不一致性，同时保持快速误差收敛的方法。

FedAvg、FedProx 和 FedNova 的具体过程分别如算法 4-1、算法 4-2 和算法 4-3 所示。

算法 4-1 FedAvg
输入：客户端 i 的数据集 D_i 和数据量 N_i，通信轮数 T，本地训练代数 E，学习率 η 输出：最终全局模型 θ_T

服务器执行：
初始化 θ_0
for $t=0, 1, \cdots, T-1$ do
 选取客户端子集 S_t 参与本地模型训练
 $n \leftarrow \sum_{i \in S_t} \lvert D_i \rvert$
 for $i \in S_t$ in parallel（并行执行）do
  发送全局模型 θ_t 到客户端 i
  $\Delta\theta_i^t \leftarrow$ LocalTraining(i, θ_t)
 $\theta_{t+1} = \theta_t - \eta \sum_{i \in S_t} \frac{\lvert D_i \rvert}{n} \Delta\theta_i^t$
返回 θ_T

客户端执行：
LocalTraining(i, θ_t)：
$\theta_i^t \leftarrow \theta_t$
for $k=1, 2, \cdots, E$ do
 for $b=\{x, y\}$ in D_i do
  $\theta_i^t \leftarrow \theta_i^t - \eta \nabla L(\theta_i^t, b)$，其中 $L(\theta, b) = \sum_{\{x, y\} \in b} l(\theta, x, y)$
$\Delta\theta_i^t \leftarrow \theta_t - \theta_i^t$
返回 $\Delta\theta_i^t$

算法 4-2 FedProx
输入：客户端 i 的数据集 D_i 和数据量 N_i，通信轮数 T，本地训练代数 E，学习率 η 输出：最终全局模型 θ_T

服务器执行：
初始化 θ_0
for $t=0, 1, \cdots, T-1$ do
 选取客户端子集 S_t 参与本地模型训练
 $n \leftarrow \sum_{i \in S_t} \lvert D_i \rvert$
 for $i \in S_t$ in parallel（并行执行）do
  发送全局模型 θ_t 到客户端 i
  $\Delta\theta_i^t \leftarrow$ LocalTraining(i, θ_t)
 $\theta_{t+1} = \theta_t - \eta \sum_{i \in S_t} \frac{\lvert D_i \rvert}{n} \Delta\theta_i^t$
返回 θ_T

客户端执行： LocalTraining(i, θ_t)： $\theta_i^t \leftarrow \theta_t$

for k = 1, 2, ⋯, E do
　　for $b=\{x,y\}$ in D_i do
　　　　$\theta_i^t \leftarrow \theta_i^t - \eta\ \nabla L(\theta_i^t, b)$，其中 $L(\theta, b) = \sum_{\{x, y\} \in b} l(\theta, x, y) + \frac{\mu}{2}\ \Vert \theta - \theta_t \Vert^2$
$\Delta\theta_i^t \leftarrow \theta_t - \theta_i^t$
返回 $\Delta\theta_i^t$

算法 4-3　FedNova
输入：客户端 i 的数据集 D_i 和数据量N_i，通信轮数 T，本地训练代数 E，学习率 η 输出：最终全局模型 θ_T
服务器执行： 初始化 θ_0 for　t= 0, 1, ⋯, T-1 do 　　选取客户端子集 S_t参与本地模型训练 　　$n \leftarrow \sum_{i \in S_t} \vert D_i \vert$ 　　for $i \in S_t$ in parallel（并行执行）do 　　　　发送全局模型 θ_t到客户端 i 　　　　$\Delta\theta_i^t, \tau_i \leftarrow$ LocalTraining(i, θ_t) 　　$\theta_{t+1} = \theta_t - \eta \frac{\sum_{i \in S_t} \vert D_i \vert \tau_i}{n} \sum_{i \in S_t} \frac{\vert D_i \vert}{n \tau_i} \Delta\theta_i^t$ 返回 θ_T

客户端执行：
LocalTraining(i, θ_t)：
$\theta_i^t \leftarrow \theta_t$
$\tau_i \leftarrow 0$
for k = 1, 2, ⋯, E do
　　for $b=\{x,y\}$ in D_i do
　　　　$\theta_i^t \leftarrow \theta_i^t - \eta\ \nabla L(\theta_i^t, b)$，其中 $L(\theta, b) = \sum_{\{x, y\} \in b} l(\theta, x, y)$
　　$\tau_i \leftarrow \tau_i + 1$
$\Delta\theta_i^t \leftarrow \theta_t - \theta_i^t$
返回 $\Delta\theta_i^t$, τ_i

SCAFFOLD（如算法 4-4 所示）通过方差降低技术来局部更新。更新本地方差有两种方法：第一种是直接计算全局模型在本地数据上的梯度；第二种则是使用之前计算的梯度来更新方差。可以看出，第一种更加稳定，而第二种需要的计算资源更少。

算法 4-4　SCAFFOLD
输入：客户端 i 的数据集 D_i，通信轮数 T，全局学习率 η_g，本地学习率 η_l 输出：最终全局模型 θ_T
初始化 θ 初始化 $c \leftarrow 0$ for　t= 0, 1, ⋯, T-1 do

选取数量为 S 的客户端子集 $S_t \subseteq \{1,2,\cdots,N\}$
for $i \in S_t$ in parallel（并行执行）do
发送全局模型 θ_t 到客户端 i
$\theta_i \leftarrow \theta$
for $b=\{x,y\}$ in D_i do
$\theta_i \leftarrow \theta_i - \eta(\nabla L(\theta_i, b) + c - c_i)$
$c_i^+ \leftarrow \nabla L(\theta, b)$ 或 $c_i^+ \leftarrow c_i - c + \frac{1}{\eta_1 K}(\theta - \theta_i)$
返回 $(\Delta\theta_i, \Delta c_i) \leftarrow (\theta_i - \theta, c_i^+ - c_i)$
$c_i \leftarrow c_i^+$
$\theta \leftarrow \theta - \eta_g \frac{1}{S}\sum_{i \in S_t} \Delta\theta_i$
$c \leftarrow c + \frac{1}{N}\sum_{i \in S_t} \Delta c_i$
返回 θ_T

（2）贝叶斯方法

传统的联邦学习方法并没有建模本地模型后验概率和全局模型后验概率的关系。从贝叶斯学派的角度看，为了减轻模型偏移的影响，模型的预测输出集成了所有模型的后验概率，即 $P(y \mid x, D) = \int P(y \mid x, \boldsymbol{\theta}) P(\boldsymbol{\theta} \mid D) \mathrm{d}\boldsymbol{\theta}$。然而，如何估计模型的后验概率 $P(\boldsymbol{\theta} \mid D)$ 是一个难题。在贝叶斯推理中，常用马尔可夫链蒙特卡罗法（Markov Chain Monte Carlo，MCMC）进行采样估计，变分法则通过简单概率模型族进行近似估计，或者利用拉普拉斯近似法对二阶泰勒展开做近似估计。

FedBE 通过贝叶斯模型集成的方法重新采样全局模型，它采用了高斯随机权重平均法（Stochastic Weight Average-Gaussian，SWAG），用于估计模型后验概率。首先，根据随机权重平均法（Stochastic Weight Average，SWA）在随机梯度下降法中采用周期性或恒定的学习率，之后构造一个高斯概率分布函数，最后通过构造后验概率分布进行全局模型采样。FedBE 将联邦学习中的 $\boldsymbol{\theta}_i$ 重写为 $\bar{\boldsymbol{\theta}} - \boldsymbol{g}_i$，其中 $\boldsymbol{g}_i$ 为第 K 步随机梯度下降中的梯度。可以将每个客户的模型 $\boldsymbol{\theta}_i$ 视为采用 K 步随机梯度来遍历全局模型的权重空间。FedBE 使用了两种概率分布来近似模型后验分布：高斯分布（也称正态分布）和狄利克雷分布。其中高斯分布 $\mathcal{N}(\boldsymbol{\mu}, \Sigma_{\text{diag}})$ 的协方差矩阵通过一个对角线矩阵近似。

$$\boldsymbol{\mu} = \sum_i \frac{|D_i|}{|D|}\boldsymbol{\theta}_i, \Sigma_{\text{diag}} = \operatorname{diag}\left(\sum_i \frac{|D_i|}{|D|}(\boldsymbol{\theta}_i - \boldsymbol{\mu})^2\right)$$

pFedBayes 更加直接地通过高斯函数拟合函数的后验概率，通过模型参数则变成了参数的均值和方差，训练阶段通过重参数法得到梯度，从而更新参数的均值和方差。与此同时，尽量使模型的概率分布和全局模型相近，pFedBayes 使用 KL 散度作为损失函数，从而达到这个目的。因此，客户端的目标函数可以写成以下形式：

$$F_i(w) \triangleq \min_{q_i(\boldsymbol{\theta}) \in Q_i} \{-\mathbb{E}_{q_i(\boldsymbol{\theta})}[\log p_{\boldsymbol{\theta}}^i(D^i)] + \xi \mathrm{KL}(q_i(\boldsymbol{\theta}) \parallel w(\boldsymbol{\theta}))\}$$

算法 4-5 描述了 pFedBayes 的具体过程，包括客户端和服务器的任务。

算法 4-5　pFedBayes
输入：客户端 i 的数据集 D_i，通信轮数 T，本地训练代数 R，每轮参与训练的客户端数量 S，学习率 η，模型聚合参数 β，批量大小 b，初始化模型参数 $v_0=(\mu_0,\sigma_0)$，其中 ρ 的引入是为了保证标准偏差的非负性，因此 $\sigma=\log(1+\exp(\rho))$。 输出：最终全局模型参数分布 v_T
服务器执行： 初始化 $v_0=(\rho)$ for　$t=0,1,\cdots,T-1$ do 　　for $i=1,2,\cdots,N$ in parallel（并行执行）do 　　发送全局模型 θ_t 到客户端 i 　　　　$v_i^{t+1}\leftarrow$ LocalTraining(i,v_t) 选取数量为 S 的客户端子集 S_t 　　$v_{t+1}\leftarrow(1-\beta)v_t+\frac{\beta}{S}\sum_{i\in S_t}v_i^{t+1}$ 返回 v_T
客户端执行： LocalTraining（i,v_t）： $v_{w,0}^t\leftarrow v_t$ $v_0^t\leftarrow v_t$ for $r=1,2,\cdots,R$ do 　　随机从 D_i 中采样大小为 b 的批量 B 　　随机采样 K 组 $\mathcal{N}(0,1)$ 的高斯分布 g_k 　　$\theta_{i,k}^t\leftarrow h(v_r^t,g_k)=\mu_{t,r}+\log(1+e^{\rho_{I,r}})g_k$ 　　$\mathrm{L1}(v_r^t)=-\frac{n}{\mathrm{K}b}\sum_{j=1}^{b}\sum_{k=1}^{K}\log p_{\theta_{i,k}^t}(B)+\mathrm{KL}(v_r^t\parallel v_{w,r}^t)$ 　　通过反向传播和随机梯度下降法计算 $\Delta\mathrm{L1}(v_r^t)$ 并更新 v_r^t 为 v_{r+1}^t 　　$\mathrm{L2}(v_{w,r}^t)=\mathrm{KL}(v_{r+1}^t\parallel v_{w,r}^t)$ 　　通过反向传播和随机梯度下降法计算 $\Delta\mathrm{L2}(v_{w,r}^t)$ 并更新 $v_{w,r}^t$ 为 $v_{w,r+1}^t$ 返回 $v_{w,R}^t$

在 FOLA 中，首先假设模型后验概率符合高斯分布，并且由于不同客户端的数据不相同，不同客户端的本地模型后验概率将拥有不同的期望和方差。

$$P(\boldsymbol{\theta}\mid D_n)\approx q_n(\boldsymbol{\theta})\equiv N(\boldsymbol{\theta}\mid\boldsymbol{\mu}_n,\boldsymbol{\Sigma}_n)$$

我们期望全局模型的后验概率同样满足高斯分布：

$$P(\boldsymbol{\theta}\mid D)\approx q_S(\boldsymbol{\theta})\equiv N(\boldsymbol{\theta}\mid\boldsymbol{\mu}_S,\boldsymbol{\Sigma}_S)$$

研究者使用所有本地后验概率的乘积来近似全局后验概率。最小化全局损失函数等于最大化所有本地后验概率的对数，如图 4-3 所示，可以得到更好的全局参数后验估计：

$$\begin{aligned}\min_{\boldsymbol{\theta}}L(\theta)&=\min_{\boldsymbol{\theta}}\sum_{n=1}^{N}\pi_nL_n(\boldsymbol{\theta})\\&=\max_{\boldsymbol{\theta}}\sum_{n=1}^{N}\ln P(\boldsymbol{\theta}\mid D_n)\\&=\max_{\boldsymbol{\theta}}\ln\prod_{n=1}^{N}P(\boldsymbol{\theta}\mid D_n)^{\pi_n}\end{aligned}$$

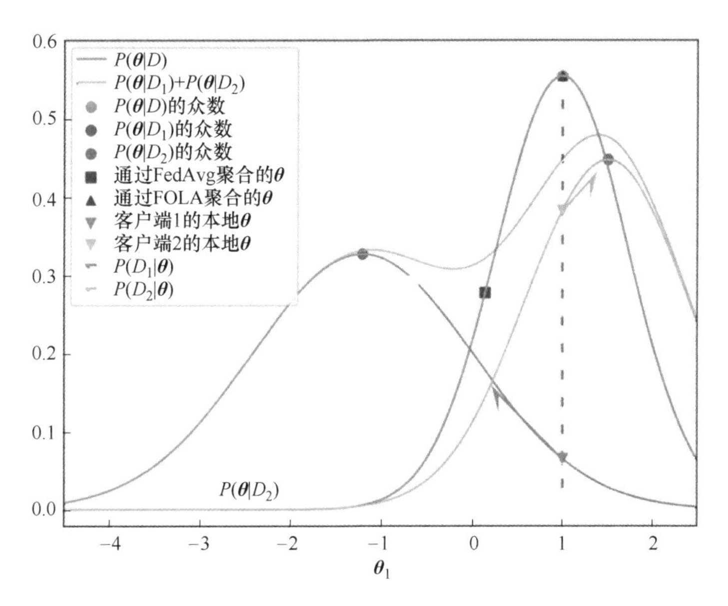

• 图 4-3 FOLA 通过贝叶斯优化得到更好的全局参数后验

全局后验概率可以表示如下：

$$q_S(\boldsymbol{\theta}) = C \cdot \prod_{n=1}^{N} q_n(\boldsymbol{\theta})^{\pi_n}$$

众所周知，高斯乘积的分布仍然服从高斯分布，通过高斯乘积分布的解析，可以推导出全局模型后验的高斯分布的超参数与本地后验模型的高斯分布的超参数。通过这样的方式建立了本地模型与全局模型之间的关系。

$$\mu_S = \boldsymbol{\Sigma}_S\left(\sum_{n=1}^{N} \pi_n \boldsymbol{\Sigma}_n^{-1} \mu_n\right)$$

$$\boldsymbol{\Sigma}_S^{-1} = \sum_{n=1}^{N} \pi_n \boldsymbol{\Sigma}_n^{-1}$$

本地模型优化同样需要考虑全局模型的参数。在客户端，局部后验 $P(\boldsymbol{\theta} \mid D_n)$ 可以通过贝叶斯定理分解为似然 $\ln P(D_n \mid \theta)$ 和先验 $P(\theta)$，并进一步将全局模型先验转化为后验概率表示，如下：

$$\begin{aligned}\ln P(\boldsymbol{\theta} \mid D_n) &= -L_n(\boldsymbol{\theta}) \\ &= \ln P(\boldsymbol{\theta}) + \ln P(D_n \mid \boldsymbol{\theta}) - \ln P(D_n) \\ &= \ln P'(\boldsymbol{\theta} \mid D) + \ln P(D_n \mid \boldsymbol{\theta}) - \ln P(D_n)\end{aligned}$$

基于全局模型后验概率的高斯分布假设推导出二阶正则化项，直到本地模型训练，避免模型遗忘。

$$L_{\text{prior}} = -\ln P'(\boldsymbol{\theta} \mid D) = \frac{1}{2}(\boldsymbol{\theta} - \boldsymbol{\mu}_S)^{\mathrm{T}} \boldsymbol{\Sigma}'^{-1}_S (\boldsymbol{\theta} - \boldsymbol{\mu}_S)$$

考虑客户端自身所对应的损失函数 L_{task}，客户端损失被定义为本地任务损失函数和正则化项的加权之和：

$$L_n(\boldsymbol{\theta}) = L_{\text{task}} + \lambda L_{\text{prior}}$$

结合服务器和客户端的优化方法，算法4-6所示。

算法4-6　在线拉普拉斯近似联邦学习算法FOLA
$\boldsymbol{\theta}$：模型参数 $\boldsymbol{\mu}$，$\boldsymbol{\Sigma}$：先验分布的均值和方差 λ：正则惩罚项系数 lr：学习率
服务器执行： 初始化θ服务器上的先验参数μ_S，$\boldsymbol{\Sigma}_S$ for 每一轮 $r=1, 2, \cdots$, do： 　　for 每个客户端$n=1, 2, \cdots$，并行计算 do： 　　　　$\boldsymbol{\mu}_n, \boldsymbol{\Sigma}_n = \text{ClientUpdate}(\boldsymbol{\mu}_S, \boldsymbol{\Sigma}_S, r)$ 　　end 　　$\boldsymbol{\Sigma}_S^{-1} = \sum_{n=1}^{N} \pi_n \boldsymbol{\Sigma}_n^{-1}$ 　　$\boldsymbol{\theta} = \boldsymbol{\mu}_S = \boldsymbol{\Sigma}_S \left(\sum_{n=1}^{N} \pi_n \boldsymbol{\Sigma}_n^{-1} \boldsymbol{\mu}_n \right)$ end 客户端执行：ClientUpdate$(\mu_S, \boldsymbol{\Sigma}_S, r)$： $\boldsymbol{\theta} = \boldsymbol{\mu}_S$ 初始化$\boldsymbol{\mu}_n$，$\boldsymbol{\Sigma}_n$ for 每一个回合 $i=1, 2, \cdots$, do： 　　for batch 数据 b in D_n： 　　　　$g = \frac{\partial L_{\text{task}}}{\partial \boldsymbol{\theta}}$ 　　　　$\text{diag}(\boldsymbol{\Sigma}_n) = \text{diag}(\boldsymbol{\Sigma}_n) + \text{diag}(\boldsymbol{g}\boldsymbol{g}^{\mathrm{T}})$ 　　　　$L_{\text{prior}} = \frac{1}{2}(\boldsymbol{\theta}-\mu)\,\text{diag}(\boldsymbol{\Sigma}_S)(\boldsymbol{\theta}-\boldsymbol{\mu})^{\mathrm{T}}$ 　　$\boldsymbol{\theta} = \boldsymbol{\theta} - lr \cdot \left(\boldsymbol{g} + \lambda \frac{\partial L_{\text{prior}}}{\partial \boldsymbol{\theta}} \right)$ 　　end end $\boldsymbol{\mu}_n = \boldsymbol{\theta}$ $\boldsymbol{\Sigma}_n = \frac{1}{r} \boldsymbol{\Sigma}_n + \frac{r-1}{r} \boldsymbol{\Sigma}_S$ return　μ_n，$\boldsymbol{\Sigma}_n$

4.2　个性化联邦学习

联邦学习的基线算法建立在数据的独立同分布的假设之上，这些算法在统计异质性数据上收敛慢，性能表现不佳。如果联邦学习的参与者不能从联邦学习中获益，那么其在联邦中贡献数据的意愿就会弱化。因此人们在专注提升全局模型性能的同时，希望通过模型的本地化与个性化，为每个客户端设计定制的个性化模型，这一过程称为模型的个性化。个性化的模型相较于全局模型而言，更多地考虑了客户端的任务与数据特征，期望在外部模型信息的加持下，使得绝大多数的联邦学习参与者从个性化的模型中受益。

4.2.1　个性化联邦学习的动机和概念

客户端参与联邦学习的主要动机是获得更好的模型，尤其对于那些没有足够的本地数据训练出高质量模型的参与者，他们从协作学习的模型中受益最多。然而，对于那些已经拥有足够多的本地数据来训练准确的本地模型的客户来说，参与联邦学习的好处是有争议的。很多研究表明，对于许多任务，一些参与者可能无法通过参与获得任何好处，因为全局共享模型不如他们训练的本地模型准确，因此他们也会质疑加入联邦学习的动机。对于许多应用程序来说，跨客户端的数据分布是高度非独立同分布的，在这种情况下，很可能全局模型的表现与本地模型的表现相去甚远，这种统计异质性使其很难训练出一个适用于所有客户的单一模型。因此研究者开始关注在联邦学习环境中为客户端创建本地化、个性化的模型，这些模型预计比全局共享模型或本地个体模型效果更好。

本地化与个性化有主观和客观两方面的动机。

（1）主观动机

有一些应用需要针对其使用主体、使用环境专门定制的模型。如语言模型，不同的客户端需要通过模型参数交换学习到更丰富、更鲁棒的语言表达特征，然而在使用过程中，用户希望语言模型能根据用户的使用习惯进行推荐，即使对于同样的输入，不同的语言模型也应该能给出不同的预测。使用统一的语言模型可能会影响用户的使用体验。

（2）客观动机

- 设备在存储、计算、通信等方面的能力存在异质性。研究者可能需要考虑具有不同能力的设备来设计异质的联邦学习算法，比如有一些老旧型号的终端设备与新型号设备处在同一个联邦学习系统中，研究人员需要开发算法，使得老旧型号的设备也能正常参与联邦学习，分享自己的知识。
- 由于数据的统计异质性带来的模型效果上的差异。共享的全局模型可能在一些拥有足够本地数据的客户端处的表现不如独立训练的本地模型。因此需要开发本地化、个性化算法，使得本地模型更好地考虑本地数据的特征，让每个模型能从联邦学习中受益，保证联邦学习的公平性。

前面讨论联邦学习面临的数据统计异质性的挑战时，主要讨论的是全局模型的表现。通过将完整的数据集进行分割，观察模型联邦学习算法在不同客户端的表现，并在均衡的全局测试集上评估全局模型的效果。而在现实中，在数据异质性强的客户端上，由于缺乏数据交流，人们并不能获得均衡的全局测试集，用户只能根据模型在本地测试集的好坏，评估加入联邦学习的收益。

在个性化联邦学习的模型训练中，优化的目标函数的表述与普通的联邦学习有所不同，如下所示为普通联邦学习的目标函数：

$$\min_{\boldsymbol{\theta} \in \mathbb{R}^d} F(\boldsymbol{\theta}) = \frac{1}{C}\sum_{c=1}^{C} f_c(\boldsymbol{\theta})$$

其中，$\boldsymbol{\theta}$ 为全局模型参数，C 为客户端数量，$f_c(\boldsymbol{\theta})$ 为模型客户端 c 的数据分布 P_c 上的损失函数的数学期望：

$$f_c(\boldsymbol{\theta}) = \mathop{\mathbb{E}}_{(x,y)\sim P_c}(f_c(\boldsymbol{\theta},x,y))$$

在该目标函数中，所有客户端需要使用全局模型输出本地局部函数，而没有任何个性化。在数据异质性的情况下，简单地将平均局部损失最小化而不进行个性化处理会导致性能不佳。与之正好相反的是本地学习，每个客户端在自己的数据上进行训练而没有通信和交流，它的目标函数则为

$$\min_{\boldsymbol{\theta}_1,\boldsymbol{\theta}_2,\cdots,\boldsymbol{\theta}_C\in\mathbb{R}^d} F(\boldsymbol{\theta}) = \frac{1}{C}\sum_{c=1}^{C} f_c(\boldsymbol{\theta}_c)$$

其中，$\boldsymbol{\theta}_c$ 为客户端 c 的本地模型参数。在这种情况下，训练的模型无法达到很好的泛化效果。

对比传统的联邦学习和本地学习，可以发现，联邦学习促进了客户端之间的合作和知识共享，但不能做出个性化的输出，因为它依赖于客户推理的共享全局模型；本地学习需要为每个客户端建立一个完全个性化的模型，但不能利用客户端间合作的潜在性能收益。因此，个性化定制联邦学习（即个性化联邦学习）的概念被提出，它是介于传统联邦学习和本地学习之间的一种联邦学习策略。接下来将介绍个性化联邦学习的方法。个性化联邦学习的基本方法主要分为两类。

- 全局模型个性化（Global Model Personalization）：全局模型个性化旨在基于全局模型的基础上，通过在本地数据集上进行额外的训练，达到个性化的目的。这种两步走的“联邦学习”加“本地自适应”的方法是一种简单直接的实现方式。由于个性化性能直接取决于全局模型的泛化性能，许多个性联邦学习的方法旨在提高数据异质性下全局模型的性能，以提高后续在本地数据上的个性化性能。这一类的个性化技术被分为基于数据和基于模型的方法。基于数据的方法旨在通过减少客户数据集之间的统计异质性来缓解客户漂移问题，而基于模型的方法旨在学习一个强大的全局模型，用于未来在单个客户端上的个性化定制，或者提高本地模型的适应性能。
- 个性化本地模型（Personalized Local Models）：与训练单一全局模型的全局模型个性化策略不同，这类方法在每个客户端上训练量身定制的个性化模型架构。其目标是通过修改联邦学习的模型聚合过程来建立个性化的模型，并通过在联邦学习中应用不同的学习范式来实现的。这一类个性化联邦学习的方法主要分为基于架构和基于相似性的方法。基于架构的方法旨在为每个客户提供量身定制的个性化模型架构，而基于相似性的方法旨在利用客户关系来提高个性化模型的性能，其中类似的个性化模型是为相关客户建立的。

4.2.2 全局模型个性化策略

本小节将介绍全局模型个性化的联邦学习策略，主要包括两类：基于数据的方法、基于模型的方法。

1. 基于数据的方法

基于数据的方法主要是通过减少客户端数据分布的统计异质性，来提高联邦学习全局模型的泛化性能。

（1）数据增强（Data Augmentation）

统计学习理论中的一个基本假设就是数据同质化，即训练集和测试集的数据是独立同分布的。因此，在机器学习领域中，数据增强已经被广泛应用，以此增强数据统计的同质性。然而，一些经典的方法如 SMOTE 和 ADASYN，通过过采样的数据生成方法和 Tomek links 通过欠采样方法来减轻数据的不平衡问题，但都无法应用在联邦学习的场景下，因为客户端上的数据是分布式且具有隐私性的。数据增强在联邦学习中是非常具有挑战性的，因为它通常需要某种形式的数据共享，或者依赖于能代表整体数据分布的代理数据集的可用性。

（2）客户端选择（Client Selection）

另一种基于数据的方法是通过设计联邦学习客户端选择机制，实现从更同质化的数据分布中采样，从而提升全局模型的泛化能力。FAVOR 通过 Deep Q-learning 的增强学习方法，设计了一种最大化精度而又最小化通信轮数的目标函数，来选择每轮参加训练的客户端，从而减轻非同质化数据对模型训练的偏移。另一种类似的方法是选择客户端，使得最小化类不平衡，这种方法需要衡量客户端的类分布，它通过对比各个服务器的模型梯度与服务器端较平衡的代理数据集训练，得到模型梯度的相似性。

2. 基于模型的方法

尽管基于数据的方法通过缓解客户端数据漂移问题改善了全局模型的收敛性，但它们通常需要修改局部数据分布，这可能会导致与客户行为的固有多样性相关的重要信息的损失，这些信息对于为每个客户个性化定制全局模型是非常有用的。基于模型方法的目标是学习一个强大的全局模型，以便在未来对每个客户端进行个性化定制，或者提高本地模型的适应性能。基于模型的方法主要分为三种：通过在损失函数引入正则化项、通过元学习（Meta Learning）、通过迁移学习（Transfer Learning）。最常见的可能是通过损失函数引入正则化项的方法，比如上面介绍的 FedProx 和 SCAFFOLD 等，而它又可以分为基于本地模型和全局模型的正则法和基于模型历史记录的正则法。

这里介绍一种全局模型个性化算法：FedBN。该算法利用了批量归一化层（Batch Normalization，BN）来自适应不同客户端的特征偏移。随着深度学习的发展，神经网络模型的深度不断增加，虽然特征提取机可以提取到更加深层的特征信息，但是也容易引起梯度消失或者梯度爆炸问题，并且模型对参数的初始化方式、学习率的设置特别敏感。研究者提出了内部协变量偏移（Internal Covariate Shift）的概念，指的就是在训练过程中，前面神经网络层参数的变化会影响后面层输入数据分布的变化。例如，网络的第二层参数是由第一层参数和输入数据决定的，而第一层参数在整个训练过程中一直在变化。研究者开发出了批量归一化层（Batch Normalization，BN）算法。BN 的本质就是利用优化中间输出结果的方差和均值，使得新的分布更加符合数据的真实分布，保证模型的非线性表达能力。在模型推理阶段，将每个 Batch 数据对应的均值和方差记录下来，利用它们来推算整个训练集的均值和方差。BN 是许多深度神经网络中不可或缺的组成部分，BN 可以有效缓解内部协变量的偏移，帮助神经网络训练得更快，并提供正则化的功能。

很多研究表明 BN 能够有效减轻领域自适应任务中的领域转移（Domain Shift），同时还能够有效协调本地数据特征。FedBN 通过在局部模型中加入 BN 层，解决联邦学习数据异构性中的特征偏移问题。与 FedAvg 类似，FedBN 也进行本地更新和模型聚合。不同的是，FedBN 假设局部有 BN 层，且 BN 层的参数不参与聚合。其背后的思想是将 BN 层的参数保留在本地，而把其他层的参数用于全局聚合，待服务器分发全局模型后，再与本地的 BN 层参数结合，组合成本地模型，实现了模型的本地化。模型架构如图 4-4 所示。FedBN 采用 5 个来自不同特征分布的数字数据集：SVHN、USPS、SynthDigits、MNIST-M、MNIST。FedBN 表现出更快、更鲁棒的收敛性（如图 4-5 所示）。

Layer	Details
1	Conv2D(3,64,5,1,2) BN(64),ReLU,MaxPool2D(2,2)
2	Conv2D(64,64,5,1,2) BN(64),ReLU,MaxPool2D(2,2)
3	Conv2D(64,128,5,1,2) BN(128),ReLU
4	FC(6272,2048) BN(2048),ReLU
5	FC(2048,512) BN(512),ReLU
6	FC(512,10)

• 图 4-4　FedBN 模型架构

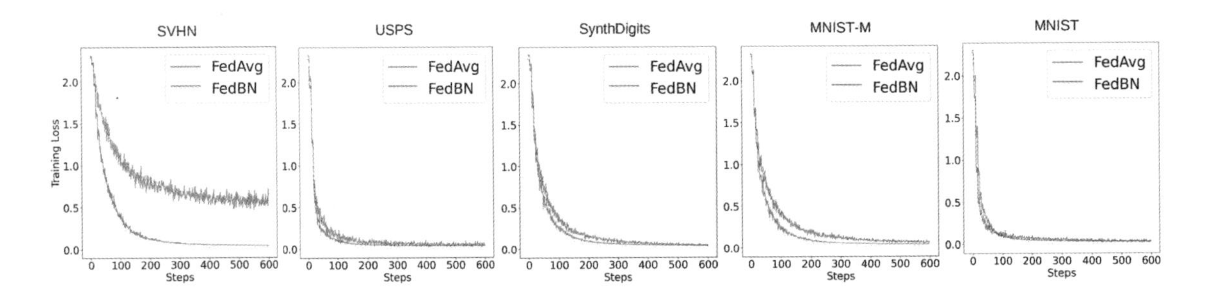

• 图 4-5　FedBN 和 FedAvg 的训练损失值在 5 个不同数字分类数据集上的收敛性

4. 2. 3　个性化本地模型

很多现有的技术，比如用于领域自适应的方法可以个性化联邦学习，包括但不限于以下几种。

- 知识蒸馏：在横向联邦中，由于大量的边缘设备会受到资源的限制，客户端可能因为不同的训练目标而选择不同的模型架构，通过知识蒸馏让学生模型模仿教师模型，将大型的教师网络模型提取到更小的学生网络模型中。将全局联邦模型作为教师模型，将个性化的模型作为学生模型，可以减轻个性化过程中过拟合的影响。
- 个性化层或参数解耦：参数解耦的目的是将本地模型参与全局模型参数解耦，从而实现个性化联邦学习，私有参数在客户端进行训练，不与服务器进行共享，这使得特定任务的表征可以被学习。通过共享层+个性化层的设计，基础层通过联邦学习算法共享，以学习低层次的通用特征，个性化层则保留在客户端本地训练，以提升个性化的特定任务性能。

- 聚类算法：对于客户端之间存在固有分区，或者数据分布有明显不同的应用，采用一个共享的全局模型并不是最佳选择，可以采用多模型方法，首先将不同的客户端进行聚类（Clustering），对于每一个聚类 Cluster，由于聚类算法降低了聚类内部客户端数据的异质性，然后在每个聚类内部训练一个局部共享的全局模型。

4.3 联邦学习通信与加速算法

联邦学习是一种关注隐私且特殊的分布式机器学习，同态加密、安全聚合等复杂的计算过程会使算法效率降低。相较于传统的分布式机器学习，联邦学习系统中不同节点数据的分布会不均衡甚至异构，使得聚合算法需要更多的训练回合。设备性能、网络带宽的差异使得设备很难在训练过程中保持同步。客户端与服务器空间分布距离远，缺乏专用的通信通道，使得通信的代价可能远大于计算的代价。此外由于设备宕机或者网络故障，参与节点很有可能随时离线。因此，联邦学习存在严重的效率瓶颈。如何在保障联邦学习模型性能的前提下有效提升联邦学习的训练效率，是学术界与工业界共同关注的话题。

4.3.1 模型压缩算法

随着机器学习技术的迅猛发展，深度模型的规模正变得越来越庞大，计算机视觉与自然语言处理所训练的模型动辄百万、千万甚至上亿个参数，这在联邦学习通信中是难以承受的负担。联邦学习的通信量会随着参与节点数量与迭代轮次的增加而增加，互联网连接速度的不确定性，上行链路通常比下行链路慢很多。

1. 结构更新（Structure Updates）

直接从一个受限的空间学习本地模型更新，这样的模型更新可以使用更少变量的参数表示。

（1）低秩化（Low-Rank）

强制要求本次的更新都是一个秩最多为 k 的低秩矩阵，假设参数矩阵为 $\boldsymbol{W}^{d_1\times d_2}$，将 $\boldsymbol{W}$ 分解为两个矩阵：$\boldsymbol{W}=\boldsymbol{AB}$，其中 $\boldsymbol{A}\in\mathbb{R}^{d_1\times k}$，$\boldsymbol{B}\in\mathbb{R}^{k\times d_2}$。在后续计算中，随机生成 $\boldsymbol{A}$ 并在局部训练过程中考虑一个常数，并且仅对 $\boldsymbol{B}$ 进行优化。在实现中，$\boldsymbol{A}$ 可以以随机种子的形式进行压缩，只需要将经过训练的 $\boldsymbol{B}$ 发送到服务器即可。$\boldsymbol{A}$ 的值固定，这样在模型更新时，用 $\boldsymbol{AB}$ 替换 $\boldsymbol{W}$。由于 $\boldsymbol{A}$ 固定，实际上只更新矩阵 $\boldsymbol{B}$，更新完毕后，上传的模型参数就是 $\boldsymbol{B}$ 而非 $\boldsymbol{W}$，使得模型参数数据量的传输变为原来的 k/m。

（2）随机掩码（Random Mask）

遵循预定义的随机稀疏模式（即随机掩码），将模型更新限制为稀疏矩阵，随机掩码在每轮会独立、随机地为每一个客户端生成。这里需要预先设置一个掩码矩阵 $\boldsymbol{M}$。掩码矩阵是指只包含 0 或 1 的矩阵，$\boldsymbol{M}$ 的维度大小与原始模型 $\boldsymbol{W}$ 的维度大小是一致的。在上传模型参数时，只上传掩码矩阵中对应位置为 1 的元素。

2. 草图更新（Sketched Updates）

首先在没有任何约束的情况下，在本地训练更新完整的模型参数，然后在发送到服务器之前，以（有损的）压缩形式近似或编码更新。服务器在进行聚合之前会解码更新。生成 Sketch 的方法如下。

（1）子采样

每个客户端只发送采样后的矩阵 $\hat{\boldsymbol{W}}_i$，而不是发送 $\boldsymbol{W}_i$，然后服务器对子采样的更新取平均值，产生全局更新 $\hat{\boldsymbol{W}}$。这样做可以使采样更新的平均值是真实平均值的无偏估计量：$\mathbb{E}[\hat{H}]=H$。与随机掩码结构化更新类似，掩码在每个回合中会对每个客户端独立随机化，并且掩码本身可以存储为同步种子。

每个客户端不发送完整模型参数，而是发送模型参数的下采样结果。采样更新的平均值是真实平均值的无偏估计量。与随机掩模的结构化更新类似，下采样掩码在每轮中也是在每个客户端独立随机采样的，并且掩码本身可以存储为同步种子。然后由服务器对下采样平均生成全局模型更新。这样做使得采样更新的平均值是真。

（2）概率量化

压缩更新的另一种方法是量化权重。将每个标量量化为一个比特（bit）。假设本地更新为 $\boldsymbol{W}_i^{d_1\times d_2}$，将其展开为向量 $\boldsymbol{w}=(w_1,w_2,\cdots,w_{d_1\times d_2})$。计算该向量中元素的最大值和最小值。$w_{\max}=\max\limits_j h_j$，$w_{\min}=\min\limits_j h_j$。

则量化压缩后的元素值为

$$\tilde{w}_j=\begin{cases} w_{\max}, & \dfrac{w_j-w_{\min}}{w_{\max}-w_{\min}} \\ w_{\min}, & \dfrac{w_{\max}-w_j}{w_{\max}-w_{\min}} \end{cases}$$

显然，$\hat{\boldsymbol{w}}$ 是 $\boldsymbol{w}$ 的无偏估计，由概率公式可得

$$\mathbb{E}[\tilde{w}_j]=\frac{w_j-w_{\min}}{w_{\max}-w_{\min}}\cdot w_{\max}+\frac{w_{\max}-w_j}{w_{\max}-w_{\min}}\cdot w_{\min}=w_j$$

将其推广到 b 比特量化，先将区间 $[w_{\min},w_{\max}]$ 等分为2^b 段，假设 w_j的值落在其中一个区间中，该段的两个端点分别为 w' 和 w''。接下来只需要用这两个值替代上述公式中的 $w_{\min}$ 和 $w_{\max}$ 即可。除非是在特定的情况下（比如最大值和最小值原理数据分布，最大值为 1，最小值为-1），大多数元素为 0 时，这种量化方法会带来很大的误差。如果原向量在各个维度上的数值分布比较均匀，效果将会更好。

为了保证元素在各个维度上的数据分布比较均匀，可以使用原向量右乘一个随机正交矩阵的方法。将正交矩阵提前约定好，在客户端与服务器达成公式。那么用户在上传更新时，可以先右乘这个矩阵，然后进行压缩，服务器解压之后，再次右乘这个矩阵，就可以恢复原始数据。

4.3.2 异步与并行优化

异步更新策略是指联邦系统中的每一个参与方完成本地模型训练迭代后，无须等待联邦学习系统中的其他参与方，就可以向服务器发送本地模型参数更新并请求当前的全局模型下

发，以便继续进行后续训练。同时，服务器也会根据每一个客户端上传的最新模型参数进行聚合，而不需要考虑每一个参与方与服务器的通信次数是否相同。与同步更新相比，尽管异步更新策略的效率可以大大提高，但是它会使得来自不同参与方的本地模型参数之间存在延迟的现象，给模型聚合的收敛性带来了一定的影响。

同步方法容易受到速度较慢的参与方的拖累，而异步方法会带来延迟问题，从而导致训练过程的收敛性变差。为了在性能和效率上有更好的权衡，研究者也提出了很多折中的解决方案，比如使用衰减策略，越是陈旧的模型更新，在服务器上聚合时的权重应该越低。

当参数服务器的状态为 t 时，收到一个新的客户端模型，该模型对应的状态信息 (W_{new},τ) 模型聚合策略为

$$W_t=(1-\alpha_t)W_{t-1}+\alpha_t W_{new}$$

衰减策略表示为

$$\alpha_t\leftarrow\alpha\times S(t-\tau)$$

其中衰减函数可以有多种选择：

- 反比例衰减：

$$S_a(t-\tau)=\frac{1}{a(t-\tau)+1}$$

- 多项式衰减：

$$S_a(t-\tau)=(t-\tau+1)^{-a}$$

- 指数型衰减：

$$S_a(t-\tau)=\exp(-a(t-\tau))$$

- 合页衰减：

$$S_{a,b}(t-\tau)=\begin{cases}1, & t-\tau\leqslant b\\ a(t-\tau-b), & 其他\end{cases}$$

4.3.3 硬件加速

随着深度学习的不断发展，AI 模型结构也在快速演化，底层计算硬件技术更是层出不穷。对于广大开发者来说，不仅要考虑如何在复杂多变的场景下将算力有效地发挥出来，还要应对计算框架的持续迭代。深度学习硬件和深度学习编译器就成了应对以上问题广受关注的技术方向，让用户仅需专注于上层模型开发，降低手工优化性能的人力开发成本，进一步挖掘硬件性能空间。

1. 深度学习硬件

深度学习硬件主要包括中央处理器（Central Processing Unit，CPU）、图形处理器（Graphics Processing Unit，GPU）、专用集成电路（Application Specific Integrated Circuit，ASIC）和现场可编程门阵列（Field Programmable Gate Array，FPGA）。CPU 的优势在于其强大的调度、管理与协调能力，并且应用范围广。相比 CPU，GPU 由于更适合执行复杂的数学和几何计算（尤其是并行运算），刚好与包含大量的并行运算的人工智能深度学习算法相匹配。另外，现在的 GPU 也可以在每个指令周期执行更多的单一指令。所以 GPU 比 CPU 更能够满足深度学习的大量矩阵、卷积运算的需求。ASIC 专用芯片在吞吐、延迟、功耗等方面都有优势，

然而 AISC 的开发风险也比较大，ASIC 芯片的计算能力和计算效率可以根据算法进行定制，因此开发时间较长且需要足够大的市场规模才可以保证成本摊销；FPGA（Field Programmable Gate Array，现场可编程门阵列），作为专用集成电路（ASIC）领域中的一种半定制电路，既解决了定制电路的不足，又克服了原有可编程器件门电路数有限的缺点。FPGA 是可编程重构的硬件，相比于 ASIC 要更加灵活，也省去了流片（即试生产）过程，能够很好地兼顾处理速度和功耗。其缺点是主频过低，可能会受限于硬件生产厂商，因此适合作为临时性方案和开发性、实验性需求较多的机构。

2. 深度学习编译器

深度学习编译器是一种用于优化深度学习模型执行效率的工具。它通常从高层编程语言转换为低级代码，以在生产环境中获得更高的性能。通常包括以下步骤。

1）对模型进行预测：通过分析模型的输入和输出，预测模型的运行情况，以优化性能。

2）简化模型结构：对模型进行重构，移除不必要的计算步骤，减少模型的大小。

3）代码生成：将预测和重构后的模型转换为低级代码，以在生产环境中执行。

目前市面上有许多深度学习编译器产品，如 TVM、TensorRT、OpenVINO、AutoGluon 等。这些产品都旨在通过不同的方法优化深度学习模型的性能，使其在生产环境中得到更好的执行效率。

具体来说，它们结合了面向深度学习的优化，例如层融合和操作符融合，实现高效的代码生成。此外，现有的编译器还采用了来自通用编译器（例如 LLVM、OpenCL）的成熟工具链，对各种硬件体系结构提供了更好的可移植性。与传统编译器类似，深度学习编译器也采用分层设计，包括前端、中间表示（Intermediate Representation，IR）和后端。但是这种编译器的独特之处在于多级 IR 和特定深度学习。现阶段的深度学习编译器有 TensorFlow XLA、TVM、Tensor Comprehension、Glow 和 MLIR 等。

第5章 联邦学习与隐私保护

隐私保护技术旨在提供隐私保护的前提下，实现数据价值挖掘的技术体系。面对数据计算系统内的参与者或者系统外的攻击者，隐私保护技术能够在不泄露隐私的情况下得到正确的计算结果。隐私保护技术正在形成一套包含人工智能、密码学、硬件科学等众多交叉学科的跨学科体系，推动数据价值和知识的流动，做到数据可用不可见。

当前隐私保护机器学习（Privacy-Preserving Machine Learning，PPML）主要包括：依赖噪声机制与机器学习紧密相关的差分隐私（Differential Privacy）技术；以密码学为特色的安全多方计算（Secure Multi-party Computation）技术；与硬件系统相关的可信执行环境（Trusted Execution Environment）和以数据不出本地为指导原则的分布式机器学习——联邦学习。尽管联邦学习技术避免了用户数据的直接交换，但是作为交换的中间媒介，模型参数和梯度信息中蕴含的用户隐私是未知的。诸多研究表明，人们有能力通过共享的模型参数或者梯度推断出联邦学习参与者的训练数据的部分属性。

本章将详细介绍差分隐私和安全多方计算的基本原理、不同技术的优缺点，以及这些技术与联邦学习技术的关系。单一的隐私保护技术不能一劳永逸地解决所有隐私问题，需要综合了解各种基础技术的基本原理与实现，在不同隐私保护技术的隐私性、可用性与计算复杂性之间权衡，强化联邦学习系统的隐私性。

5.1 差分隐私

差分隐私是目前广泛应用的一种隐私增强技术，差分隐私是基于信息论和概率论的一种计算方法，它提供从统计数据库查询，最大化数据查询的准确性，同时最大限度减少识别查询记录的方法。2020年，美国人口普查发布的统计数据就是通过应用差分隐私（Differential Privacy）进行保护的。

早期的隐私保护方案层出不穷，但是它们有一个共同的缺点——都依赖攻击者的背景知识，没有对攻击模型做出合理假设。差分隐私的概念最早由 Cynthia Dwork 等人在2006年提出。区别以往的隐私保护方案，比如K匿名（K-Anonymity）、L多样性（L-Diversity）和T接近度（T-Closeness），差分隐私的主要贡献就是提供了个人隐私泄露的数学定义。差分隐私的主要目的是在提供最大化查询结果的可用性的同时，保证个人隐私的泄露不超过预先设定的阈值。在差分隐私中，要求攻击者无法根据发布后的结果推测出哪一条结果对应于哪一个数据集。该模型通过加入随机噪声的方法来确保公开的输出结果不会因为个体是否在数据集中而产生明显的变化，并对隐私泄露程度给出了定量化的模型。因为个体的变化不会对数据查询结果有显著的影响，所以攻击者无法以明显的优势通过公开发布的结果推断出个体样本的隐私信息。差分隐私模型不需要依赖于攻击者拥有多少背景知识，而且对隐私信息提供了更高级别的语义安全，因此作为一种新型的隐私保护模型而被广泛使用。

5.1.1 差分隐私定义

差分隐私通过使用随机算法的输出，为防止敌手从结果中推算隐私信息提供了统计学保证。它通过添加噪声为单个记录对算法输出的影响提供了一个无条件的上限。

1. 严格差分隐私与松弛查分隐私

定义 5.1：严格差分隐私。

一个随机机制 M 提供了 ε-差分隐私，给定任意两个相邻的（只有一条记录不同）数据集 x 和 x'，对于任意的输出集合 S，应该有：

$$\Pr[M(x)\in S]\leqslant \mathrm{e}^{\varepsilon}\Pr[M(x')\in S]$$

使用 KL 散度衡量两个分布 Y、Z 之间的差异：

$$D(Y\parallel Z)=\mathop{\mathbb{E}}_{y\sim Y}\left(\ln\frac{\Pr[Y=y]}{\Pr[Z=y]}\right)$$

差分隐私技术并不关注两个分布的整体差异，只需要将两个分布在差距最大的情况下仍然限制在给定的边界内，将之定义为最大散度（Max Divergence）并约束它小于 ε：

$$D_{\infty}(Y\parallel Z)=\max_{y\in Y}\left[\ln\frac{\Pr[Y\in S]}{\Pr[Z\in S]}\right]=\max_{y\in Y}\left[\ln\frac{\Pr[Y=y]}{\Pr[Z=y]}\right]\leqslant\varepsilon$$

将上式简化即可得到严格差分隐私的证明。在这里 ε 被称为隐私预算（Privacy Budget），一般而言 ε 越小，隐私保护越好，加入的噪声越大，但这样数据的可用性就下降了。对于应用差分隐私的算法，首先会设定整体的隐私预算，每访问一次数据，就会扣除一些预算，当预算用完，数据就无法再访问。定义 5.1 中的差分隐私过于严格，在实际的应用中需要很多的隐私预算，为了算法实用性，Dwork 后来引入松弛差分隐私。

定义 5.2：松弛差分隐私。

一个随机机制 M 提供了（ε,δ）-差分隐私，给定任意两个相邻的（只有一条记录不同）数据集 x 和 x'，对于任意的输出集合 S，应该有：

$$\Pr[M(x)\in S]\leqslant \mathrm{e}^{\varepsilon}\Pr[M(x')\in S]+\delta$$

同样从最大散度进行分析，相较于严格差分隐私，分子多了一个 $-\delta$，新的隐私参数 δ 表示定义的失败概率，即有概率 δ，隐私并不能得到保证，而在概率 $1-\delta$ 下，将得到与严格差分隐私相同的隐私保证。通常要求 δ 非常小，为$\frac{1}{n^2}$或者更小。

$$D_{\infty}^{\delta}(Y\parallel Z)=\max_{\substack{S\subset \mathrm{Supp}(Y)\\ \Pr[Y\in S]\geqslant\delta}}\left[\ln\frac{\Pr[Y\in S]-\delta}{\Pr[Z\in S]}\right]\leqslant\varepsilon$$

2. 差分隐私组合特性

差分隐私技术讨论单次查询的隐私保护问题。但是在现实应用中经常面临查询的组合的情况。差分隐私的组合定理（Composition Theorem）就是讨论差分隐私的组合特性，确保一系列满足差分隐私的计算组合结果仍然满足差分隐私要求。

（1）串行组合特性（Sequential Composition）

假设算法 M 由 n 个差分隐私保护算法$\{M_1,M_2,\cdots,M_n\}$组成，隐私预算分别为$\{\varepsilon_1,\varepsilon_2,\cdots,\varepsilon_n\}$，并且两个算法之间彼此独立，则在相同数据集 X 上，隐私预算为 $\sum_{i=1}^{n}\varepsilon_i$。也就是说，在同一个数据集上，一系列算法的串行组合会降低隐私保护的程度，其隐私预算为全部预算之和。

（2）并行组合特性（Parallel Composition）

假设算法 M 由 n 个差分隐私保护算法 $\{M_1,M_2,\cdots,M_n\}$ 组成，隐私预算分别为 $\{\varepsilon_1,\varepsilon_2,\cdots,\varepsilon_n\}$，并且两个算法之间彼此独立，则对于不相交的数据集 $\{X_1,X_2,\cdots,X_n\}$，差分隐私结果$\{M_1(X_1),M_2(X_2),\cdots,M_n(X_n)\}$的隐私预算为$\max\limits_i\varepsilon_i$。也就是说，在不相交数据集上，一系列组合算法的隐私保护程度取决于隐私保护最弱的算法，即其隐私预算为组合算法中的最大者。这与木桶效应类似，隐私保护最弱的算法相当于最短的木板。

（3）变换不变性

假设算法 M_1满足 ε-差分隐私，对于任意算法 M_1，即使不满足差分隐私，两者的复合算法 $M(X)=M_2(M_1(X))$也满足 ε-差分隐私。即差分隐私不受后续算法影响，不论算法结果如何变换，都不会使其差分隐私程度降低，这个特点也称为后处理免疫。

（4）凸性

假设算法$\{M_1,M_2,\cdots,M_n\}$均满足 ε-差分隐私，算法 M 以任意不同的概率 p_i 输出不同算法的结果 $M_i(X)$，并且 $p_1+p_2+\cdots+p_n=1$，那么算法 M 也满足 ε-差分隐私。

3. 差分隐私机制

差分隐私处理的数据类型主要分两类，一类是数值型数据，另一类是非数值型数据。对于数值型数据，一般采用拉普拉斯机制或者高斯机制，对得到的数值结果加入随机噪声，即可实现差分隐私；对非数值型数据，一般使用指数机制并引入打分函数，对每一种可能的输出都可以得到对应分数，归一化后作为查询返回的概率值。

定义 5.3：灵敏度。

函数 f 表示一个从集合到数值的映射。那么这个函数的灵敏度 Δf 可以定义为：

$$\Delta f=\max_{D,D'}|f(D)-f(D')|$$

其中，D 和 D' 为相邻数据集。对于返回值为更高维度的函数，灵敏度通常用 L1 范数（L1-Norm）或 L2 范数（L2-Norm）表示。

拉普拉斯机制提供的是严格的机制，而高斯机制提供的是松弛的机制，两种概率分布如图 5-1 所示。

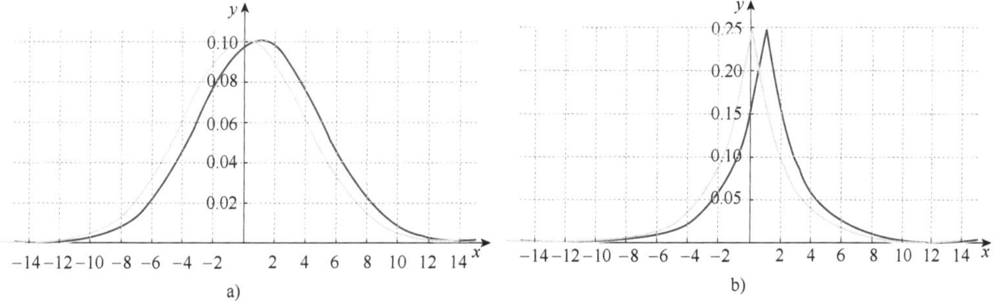

● 图 5-1 差分隐私常用噪声概率分布

a）高斯概率分布 b）拉普拉斯概率分布

（1）拉普拉斯机制

拉普拉斯函数：

$$X \sim \mathrm{Lap}(\mu, b)$$

其概率密度函数为

$$\begin{aligned} f(x \mid \mu, b) &= \frac{1}{2b}\exp\left(-\frac{|x-\mu|}{b}\right) \\ &= \frac{1}{2b}\begin{cases} \exp\left(-\frac{\mu-x}{b}\right), & x<\mu \\ \exp\left(-\frac{x-\mu}{b}\right), & x \geqslant \mu \end{cases} \end{aligned}$$

定义 5.4：拉普拉斯机制。

$$M_{\mathrm{Lap}}(x, f, \varepsilon) = f(x) + \mathrm{Lap}\left(\mu = 0, b = \frac{\Delta f}{\varepsilon}\right)$$

证明：拉普拉斯机制提供严格的（ε,0）-差分隐私：

$$\begin{aligned} \frac{p_x(z)}{p_y(z)} &= \prod_{i=1}^{k} \frac{\exp\left(-\frac{\varepsilon |f(x)_i - z_i|}{\Delta f}\right)}{\exp\left(-\frac{\varepsilon |f(y)_i - z_i|}{\Delta f}\right)} \\ &= \prod_{i=1}^{k} \exp \frac{\varepsilon(|f(y)_i - z_i| - |f(x)_i - z_i|)}{\Delta f} \\ &\leqslant \prod_{i=1}^{k} \exp\left(\frac{\varepsilon |f(x)_i - f(y)_i|}{\Delta f}\right) \\ &= \exp\left(\frac{\varepsilon \cdot \|f(x) - f(y)\|_1}{\Delta f}\right) \\ &\leqslant \exp(\varepsilon) \end{aligned}$$

（2）高斯机制

高斯机制是拉普拉斯机制的替代方案，不同在于加的是高斯噪声，而不是拉普拉斯噪声。高斯机制不满足严格差分隐私，但满足（ε,δ）-差分隐私。

定义 5.5：高斯机制。

$$M_{\mathrm{Gauss}}(x, f, \varepsilon, \delta) = f(x) + N\left(\mu = 0, \sigma^2 = \frac{2\ln(1.25/\delta) \cdot (\Delta f)^2}{\varepsilon^2}\right)$$

高斯机制通过添加高斯噪声而不是拉普拉斯噪声来工作，并且噪声水平基于 L2 灵敏度而不是 L1 灵敏度。高斯机制很方便，因为与拉普拉斯噪声相比，加性高斯噪声不太可能出现极端值，并且通常可以被下游分析更好地容忍。

（3）指数机制

与前面两种机制不同（前面两种机制都是简单地对输出的数值结果添加噪声实现差分隐私），对于非数值型数据而言，它要输出的是一组离散数据$\{R_1, R_2, \cdots, R_N\}$中的元素。

定义 5.6：指数机制。

$M_{\text{Exp}}(x,u,R)$ 选择并输出一个元素 $r \in \mathbb{R}$，其概率与 $\exp\left(\frac{\varepsilon \cdot u(x,r)}{2\Delta u}\right)$ 成正比。

指数机制的思想是，当接收到一个查询之后，不是确定地输出一个结果 R_i，而是以一定的概率返回结果，从而实现差分隐私，而这个概率值由打分函数确定，得分高的输出概率高，得分低的输出概率低。指数机制满足 ε-差分隐私。

5.1.2 差分隐私与机器学习

差分隐私机制理论上可以应用于任何算法研究。将差分隐私机制引入机器学习算法中最大的挑战是控制模型的随机性。人们需要判定和解释机器学习模型的哪些行为来自于训练数据，哪些来自于随机性。

在数据集上直接增加噪声会使数据集本身变得很脏而不可用。神经网络对参数非常敏感，在训练好的模型上直接添加噪声的方案可能会导致整个算法完全失效。因此差分隐私机制需要在训练的过程中加入，通过在训练过程中对梯度进行裁剪并添加高斯噪声，可以保证训练过程的差分隐私特性。

1. DP-SGD

深度学习算法需要优化目标函数，这种优化通常使用随机梯度下降（Stochastic Gradient Descent，SGD）算法及其变体来执行。差分隐私随机梯度下降算法（以下简称 DP-SGD）最早在“Deep Learning with Differential Privacy”中被提出。类似于传统梯度下降算法，DP-SGD 同样需要随机初始化参数，随机选择批数据（Batch Data），计算它们的梯度，并使用这些梯度来更新参数。DP-SGD 最大的不同是额外的随机梯度范数裁剪和高斯噪声添加。DP-SGD 限制了模型训练过程中的隐私损失，无论模型产生多少次输出，都能保证不会泄露超过界限的信息。

差分隐私机制对最坏的情况很敏感，导致大梯度的单条记录会因为对模型产生过大的影响而侵犯隐私。DP-SGD 通过两步对梯度更新进行后处理，来限制每次梯度更新的隐私损失。

- 通过裁剪缩放梯度，使得最大的 L2 范数为 C。裁剪梯度限制了给定更新中的信息量，这有助于推断出最大的隐私损失。
- 在梯度更新中添加与裁剪范数成比例的噪声 C，从具有标准差为 σC 的高斯分布中采样，称 σ 为噪声乘数（Noise Multiplier）。

当进行模型训练时，结合了来自不同批的梯度信息，如果继续简单地使用差分隐私的组合特性，虽然结果仍然是差分隐私的，但是这可能会大大高估花费的隐私。因此，DG-SPG 的开发者们设计了一种新的方法来更好地跟踪隐私损失，称为矩统计（Moment Accountant）。

对于给定的噪声水平和训练步骤数，矩统计导致的隐私损失值要小得多。如果根据一般的强组合定理（Strong Composition Theorem），当在每一个训练步骤都有 ε-δ 保证时，如果采样概率为 $q=LN$，其中 L 为批大小，N 为全数据集大小，T 为训练步数，则差分隐私保证应为（$q\varepsilon-q\delta$）；在 T 个步骤后，整体的差分隐私保证应为（$qT\varepsilon-qT\delta$）。这篇文章提出的矩统计给出了更加严格的隐私预算限制：整个训练过程满足 $O(q\varepsilon\sqrt{T},\delta)$-差分隐私。对隐私预算进行更严格的限制意味着可以在相同的隐私预算下运行更长时间的训练过程。DP-SGD 通过引入矩统计带来的显著改进有以下两点。

1）隐私预算正比于$\sqrt{T}$，而不是正比于 T，所以算法的运行时间可以更长；

2）潜在的隐私泄露概率为 δ，而不是 $qT\delta$，也就是说，它独立于训练步数。

代码 5-1 给出了 DP-SGD 算法的 PyTorch 实现。

代码 5-1　DP-SGD 算法的 PyTorch 实现

```
from torch.nn.utils import clip_grad_norm_

optimizer = torch.optim.SGD(lr=args.lr)

for batch in Dataloader(train_dataset, batch_size=32):
  for param in model.parameters():
    param.accumulated_grads = []

  # 运行 microbatches
  for sample in batch:
    x, y = sample
    y_hat = model(x)
    loss = criterion(y_hat, y)
    loss.backward()

    # 裁剪每个参数的每个样本梯度
    for param in model.parameters():
      per_sample_grad = p.grad.detach().clone()
      clip_grad_norm_(per_sample_grad, max_norm=args.max_grad_norm)  # in-place
      param.accumulated_grads.append(per_sample_grad)

  # 重新聚合梯度信息
  for param in model.parameters():
    param.grad = torch.stack(param.accumulated_grads, dim=0)

  # 准备更新和添加噪声
  for param in model.parameters():
    param = param - args.lr * param.grad
    param += torch.normal(mean=0, std=args.noise_multiplier * args.max_grad_norm)

    param.grad = 0  # Reset for next iteration
```

使用 DP-SGD 进行训练通常有两个主要缺点。首先，大多数现有的 DP-SGD 实现效率低下且速度慢，这使得它难以在大型数据集上使用。其次，DP-SGD 训练通常会显著影响效用（例如模型准确性），以至于使用 DP-SGD 训练出的模型可能在实践中变得无法使用。因此，大多数 DP 研究论文在非常小的数据集（MNIST、CIFAR-10 或 UCI）上评估 DP 算法，甚至不尝试对较大的数据集（例如 ImageNet）进行评估。

2. PATE

Papernot 等人引入了一个差分隐私学习框架，称为教师模型全体的隐私聚合或 PATE（Private Aggregation of Teacher Ensembles），允许在训练期间使用任何模型为机器学习提供差异隐私，PATE 方法是基于一个简单的直觉：如果两个不同的分类器，在两个不同的数据集上训练且没有共同的训练例子，当它们在一个新的输入例子分类上达成一致时，那么这个决定不会透露任何单一训练例子的信息。不管有没有任何一个训练例子，这个决定都可以做出，因为用这个例子训练出的模型和没有用这个例子训练出的模型都能得出相同的结论。

PATE 首先将私有数据集划分为数据子集。这些子集就是分区（Partitions），任何一对分区中的数据之间没有重叠。也就是说，如果某条记录只可能出现在其中一个分区中，然后 PATE 算法将在每一个数据分区上训练一个机器学习模型，称为教师模型。每个数据分区上教师模型的训练方式也没有限制，这也是 PATE 的主要优势之一：它与用于创建教师模型的学习算法无 关，所有的教师模型解决相同的机器学习任务，但它们都是独立训练的。

当得到一组独立训练的教师模型时，模型没有任何隐私保证。为了使用这个集合来做出尊重隐私的预测，PATE 在聚合每个教师单独做出的预测时添加噪声，以形成一个共同的预测。它将计算为每个类别投票的教师人数，然后通过添加从拉普拉斯或高斯分布中采样的随机噪声来扰乱该计算。当面对多个输出类从教师模型得到相等或者准相等的票数时，噪声将确保票数最多的类从这些领先的类别中随机选择，并且噪声还必须保证，如果大多数教师模型支持某类别，在投票计算中添加噪声不会改变这个类别获得最多选票的事实。只要教师之间的共识足够高，这种精巧的设计就可以为嘈杂的聚合机制做出的预测提供正确性和隐私性。使用每个查询的投票直方图，可以估计聚合结果由于噪声的注入而改变的概率，然后将这些信息汇总到所有查询中。在实践中，隐私预算主要取决于教师模型之间的共识，以及添加了多少噪声。当教师模型之间达成较高的共识时，往往有利于产生较小的隐私预算，并且在一定程度上，在计算教师分配的选票之前添加大量噪声也会产生更小的隐私预算。

然而 PATE 框架在这一点上面临两个限制。首先，聚合机制所做的每个预测都会增加总隐私预算。这意味着当预测到许多标签时，总隐私预算最终会变得太大，此时提供的隐私保证会变得毫无意义。因此，API 必须对所有用户施加最大数量的查询，并在达到该上限时，获取一组新数据来学习新的教师集合。其次，不能公开发布教师模型的集合。否则攻击者可以检查已发布教师的内部参数，以了解其训练的私人数据。由于这两个原因，PATE 中还有一个额外步骤：创建学生模型。通过以保护隐私的方式转移教师集合获得的知识来训练学生。因此，嘈杂的聚合机制是实现此目的的关键工具。学生从一组未标记的公共数据中选择输入，并将这些输入提交给教师集合以对其进行标记。嘈杂的聚合机制以学生用来训练模型的私有标签进行响应。PATE 尝试了两种变体。如图 5-2 所示，PATE 允许使用任何模型进行预测，并允许对该模型进行任意次数的查询，而不会泄露隐私。然而，为了实现这一点，

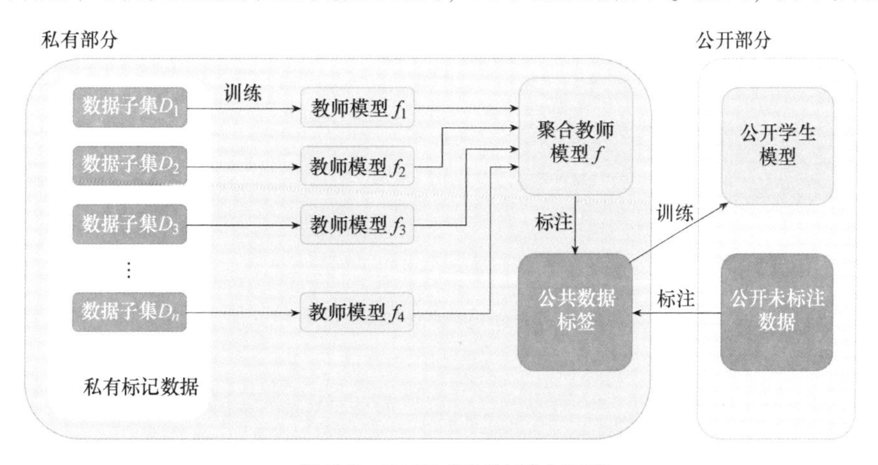

• 图 5-2 PATE 机制的基本原理

它假设有额外未标记的公共（非敏感）数据库。总体思路是使用私有数据来标记这些公共数据，使标签具有不同的私有性，然后使用这些新的标记数据来训练想要的任何新模型。代码 5-2 给出了 PATE 算法的 PyTorch 实现。

代码 5-2　PATE 算法的 PyTorch 实现

```
通过结合教师模型的预测,将生成聚合的教师和学生标签
import numpy as np

epsilon = 0.2
def aggregated_teacher(models, dataloader, epsilon):

  preds = torch.torch.zeros((len(models), 9000), dtype=torch.long)
  for i, model in enumerate(models):
    results = predict(model, dataloader)
        preds[i]= results

      labels = np.array([]).astype(int)
      for image_preds in np.transpose(preds):
        label_counts = np.bincount(image_preds, minlength=10)
        beta = 1 / epsilon

        for i in range(len(label_counts)):
          label_counts[i]+= np.random.laplace(0, beta, 1)

        new_label = np.argmax(label_counts)
        labels = np.append(labels, new_label)

      return preds.numpy(), labels
    teacher_models = models
    preds, student_labels = aggregated_teacher(teacher_models, student_train_loader, epsilon)

    # 使用之前生成的标签,创建 Student 模型并对其进行训练
    def student_loader(student_train_loader, labels):
      for i, (data, _) in enumerate(iter(student_train_loader)):
        yield data, torch.from_numpy(labels[i* len(data): (i+1)* len(data)])
    student_model = Classifier()
    criterion = nn.NLLLoss()
    optimizer = optim.Adam(student_model.parameters(), lr=0.003)
    epochs = 10
    steps = 0
    running_loss = 0
    for e in range(epochs):
      student_model.train()
      train_loader = student_loader(student_train_loader, student_labels)
      for images, labels in train_loader:
        steps += 1

        optimizer.zero_grad()
        output = student_model.forward(images)
        loss = criterion(output, labels)
```

```
        loss.backward()
        optimizer.step()

        running_loss += loss.item()

        if steps % 50 == 0:
          test_loss = 0
          accuracy = 0
          student_model.eval()
          with torch.no_grad():
            for images, labels in student_test_loader:
                log_ps = student_model(images)
                test_loss += criterion(log_ps, labels).item()

                ps = torch.exp(log_ps)
                top_p, top_class = ps.topk(1, dim=1)
                equals = top_class == labels.view(* top_class.shape)
                accuracy += torch.mean(equals.type(torch.FloatTensor))
        student_model.train()
        print("Epoch: {}/{}..".format(e+1, epochs),
              "Train Loss: {:.3f}..".format(running_loss/len(student_train_loader)),
              "Test Loss: {:.3f}..".format(test_loss/len(student_test_loader)),
              "Accuracy: {:.3f}".format(accuracy/len(student_test_loader)))
        running_loss = 0
```

5.1.3 差分隐私在联邦学习中的应用

传统的差分隐私，即中心化差分隐私，将各方的原始数据集中到一个可信的数据中心，对计算结果添加噪声。但由于可信的数据中心很难实现，因此出现了本地差分隐私。本地差分隐私为了消除可信数据中心，直接在用户的数据集上做差分隐私，再传输到数据中心进行聚合计算，数据中心也无法推测原始数据，从而保护数据隐私。在介绍差分隐私在联邦学习中的应用之前，需要了解分布式差分隐私系统的重要概念：全局差分隐私（Global Differential Privacy）和本地差分隐私（Local Differential Privacy）。

（1）全局差分隐私

由于全局差分隐私系统依赖中央服务器提供对外的隐私保护，因此它也被称为中央差分隐私（Central Differential Privacy/Centralized Differential Privacy）。在这样的隐私保护数据库系统中，服务器需要聚合众多分散的参与者的数据，并对外界查询做出回应。在全局隐私系统中，受信任的服务器将直接聚合所有用户原始数据。它将对原始数据进行查询，并在返回结果中添加噪声。在本地隐私系统中，服务器不再被信任，每个人都有责任在共享自己的数据之前，为自己的数据添加噪声。全局私有系统通常更准确：所有分析发生在“干净”数据上，并且只需要在过程结束时添加少量噪声。但是要使全局隐私发挥作用，所有相关人员必须信任服务器。图 5-3 展示了全局差分隐私机制的原理。

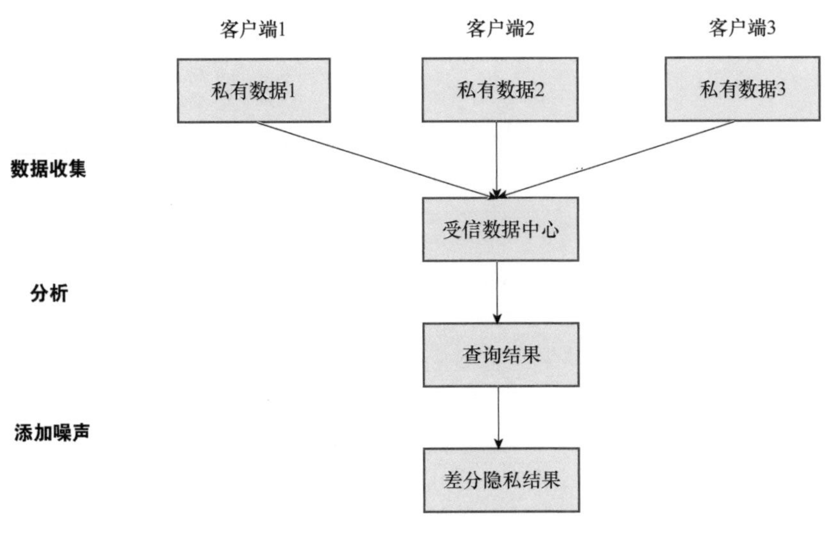

● 图 5-3　全局差分隐私

（2）本地差分隐私

本地隐私是一种更保守、更安全的模式。在本地隐私下，每个单独的数据点非常嘈杂，并且本身并不是很有用。但是在非常大的数量中，可以过滤掉来自数据的噪声，并且收集足够的本地私有数据的聚合器，可以对整个数据集中的趋势进行有效的分析。在本地差分隐私联邦学习中，差分隐私所需的噪声添加是由每个参与者在本地执行的，每个参与者运行一个随机扰动算法 M，并将结果发送给服务器，扰动结果根据给定的标准差分隐私中定义的 (ε,δ) 来保证隐私。本地差分隐私机制原理如图 5-4 所示。

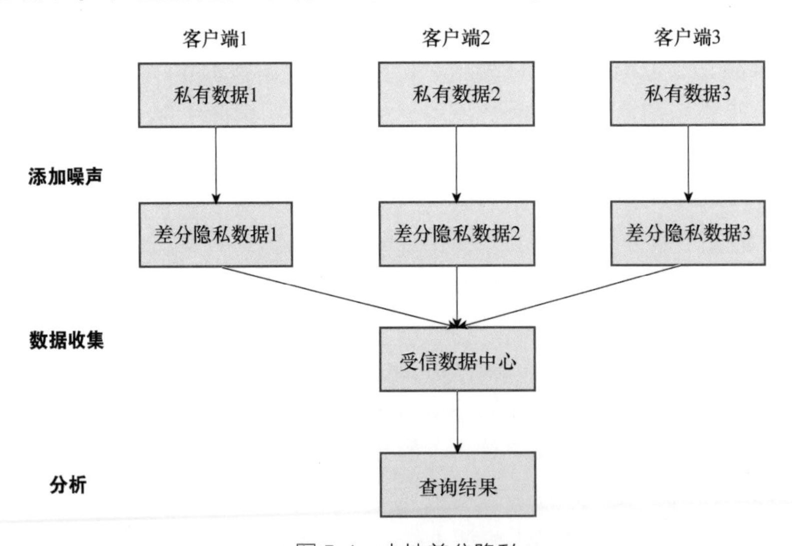

● 图 5-4　本地差分隐私

全局差分隐私和本地差分隐私的异同：全局差分隐私的数据处理依靠可信第三方而本地化差分隐私数据处理需要依靠用户本身；全局化差分隐私的噪声机制主要以拉普拉斯机制和指数机制为主，本地化差分隐私的噪声机制主要以随机响应为主。

(3) 差分隐私在联邦学习中的算法实现

在联邦学习中，中央差分隐私参与者向服务器发送没有噪声的模型更新，服务器使用差分隐私的聚合算法。本地差分隐私参与者则会在向服务器发送更新之前添加噪声。算法 5-1 与算法 5-2 分别展示了本地差分隐私机制与全局差分隐私机制在联邦学习中的算法实现。中央差分隐私联邦学习在服务器聚合时添加扰动，这提供了参与者级别的差分隐私，保证了聚合函数的输出是不可区分的。在这种情况下，用户需要信任服务器，使其能安全使用分享的模型更新，并能正确添加噪声来执行扰动。尽管这需要对服务器有某种程度的信任，但是相比直接授权服务器访问数据要安全得多。服务器需要剪切参与者更新的 L2 范数，然后聚集更新信息并向其中添加噪声，这可以防止联邦学习模型过度偏向任何一个参与者的更新。

算法 5-1 本地差分隐私联邦学习算法

初始化：全局模型 θ_0

Function Main( ):

for 回合 $r==1, 2, \cdots$, do

  $K_r \leftarrow$ 随机选择一个客户端 K;

  for 每一个客户端 k, do

    $\theta_r^k \leftarrow DP\text{-}SGD\ (\cdots)$

  end

return

Function DP-SGD (数据集 D, 全局模型 θ_r, 剪切范数 S, 采样概率 p, 噪声幅度 σ, 学习率 η, 迭代次数 E 损失函数 L):

  for 本地训练回合 $i=1, 2, \cdots, E$, do

    for 批数据 (x,y) 采样概率为 do

      $g_i = \nabla_\theta L(\theta;x,y)$

    end

    $$\theta_{\text{tmp}} = \frac{1}{pD}\sum_i g_i \min\left(1, \frac{S}{\|g_i\|_2}\right) + N(0, \sigma^2 I)$$

    $\theta = \theta - \eta(\theta_{\text{tmp}})$

  end

return $\theta - \theta_r$

算法 5-2 全局差分隐私联邦学习算法

初始化：全局模型 θ_0，参与者总数 N 矩统计 $MA(\varepsilon, N)$

Function Main( ):

  for 回合 $r=1, 2, \cdots$, do

    $C_r \leftarrow$从参与客户端中随机选择当前回合参与者 q

    $p_r \leftarrow MA$.get_privacy_spent( )

    if $p_r > T$:

      return θ_r

    for 每一个参与者 $k \in C_r$ do

      $\Delta_{r+1}^k = \text{ClientUpdate}(k, \theta_r)$

    end

    $S \leftarrow$ 边界，$z \leftarrow$ 噪声幅度，$\sigma \leftarrow zS/q$

    $$\theta_{r+1} \leftarrow \theta_r + \frac{\sum_{i=1}^{C_r} \Delta_{r+1}^i}{C_r} + N(0, \sigma^2 I)$$

```
        MA.accumulate_ spent_ privacy (z)
    end
return

Function ClientUpdate(k,θ_r):
    θ_0←θ_r
    for 本地回合 I=1, 2, ⋯, do
        for batch b∈B, do
            θ←θ-η ∇L(w;b)
            Δ←θ-θ_r
            θ←θ_0+Δmin(1, S/‖Δ‖_2)
        end
    end
return θ-θ_r
```

5.1.4 开源项目与工具

当前有很多开源的隐私计算工具，这里介绍的 Opacus 和 TensorFlow Privacy 是 Meta（前 Facbook）和 TensorFlow 官方推出的工具，有相对完整的文档和 Demo，方便上手学习。

1. Opacus

Opacus 是一个基于 PyTorch 的差分隐私库，可以训练具有差分隐私的 PyTorch 模型。它支持对客户端所需的代码更改最少的训练，对训练性能的影响很小，并允许客户端在线跟踪在任何给定时刻花费的隐私预算。代码 5-3 给出了 Opacus 框架实现的 DP-SGD 算法。

代码 5-3 使用 Opacus 框架实现 DP-SGD 算法

```
# 创建标准的 PyTorch Sequential 神经网络模型，一个简单的网络由两个卷积层、两个全连接层和穿插其中的 ReLU 和 MaxPooling 层组成
model = torch.nn.Sequential(torch.nn.Conv2d(1, 16, 8, 2, padding=3),
                  torch.nn.ReLU(),
                  torch.nn.MaxPool2d(2, 1),
                  torch.nn.Conv2d(16, 32, 4, 2),
                  torch.nn.ReLU(),
                  torch.nn.MaxPool2d(2, 1),
                  torch.nn.Flatten(),
                  torch.nn.Linear(32 * 4 * 4, 32),
                  torch.nn.ReLU(),
                  torch.nn.Linear(32, 10))
# 随机梯度下降(SGD)优化器用于训练分类模型
optimizer = torch.optim.SGD(model.parameters(), lr=0.05)

# 将差分隐私引擎附加到优化器。当希望模型具有差分隐私特性时，需要从 Opacus 库中创建 PrivacyEngine 实例，并分别与模型和优化器绑定。PrivacyEngine 将确保模型的私密性并帮助跟踪隐私预算。
privacy_engine = PrivacyEngine(model,
                   batch_size=64,
                   sample_size=60000,
```

```
                alphas=range(2,32),
                noise_multiplier=1.3,
                max_grad_norm=1.0,)

privacy_engine.attach(optimizer)
```

2. TensorFlow Privacy

TensorFlow Privacy 是一个基于 TensorFlow 的差分隐私库，其中包含 TensorFlow 优化器的实现，用于训练具有差异隐私的机器学习模型。该库附带隐私保证的教程和分析工具。代码 5-4 给出了使用 TensorFlow Privacy 框架实现的 DP-SGD 算法。

代码 5-4　使用 TensorFlow Privacy 框架实现 DP-SGD 算法

```
# 模型训练
if FLAGS.dpsgd:
# 支持差分隐私的梯度下降优化器
  optimizer = dp_optimizer.DPGradientDescentGaussianOptimizer(
    l2_norm_clip=FLAGS.l2_norm_clip,
    noise_multiplier=FLAGS.noise_multiplier,
    num_microbatches=FLAGS.microbatches,
    learning_rate=FLAGS.learning_rate)
    opt_loss = vector_loss
  else:
    # 标准的梯度下降优化器
      optimizer = tf.compat.v1.train.GradientDescentOptimizer(
        learning_rate=FLAGS.learning_rate)
      opt_loss = scalar_loss

# 模型评估
if FLAGS.dpsgd:
    if FLAGS.noise_multiplier > 0.0:
    # 计算花费的隐私预算
      eps, _ = compute_dp_sgd_privacy_lib.compute_dp_sgd_privacy(
      60000, FLAGS.batch_size, FLAGS.noise_multiplier, epoch, 1e-5)
      print('For delta=1e-5, the current epsilon is: %.2f' % eps)
    else:
      print('Trained with DP-SGD but with zero noise.')
    else:
      print('Trained with vanilla non-private SGD optimizer')
```

5.2 安全多方计算

安全多方计算（Secure Multi-Party Computation）是一种通用的密码原语，最早由姚期智在 1982 年提出。它在不泄露参与方原始输入数据的前提下，可将计算分布在多方之间，任何一方无法看到其他方的数据。安全的多方计算协议可以使数据科学家和分析师能够对分布式数据进行合规、安全和私密的计算，而无须暴露或移动数据。安全多方计算是目前国际密码学界的研究热点之一。安全多方计算包含多个分支，当前主要用到的密码学技术包括不经意传输、混淆电路、秘密分享等。

5.2.1 百万富翁问题

在开始介绍安全多方计算的具体协议前，本小节将介绍一个经典的百万富翁问题。该问题又称为姚氏百万富翁问题，是由计算机科学专家姚期智提出的，由此开启了这门新兴学科——安全多方计算。

问题：假设有两个富翁甲和乙，他们的财产数量分别为 i 和 j，且 $1 \leqslant i, j \leqslant N$。甲和乙想知道他们的财产数量谁多，但是又不能透露他们具体的财产数量。

为了简化问题，假设甲和乙分别拥有 i 百万元和 j 百万元，其中 $0<i, j \leqslant 10$。

1）首先甲会产生一对非对称加密中的公钥和私钥，并将公钥分享给乙。

2）乙任意挑选一个数字 x，并使用公钥加密，得到 $E(x)=k$。

3）乙计算 $m=k-j+1$ 并发送给甲。

4）甲计算 $k-j+1=m$，$k-j+2=m+1$，…，$k-j+j=m+j-1$，…，$k-j+10=m+9$，并通过私钥解密得到 $y_1=D(m)$，$y_2=D(m+1)$，…，$y_{10}=D(m+9)$。

5）甲选择一个大的素数 p 并计算 $z_u = y_u \bmod p$。

即 $z_1 = y_1 \bmod p$，…，$z_{10} = y_{10} \bmod p$。

对于所有 u，如果 $u>i$，甲将在 z_u 上加一。

然后甲将 z_1，z_2，…，z_{10}发送给乙。

对于乙来说，只需要计算 $x \bmod p$，如果它等于 z_j，则 $j \leqslant i$，否则 $j>i$。

5.2.2 不经意传输

不经意传输（Oblivious Transfer，OT）协议是由 Robin 于 1981 年。在这个协议中，消息发送者从一些待发送的消息中发送一条给接收者，但事后对发送了哪一条消息仍然是不确定、不自知的，这个协议也叫作茫然传输协议。1-2 不经意传输是不经意传输最典型的协议之一。

如表 5-1 所示，Alice 和 Bob 双方使用 1-2 不经意传输交换信息，具体的计算步骤如下。

1）Alice 有两个消息 m_0，m_1，只想发送其中一个给 Bob，Bob 也并不想让 Alice 知道他接受的是哪一个。

2）Alice 生成了 RSA 密钥对，以及模数 N，公开的指数 e，以及私有指数 d。

3）Alice 还生成两个随机数 x_0，x_1，并和其公开的模数 N、指数 e 一起发送给 Bob。

4）Bob 让 b 为 0 或者 1，然后选择对应的 x_b。

5）Bob 生成随机数 k，并通过 $v=(x_b+k^e) \bmod N$ 计算加盲 x_b，将计算结果发送给 Alice。Alice 结合 v 与其生成的两个随机数 $k_0=(v-x_0)^d \bmod N$ 和 $k_1=(v-x_1)^d \bmod N$。当前 k_b就会等于 k，另一个就是无意义的随机值。然而由于 Alice 并不知道 Bob 生成的 b 值，所以 Bob 的选择并不会泄露。

6）Alice 结合两个秘密信息与每个对应的密钥 $m_0'=m_0+k_0$，$m_1'=m_1+k_1$，并发送给 Bob。

7）Bob 知道 k，所以他能计算 $m_b=m_b'-k$。然而由于他不知道 d，所以不能计算 $k_{1-b}=(v-x_{1-b})^d \bmod N$，因此也就不能确定 m_{1-b}。

表 5-1 1-2 不经意传输

Alice				Bob		
行　为	秘　密	公　开		公　开	秘　密	行　为
待发送消息	m_0, m_1					
生成 RSA 密钥对并将 公共部分发送给 Bob	d	N, e	⇨			接受公钥
生成两个随机消息		x_0, x_1	⇨	x_0, x_1		接受随机消息
					k, b	b 为 0 或 1， 并生成随机数 k
		v	⇦	$v=(x_b+k^e)\ \mathrm{mod}N$		计算 k 的加密，并对 x_b 加盲发送给 Alice
其中之一等于 k，但是 Alice 不知道是哪一个	$k_0=(v-x_0)^d\ \mathrm{mod}N$ $k_1=(v-x_1)^d\ \mathrm{mod}N$					
将两条消息 发送给 Bob		$m_0'=m_0+k_0$ $m_1'=m_1+k_1$	⇨	m_0', m_1'		接收到两条信息
					$m_b=m_b'-k$	Bob 解密信息

5.2.3 混淆电路

混淆电路（Garbled Circuit）的核心技术是将两方参与的安全计算函数编译成布尔电路的形式，并将真值表加密打乱，从而实现电路的正常输出而又不泄露参与计算的双方的私有信息。由于任何安全计算函数都可转换成对应布尔电路的形式，相较于其他的安全计算方法，具有较高的通用性，因此引起了业界较高的关注度。简单来说，可将整个计算过程分为 4 个阶段，每个阶段由参与运算的一方来负责，直至电路执行完毕输出运算后的结果。针对参与运算的双方，从参与者的视角，又可以将参与安全运算的双方分为电路的产生者（Circuit Generator）与电路的执行者（Circuit Evaluator）。

第一阶段：将安全计算函数转换为电路，称为电路产生阶段，生成混淆电路的主要过程如下。

1）Alice 根据设计电路生成真值表。图 5-5a 为一个简单的 XOR 电路。Alice 对电路中的每一条线路进行标注，包括电路的输入部分和输出部分。对于每一条线路 w_i，Alice 会生成两个长度为 k 的字符串 X_i^0、X_i^1，这两个字符串分别对应逻辑值 0、1。这些标注会有选择性地发送给 Bob，但是 Bob 并不会知道其对应的逻辑值。

2）Alice 对电路中的每一个真值表中的行使用上一步骤中生成的字符串进行替换，将 0 替换为 X_i^0，1 替换为 X_i^1。替换后的真值表如图 5-5b 的中间表格所示。

3）Alice 对每一个替换后的真值表的输出进行对称钥匙加密，加密的钥匙就是电路的输入线路。比如真值表中的第一行使用 X_a^0，X_b^0加密 X_c^0，生成 $\mathrm{Enc}_{X_a^0X_b^0}(X_c^0)$。

4）Alice 将第 3）步加密后的真值表打乱，得到乱码表（Garbled Table），如图 5-5b 中右侧表格所示。

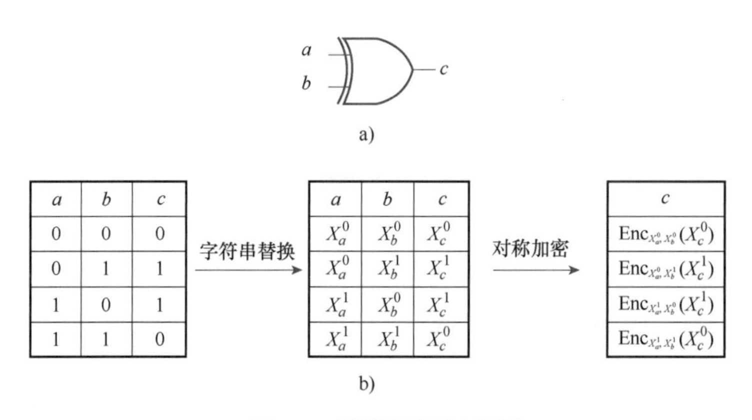

• 图 5-5　混淆电路基本原理

a）XOR 电路　b）使用混淆电路进行加密

第二阶段：Alice 与 Bob 进行通信。

1）Alice 将输入对应的字符串直接发送给 Bob，Bob 需要输入标签才能解开乱码表，因此 Alice 选择与其输入对应的标签发送给 Bob，假如 Alice 的输入为 1，然后发送 X_a^0，Bob 不会了解 Alice 的输入，因为标签是由 Alice 随机发送的，在 Alice 看来像随机乱码。

2）由于 Bob 也参与合作，Bob 就需要知道其输入相对应的标签。通过不经意传输来接受他的标签。假如 Bob 输入 0，Bob 首先要求 Alice 在 X_b^0 与 X_b^1 之间使用 1-2 不经意传输，让他能接收到 X_b^0。在不经意传输之后，Alice 不会了解 Bob 的输入，Bob 也不会了解其他标签的任何信息。

3）Alice 将乱码表发送给 Bob。

第三阶段：Bob 评估生成的混淆电路。

Alice 和 Bob 完成通信之后，Bob 便开始沿着电路进行解密。因为 Bob 拥有所有输入的标签和所有的乱码表，因此可以逐个对每一个逻辑门的输出进行解密。

$$X_c = \mathrm{Dec}_{X_a X_b}(\text{garbledtable}[i])$$

由于每一行的密钥不相同，所以 Bob 只能解密其中的一行，也无从获得更多的信息。

第四阶段：Alice 与 Bob 共享结果。

在评估后，Bob 得到标签 X_c，并且 Alice 知道标签与布尔值的映射，因为她有所有的标签 X_c^0、X_c^1，任意一方分享信息就能使得两者获得想要的输出结果。

5.2.4　秘密分享

在混淆电路（Garbled Circuit）中，参与双方通过传输加密电路实现安全多方计算。理论上各种计算可以用这种方法实现，对于位运算（AND、OR 和 XOR 等）组成的算法（如比较操作或 AES 加密），效率混淆电路的效率是比较高的，但是对于算术运算（即使是常见的，如乘法、乘方等），效率混淆电路则需要非常复杂的电路设计，它的运算成本也会高很多。所以秘密分享（Secret Sharing）经常被使用在算术运算的安全多方计算中。

密钥分享的基本思路是将每个数字拆散成多个数，并将这些数分发到多个参与方手中。每个参与方拿到的都是原始数据的一部分，一个或少数几个参与方无法还原出全部原始数据。计算时，各个参与方直接用自己本地的数据进行计算，并且在适当的时候交换一些数据（交换的数据本身看起来也是随机的，不包含关于原始数据的信息），计算结束后的结果仍以秘密分享的方式分散在各参与方那里。在最终需要得到结果的时候，各个参与方将这些数据合起来得出最后需要的结果。下面是一个简单的例子，甲、乙、丙三人想要计算工资的平均值。

假设甲、乙、丙三人的工资分别为 10 万元、20 万元和 30 万元每月。

第一步：甲、乙、丙三人将各自的工资拆成三个数字，如甲把 10 分成 5、3 和 2；乙把 20 分成-8、10 和 18；丙把 30 分成 0、35 和-5。

第二步：甲、乙、丙三人将各自其中两个数字发送给另外两人。如甲将 3 发送给乙，将 2 发送给丙；乙将-8 发送给甲，18 发送给丙；丙将 0 发送给甲，35 发送给乙。

第三步：甲、乙和丙三人将各自得到的数字与自己保留的数字求和，如甲有 5、-8 和 0 得-3；乙有 10、3 和 35 得 48；丙有 2、18 和-5 得 15，然后将自己的结果分别发给另外两人。

第四步：甲、乙和丙三人知道各自的计算结果，如-3、48 和 15，得到和为 60（即平均数为 20）。

5.2.5 安全多方计算在联邦学习中的应用

相较于传统的机器学习算法，纵向联邦过程中的特征分属于不同的组织，各组织样本覆盖范围有差异，因此进行纵向联邦模型训练的第一步就是要找出跨组织的共同样本 id，即交集。这里 id 可以是手机号码、身份证号码这类非常敏感的信息，这类敏感信息不适合直接交集计算，需要进行加密处理。这类算法称为 PSI 算法。

PSI 算法的实现有多种方式：

- 基于 Hash 的 PSI，即借助公共 Hash 函数，对 Hash 结果进行比对来实现。这种方式的缺陷是可能不安全。
- 基于公钥加密的 PSI，包括基于 Diffie-Hellman 公钥加密的 PSI，基于 RSA 盲签名的 PSI，和基于 Oblivious Polynomial Evaluation 的 PSI。
- 基于混淆电路的 PSI，是指将所需运算以 Circuit 来表示，然后借助 Generic Protocol，即通用协议来计算。
- 基于不经意传输的 PSI，将 PSI 问题等价理解为不经意传输问题来解决。

5.3 同态加密

同态加密（Homomorphic Encryption，HE）是一种加密技术，它允许人们对密文进行特定形式的代数运算，得到的仍然是加密的结果，将其解密所得到的结果与对明文进行同样运算的结果一样。换言之，这项技术令人们可以在加密的数据中进行诸如检索、比较等操作，得出正确的结果，而在整个处理过程中，无须对数据进行解密。其意义在于，真正从根本上解决将数据及其操作委托给第三方时的保密问题，例如对于各种云计算的应用（在密文搜索、电子投票和多方计算）等。

5.3.1 同态加密定义与分类

如果一个加密方案在 * 操作符上满足

$$E(m_1 * m_2)=E(m_1) * E(m_2), m_1, m_2 \in M$$

其中，$E(\cdot)$为加密算法，M 是所有可能的信息集合，则称这种方案具有同态性质。当 * 代表加法时，称该加密为加法同态加密；当 * 代表乘法时，称该加密为乘同态加密。

通常同态加密由以下几个功能组成：

1）密钥生成 $KeyGen \to (pk, sk)$，pk 是公钥，sk 为私钥。

2）加密算法 $E(m, pk) \to C_m$。

3）解密算法 $D(C_m, sk) \to m$。

4）同态操作 $Eval(C_{m_1} * C_{m_2})$。

同态加密经常用于联邦学习中，通过提供加密参数的交换来保护用户的隐私。

目前出现的同态加密方案可分成三种类型：部分同态加密、些许同态加密和完全同态加密。部分同态加密只能实现某种代数运算；些许同态加密能同时实现有限次的加运算和乘运算；完全同态加密能实现任意次的加运算和乘运算。同态加密方案，除了可以实现加密功能外，还可以用于密文数据的计算。

（1）部分同态加密（Partially Homomorphic Encryption，PHE）。

允许无数次对密文进行同一种类型的操作，即对操作有限制，对使用次数没有限制。当操作为加法运算符，则该方案称为加法同态（Additively Homomorphic），比如 Paillier 算法；当操作为乘法运算符，则该方案称为乘法同态（Multiplicative Homomorphic），比如 RSA 算法。部分同态加密通常使用群同态（Group Homomorphism）技术。

（2）些许同态加密（Somewhat Homomorphic Encryption，SWHE）。

允许对密文进行有限次数的任意操作，即对操作没有限制，对使用次数有限制。些许同态加密方法为了安全性，使用了噪声数据。每一次在密文上的操作会增加密文上的噪声量，而乘法操作是增加噪声量的主要技术手段。当噪声量超过一个上限值后，解密操作就不能得出正确结果了。这就是为什么绝大多数的 SHE 方法会要求限制计算操作的次数。

（3）完全同态加密（Fully Homomorphic Encryption，FHE）。

对密文进行无限次的任意操作，即操作和次数没有限制。从使用的技术上分，FHE 有以下类别：基于理想格的 FHE 方案、基于 LWE/RLWE 的 FHE 方案等。FHE 的优点是支持的算子多，并且运算次数没有限制，缺点是效率很低，目前还无法支撑大规模的计算。

5.3.2 部分同态加密方案

在这一小节将介绍乘法同态和加法同态两个常用算法。使用 $gcd(a,b)$表示 a 和 b 的最大公约数，$lcm(a,b)$表示最小公倍数。

1. RSA 算法

RSA 是在 Diffie 和 Hellman 发明公钥密码学后两年，由 Rivest 等人提出的。RSA 是公钥密码系统的第一个可行的研究成果。RSA 密码系统的安全性是基于两个大素数乘积的因式分解问题的难易程度。

1）密钥生成。随机选择两个大素数 p 和 q（实际应用中，这两个数越大，就越难破解）。

2）加密算法。首先将信息转换成明文 m，使得 $0<m<n$，然后使用 RSA 加密算法。

$$C_m=E(m)=m^e(\bmod n),m\in M$$

3）解密算法。使用私钥对（d,n）可以从密文中恢复信息 m。

$$m=D(C_m)=c^d(\bmod n)$$

4）同态操作。对于 m_1，$m_2\in M$：

$$\begin{aligned}E(m_1)\times E(m_2)&=(m_1^e(\bmod n))\times(m_2^e(\bmod n))\\&=(m_1\times m_2)^e(\bmod n)\\&=E(m_1\times m_2)\end{aligned}$$

代码 5-5 展示了使用 RSA 完成乘法同态的结果，Encrypto1 和 Encrypto2 是加密生成的两个随机数值，而 Decrypto 则反映真实的数值计算结果 15×11=165，而对于加法计算，结果仍然是随机数。

代码 5-5　RSA 验证乘法同态

```
import rsa
import rsa.core
(public_key, private_key) = rsa.newkeys(512)
encrypto1 = rsa.core.encrypt_int(15, public_key.e, public_key.n)
print(encrypto1)
encrypto2 = rsa.core.encrypt_int(11, public_key.e, public_key.n)
print(encrypto2)
print(rsa.core.decrypt_int(encrypto1* encrypto2, private_key.d, public_key.n))
print(rsa.core.decrypt_int(encrypto1+encrypto2, private_key.d, public_key.n))
```

2. Paillier 算法

1）密钥生成。随机选择两个大素数 p 和 q，满足 $gcd(pq,(p-1)(q-1))=1$。计算 $n=pq$，$\lambda=lcm(p-1,q-1)$。然后选择随机整数 $g\in\mathbb{Z}_{n^2}^*$，满足 $gcd(n,L(g^{\lambda \bmod n^2}))=1$，其中函数 L 被定义为 $L(u)=(u-1)/n$，最后公钥是（n,g），密钥是一对（p,q）。

2）加密算法。对于每个信息 m，数字 r 是随机选择的，加密过程如下：

$$C_m=E(m)=g^m r^n(\bmod n^2)$$

3）解密算法。

$$D(C_m)=\frac{L(c^\lambda(\bmod n^2))}{L(g^\lambda(\bmod n^2))}\bmod n=m$$

4）同态操作。

$$\begin{aligned}E(m_1)\times E(m_2)&=(g^{m_1}r_1^n(\bmod n^2))\times(g^{m_2}r_2^n(\bmod n^2))\\&=g^{m_1+m_2}(r_1\times r_2)^n(\bmod n^2)\\&=E(m_1+m_2)\end{aligned}$$

代码 5-6 展示了使用 Paillier 完成加法同态的结果，需要使用 pip install phe 安装对应依赖库。

代码 5-6 使用 Paillier 完成加法同态

```
from phe import paillier
public_key, private_key = paillier.generate_paillier_keypair()
encrypto1 = public_key.encrypt(15)
encrypto2 = public_key.encrypt(11)
print(private_key.decrypt((encrypto1+encrypto2)))
```

5.4 可信执行环境

可信执行环境（Trusted Execution Environment，TEE）作为机密计算的支撑技术，一般需要实现如下 4 个技术目标中的一个或多个：隔离执行、远程证明、内存加密和数据封印。

1）隔离执行是通过软硬件结合的隔离技术将可信执行环境和非可信执行环境系统隔离开，使得可信应用的可信计算基础（Trusted Computing Base，TCB）仅包含应用自身和实现可信执行环境的基础软硬件，而将其他软件甚至是操作系统内核这样的特权软件认为是不可信的甚至是恶意的。

2）远程证明支持对可信执行环境中的代码进行度量，并向远程系统证明的确是符合期望的代码运行在合法的可信执行环境中。

3）内存加密用于保证在可信执行环境中代码和数据在内存中计算时是处于加密形态的，以防止特权软件甚至硬件的窥探。

4）数据封印可用于从可信执行环境将数据安全地写入外部的永久存储介质，且该数据仅能被相关可信执行环境再次读入。可信执行环境通过软硬件方法在中央处理器中构建一个安全的区域，保证其内部加载的程序和数据的机密性、完整性。

可信执行环境是一个隔离的执行环境，为在设备上运行的受信任应用程序提供了比普通操作系统相同甚至更高级别的安全性。目前主要的通用计算芯片厂商发布的 TEE 技术方案包括 X86 指令集架构的 Intel SGX（Intel Software Guard Extensions）技术，以及 ARM 指令集架构的 Trust Zone 技术。

可信执行环境通过隔离的执行环境提供一个执行空间。该空间有更强的安全性，比安全芯片功能更丰富，提供代码和数据的机密性和完整性的保护。另外与纯软件的密码学隐私保护方案相比，可信执行环境不会对隐私区域内的算法逻辑语言有可计算性方面的限制，支持更多的算子及复杂算法，上层业务表达能力更强。基于可信度量方式，单个可信执行环境实例内可以整合封装身份签名逻辑、数据哈希逻辑和计算逻辑，可以提供在其内部身份、数据、算法全流程计算的一致性证明。相较于其他隐私保护技术，可信执行环境的优势在于兼顾了安全性、通用性和高效性。它支持通用计算框架、可以用于实现可信云计算。可以单独用于隐私计算，也可以与其他技术结合在一起保护隐私。可信执行环境的确定在于其技术本身依赖于 CPU 厂商，不排除厂商留有特殊后门。近些年业界涌现了基于虚拟化技术，将可信执行环境与 CPU 解耦的方案，只借用 CPU 的内存加密硬件能力，实现了软硬件结合、灵活自主的技术方案，例如蚂蚁集团推出的 Hyper Enclave。

第6章 联邦学习系统安全与防御算法

作为开放或者半开放的机器学习系统，联邦学习依然面临着安全威胁。这一章将重点讲述联邦学习中的安全概念、安全薄弱点，以及对应的防御机制。

6.1 联邦学习安全性分析

联邦学习模式最吸引人的特征就是它可以通过最小化数据交换来为参与者提供一定程度的隐私保护，原始的用户数据永远不会离开设备，只会被用来训练本地模型，然后模型作为数据的代理被发送到中央服务器，模型的更新往往只是与学习任务有关。与原始数据相比，更少的隐私特征将会被曝光。尽管相比于传统的训练数据中央存储模式，联邦学习的这些特征能提供显著的隐私保护，但是在联邦学习的基线模型中并没有完整且正式的隐私保护证明。例如知道了当前的模型和从客户端泄露的梯度信息，完全有能力重构参与训练的原始数据。除了私密性风险，联邦学习也由于其分布式特征，缺乏对参与训练数据的监视，行为的监督，联邦学习系统的脆弱性面临极大挑战，这些原因具体可概括为：

- 通信：联邦学习需要多轮通信，不安全的通信信道将会是一个安全隐患。
- 未被监视的用户端行为：参与联邦学习的客户端很多，它们之间可以实现串通攻击；另一方面由于只是上传模型，用户可以使用脏的数据或者模型，进而污染整个联邦学习系统；或者实现后门攻击，将想要实现的功能通过模型上传注入全局模型。
- 过度信任的服务器：联邦学习由中央服务器负责模型聚合，分发数据，服务器也有可能被攻击者利用，窃取用户隐私（服务器完全掌握用户端上传的模型）。
- 聚合算法的不足：由于不能掌握真实的数据分布，联邦学习的收敛率缺乏保证，而且很难发现联邦学习参与者在用户端的恶意行为。

本节将从CIA原则以及敌手模型两个角度分析机器学习的安全性。CIA原则即私密性、完整性与可用性。敌手模型包括敌手知识、敌手数量、敌手位置、敌手能力等。详尽的分类如图6-1所示。

6.1.1 CIA原则：私密性、完整性与可用性

参考信息系统中的数据安全性，联邦学习也需要遵守私密性（Confidentiality）、完整性（Integrity）、可用性（Availability）三个原则（即CIA原则），以保护联邦学习系统中的安全性。

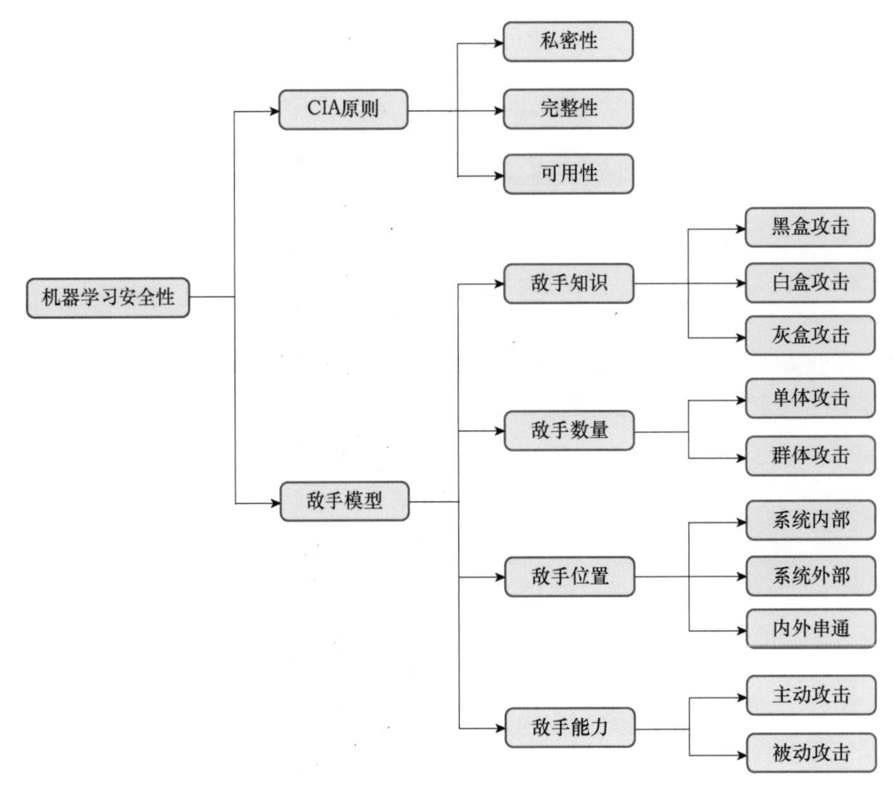

● 图 6-1　机器学习安全性分析

1. 私密性

私密性是指系统必须保证未得到授权的用户无法接触到信息。比如假设研究员们设计了一个可以检查病人病历、给病人做诊断的机器学习模型，这样的模型可以对医生的工作起到很大的帮助，但是必须要保证带有恶意的人没办法分析这个模型，也没办法把用来训练模型的病人数据恢复出来。然而在联邦学习中，全局模型是通过本地训练融合共享的，这必然会导致全局的模型包含或部分包含本地训练的敏感数据，联邦学习系统私密性要求保证对手攻击时无法通过模型泄露敏感数据。在广义的机器学习过程中，私密性指模型参数和训练数据不被窃取，通常包括模型提取攻击与推断攻击。在联邦学习过程中，参数共享，所以不存在模型提取攻击。但是由于要共享全局模型，客户端要上传本地更新，使得敏感隐私信息泄露的可能性增大。

2. 完整性

完整性是指系统在训练或者推断过程中，不会受到恶意的篡改。在信息安全领域，完整性是指保障数据不被未授权人篡改。但是在联邦学习中，缺乏对联邦学习参与者数据与模型、行为足够的审查，往往会使得构建全局模型的完整性受到侵犯。比如参与训练的某些节点标注的质量存在问题，将低精度甚至错误的训练标注信息用于训练本地模型，或者参与者作为商业竞争对手，通过模型中毒或者数据中毒攻击，使模型的准确度显著下降，最终达不到使用标准，从而损害被攻击者的资产和信誉，又或者恶意劫持模型，通过将特定的数据或者模型注入全局模型中，从而实现对全局模型的操纵，使得在推理过程中，自己的数据能被错误地判定到预想的领域进而获利。联邦学习为增强系统隐私性，牺牲了对数据完整性的保证。攻击者如何在不被察觉的情况下破坏完整性，服务器如何能检测攻击者，减少攻击的破坏性成为联邦学习系统关注的焦点。

3. 可用性

完整性与可用性并非完全独立，当模型的完整性受到攻击时，模型的可用性也往往会下降。为了对两者的攻击形式进行明确区分，本书将可用性攻击定义为在不破坏模型完整性的情况下，寻找对抗样本，使得模型准确度下降无法正常使用。最常见的攻击就是逃逸攻击，只需要修改极小的扰动，就能使系统识别错误，降低模型准确率，找出模型的盲区，使得模型变得不可用。而这种扰动往往是人眼无法识别的。逃逸攻击的典型例子如图 6-2 所示，用机器学习模型识别最左侧的图像，可以正确识别出这是一只熊猫。但是对这张图像增加了中间所示的噪声之后，得到的右侧图像，就会被模型识别成一只长臂猿并且置信度很高。

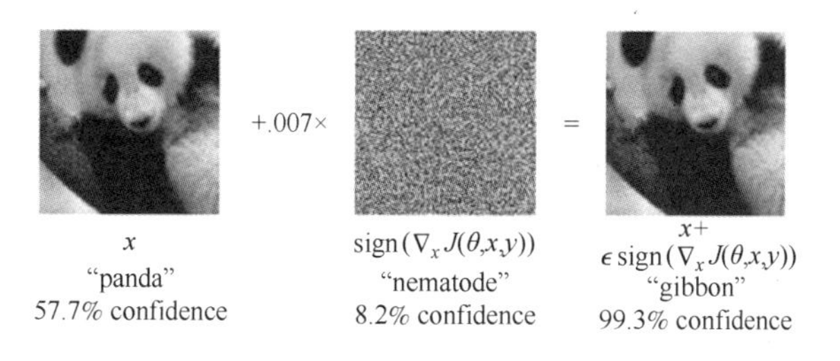

• 图 6-2 逃逸攻击通过在测试图片上增加肉眼不可见的扰动，就能导致模型不可用

6.1.2 敌手模型

可以根据不同维度对敌手模型进行简单分类，比如敌手知识、敌手数量、敌手位置和敌手能力等。

1. 敌手知识

敌手知识可以从分类器的具体组成来考虑，从敌手是否知道分类器的训练数据、特征集合、学习算法和决策函数的种类及其参数、分类器中可用的反馈信息（敌手通过输入数据得到系统返回的标签信息）等方面将敌手知识划分为有限的知识和完全的知识。传统的机器学习攻击模式可以分为黑盒攻击（Black-box Attacks）、白盒攻击（White-box Attacks）与灰盒攻击（Gray-box Attacks）。

- 黑盒攻击。攻击者对攻击的模型内部结构、训练参数、防御方法（如果加入了防御手段）等一无所知，只能通过输入输出与模型进行交互。
- 白盒攻击。在白盒攻击的设定中，攻击者清楚算法的所有细节，包括模型结构、超参数。同时攻击者也可以访问模型查询的结果。
- 灰盒攻击。它介于黑盒攻击和白盒攻击之间，仅仅了解模型的一部分（例如仅仅拿到模型的输出概率，或者只知道模型结构，但不知道参数）。

显然，白盒攻击相较于黑盒攻击有更大的威胁。而在联邦学习，尤其是横向联邦学习的设定中，由于客户端和服务器端之间共享相同的模型架构并进行模型参数传递，白盒攻击的参数几乎不可避免，也是现有研究中主要探讨的设定。

2. 敌手数量

在传统的机器学习中，通常假设在某个阶段只有一个攻击者进行了攻击。在分布式机器学习或多方合作机器学习中，系统可能存在多个攻击者。这些攻击者可能由单独的用户操控，如女巫攻击（Sybil Attacks）；或者不同组织的不同攻击者进行串谋攻击（Collusion Attacks），例如在两方合作的纵向联邦学习过程中，一方与服务器合作，对另一个参与者的隐私进行窃取。

- 单体攻击。系统中仅存在一个攻击者，他们按照攻击策略进行攻击。
- 群体攻击。系统中存在多个攻击者，他们联合攻击能放大攻击效果，并有可能串谋完成攻击策略。

3. 敌手位置

按敌手在系统中的位置，可以将敌手模型分为系统内部、系统外部与内外串通三种情况。

- 系统内部。攻击者位于系统的内部，如联邦学习服务器和参与者发起的攻击，如联邦学习稳健性攻击、服务器对客户端攻击、客户端对客户端发起的隐私攻击。
- 系统外部。攻击者位于系统的外部，外部攻击包括窃听联邦学习服务器与参与者之间的通信，以获取隐私，以及最终的联邦学习模型被部署为服务时，发起的攻击，如逃逸攻击、模型反转攻击等。
- 内外串通。攻击者需要同时在系统内外或者是训练与推理过程中施加影响。后门攻击就是一种典型的内外串通攻击，攻击者通常需要给模型安装后门，使得模型能够依照攻击者的意图进行。

4. 敌手能力

工具机器学习中敌手是否会干预模型训练，可以将敌手行为分为主动攻击（Active Attacks）和被动攻击（Passive Attacks），例如修改数据或者模型中毒攻击属于主动攻击，只通过观测模型输出结果实施攻击属于被动攻击。在联邦学习中根据是否会遵守联邦学习协议，将主动攻击方称为恶意攻击方。

- 主动攻击。主动攻击恶意的参与方可以是客户端，也可以是服务器，还可以是恶意的分析师或者恶意的模型工程师。恶意客户端可以获取联邦建模过程中所有参与方通信传输的模型参数，并且进行任意修改攻击。恶意服务器可以检测每次从客户端发送过来的更新模型参数，不按照协议，随意修改训练过程，从而发动攻击。恶意的分析师或者恶意的模型工程师可以访问联邦学习系统的输入和输出，并且进行各种恶意攻击。在这种恶意攻击方假设的情况下，构造一个安全的联邦学习密码协议将会有很大的难度。通常情况下，需要在每一个可能被攻击的环节中引入安全多方计算协议。因此在相同的需求业务场景下，假设存在恶意攻击，联邦学习为了提升安全性，计算和通信代价会大大增加，并且关于协议的设计和实现也会变得更加困难，甚至会出现实际上无法使用联合训练模型的情况，影响最终的产品效果和用户体验。
- 被动攻击。半诚实但好奇的攻击方假设也称为被动攻击方假设。被动攻击方会在遵守联邦学习的密码安全协议的基础上，试图从协议执行过程中产生的中间结果推断或者提取出其他参与方的隐私数据。目前联邦学习攻防方面的大部分研究假设模型威胁的类型为半诚实模型，这种模型设定有助于联邦学习理论研究过程中安全方案的设计。而在现实场景中，由于数据的法律法规等因素的约束，联邦学习模型训练的参与方大部分符合这类半诚实但好奇的攻击方假设，不会尝试进行极端的恶意攻击。

6.2 联邦学习隐私攻击与防御

联邦学习过程中正式的隐私的定义需要系统的、跨学科的研究与推进。隐私不是一个二元值或者标量，不同的引用场景中隐私的定义也是不同的，不可能有统一的标准，隐私保护实现程度也依赖于具体的任务，以及对隐私保护实现的要求。尽管联邦学习机制选择将原始数据保留在本地的学习方式符合 GDPR 的需求。但还是存在一些隐私攻击尝试从训练模型的数据集中恢复一些敏感的隐私信息，这些攻击主要包括成员推断攻击和重构攻击。本章将介绍联邦学习系统里常用的隐私攻击和防御算法。

6.2.1 成员推断攻击与防御

成员推断攻击是一种更加容易实现的攻击类型。它是指攻击者将试图推断某个待测样本是否存在于目标模型的训练数据集中，从而获得待测样本的成员关系信息。根据不同的分类标准，成员推断攻击可以分为多种类型。目前针对成员推断攻击的防御主要分为四类，即置信度屏蔽、正则化、知识蒸馏和差分隐私。

1. 成员推断攻击分类

成员推理攻击旨在识别数据样本是否用于训练目标机器学习模型。它可能在隐私关键领域带来严重的隐私风险。例如确定某个病人的临床记录用来训练与某种疾病相关的模型，就会发现该病人患有这种疾病。此外，这种隐私风险可能会导致那些希望利用机器学习作为服务的商业公司违反隐私法规。深度神经网络等机器学习模型通常是过度参数化的，这意味着它们有足够的能力来记忆有关其训练数据集的信息。此外，训练数据集的大小是有限的，机器学习模型在同一实例上反复训练多个回合（通常是几十到几百次）。这使得机器学习模型在其训练数据（即成员样本）和第一次“看到”的数据（即非成员样本）上往往表现得不同。过度拟合是一个常见的原因，但不是唯一的原因。比如一个分类器可能会将其训练集中的一个数据样本归入一个具有高置信度的类别。而将一个新的数据样本归入一个置信度相对较低的类别。这种不同的行为使得成员推断攻击能够利用这种差异来训练攻击模型，以区分成员和非成员样本区别。

图 6-3 展示了成员推理攻击的分类。根据目标机器学习模型的特定类型对齐分类，可以分为分类模型、生成模型、回归模型、嵌入模型。根据敌手拥有的知识可以将成员推理攻击进一步分为黑盒攻击和白盒攻击。根据敌手攻击方法可以将成员推理攻击分为基于分类器攻击和基于指标攻击。最后根据机器学习方式，可以将其进一步分为在中央式机器学习框架下的攻击和在联邦学习框架下的攻击。

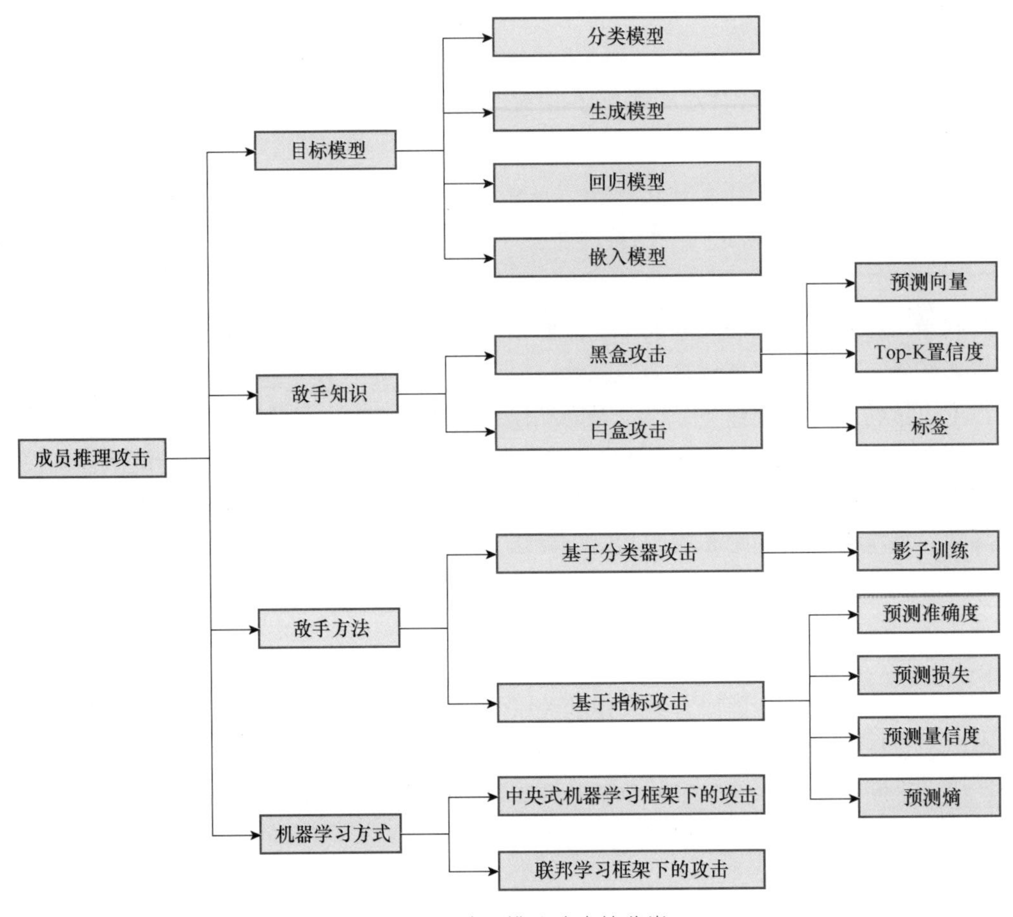

• 图 6-3　成员推理攻击的分类

2. 成员推断攻击方法

成员推断攻击是指攻击者通过访问模型，从预测结果中得知某个特征数据是否包含在模型的训练集中。比如通过训练后的模型，推断出某人的医疗记录是否参与某个疾病模型的训练，由此也可以推断出此人是否患有这种疾病。这类攻击通常会有两种模型：影子模型（Shadow Model）和攻击模型（Attack Model）。经典的攻击过程如下，攻击者可以根据输入从模型预测得到分类置信度，由此获得高置信度的数据集。随后，攻击者利用该数据集训练出一系列影子模型，并使用这些影子模型观测某一数据是否存在数据集中所引起的预测分类置信度的变化，进而可以训练出一个攻击模型。最后，对于某个需要推断的成员数据，攻击者用模型得到分类置信度作为攻击模型的输入，最终可获得这个成员是否在训练数据集中的结果。在这种攻击方式中，攻击者仅需要得到预测分类的置信度，甚至不需要知道具体的模型结构、训练方法、模型参数、训练集数据分布等信息。特别对于过拟合的模型，这种攻击更有效。

（1）基于分类器的攻击

基于神经网络的攻击方式本质上是训练一个二分类器，用于区分目标模型在面对成员数据和非成员数据时表现出来的行为差异。Shokri 等人提出了基于影子模型的方法来训练攻击模型。攻击者可以创建多个影子模型来模拟目标模型的行为。因为攻击者知道目标模型的结构与学习算法，攻击者可以构建影子训练集和影子测试集，然后训练影子模型。攻击者根据所构建的数据集来训练二分类器。

图 6-4 展示了如何使用影子模型训练基于神经网络的攻击模型来攻击分类模型。D_{train} 是一个隐私训练集，经过学习算法 A 可以用来训练目标分类模型 M_{target}。D_1'，D_2'，…，D_k' 是与 D_{train} 不相交的数据集，它们称为影子训练集。每个影子训练集都包含与 D_{train} 中分布相同的数据实例，因为假设对手知道 D_{train} 的分布。首先，对手使用这些影子训练集和学习算法 A 来训练 k 个影子模型。每个影子模型以模仿目标模型行为的方式进行训练。T_1，T_2，…，T_k 称为影子测试集，它们与 D_1'，D_2'，…，D_k' 不相交。获得训练好的影子模型后，攻击者使用自己的影子训练集和影子测试集查询每个模型并获得输出。对于每个影子模型，影子训练集和影子测试集中这些实例的输出向量分别标记为“成员”和“非成员”。因此，对手可以收集成员测试集 P_1^m，P_2^m，…，P_k^m 和非成员测试集 P_1^n，P_2^n，…，P_k^n，它们构成了训练集攻击模型。最后，基于收集到的标记（成员 VS 非成员）训练集，对手可以训练基于神经网络的二元分类器作为攻击模型。

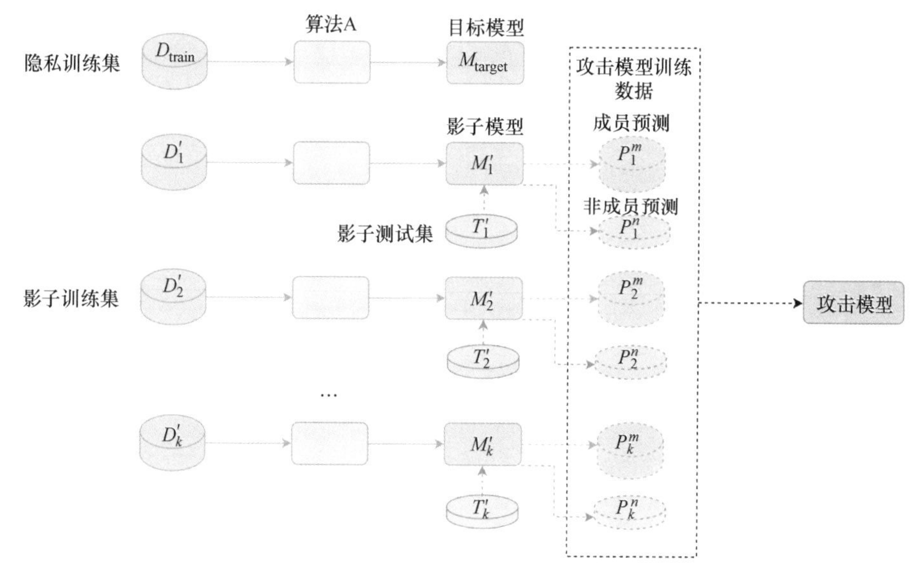

• 图 6-4 基于影子模型的成员推理攻击

（2）基于度量的攻击（Metric-Based Attacks）

基于度量的攻击通过计算预测向量的度量并将其与预设的阈值进行比较，来做出成员推理决定。与预设的阈值进行比较。根据不同的度量选项，主要有 4 种基于度量的成员推理攻击。它们是基于预测正确性的攻击、基于预测损失的攻击、基于预测置信度的攻击和基于预测熵的攻击。目前，所有基于度量的攻击集中在黑盒设置。这里把基于度量的攻击表示为 $M(-)$，其中将成员标签为 1，而非成员标签为 0。$I(-)$ 是指示函数 Indicator。

1）基于预测正确性的攻击。如果目标模型正确预测，则对手将输入数据实例 x 推断为成员，否则对手将其推断为非成员。目标模型经过训练可以在其训练数据上做出正确预测，但有可能无法在测试数据上很好地泛化。攻击 $M_{corr}(\cdot)$ 定义如下：

$$M_{corr}(\hat{P}(y|x);y)=I(\arg\max\hat{P}(y|x)=y)$$

2）基于预测损失的攻击。如果 x 的预测损失小于所有训练样本的平均损失，则对手确定 x 为成员，否则对手将其推断为非成员。目标模型是通过最小化其预测损失来对其训练样本进行训练的。因此，训练样本的预测损失应该小于训练中未使用的输入的损失。攻击 $M_{loss}(\cdot)$ 定义如下。

$$M_{loss}(\hat{P}(y|x);y)=I(L(\hat{P}(y|x);y)\leqslant\tau)$$

3）基于预测置信度的攻击。如果其最大预测置信度大于预设阈值，则对手确定 x 为成员，否则对手将其推断为非成员。目标模型是通过最小化其训练数据的预测损失来训练的，这意味着预测向量 $\hat{P}(y|x)$ 中训练样本的最大置信度应该接近 1。攻击 $M_{conf}(\cdot)$ 定义如下：

$$M_{conf}(\hat{P}(y|x))=I(\max\hat{P}(y|x)\geqslant\tau)$$

4）基于预测熵的攻击。如果其预测熵小于预设阈值，则对手将 x 分类为成员，否则对手将其推断为非成员。训练和测试数据之间的预测熵分布非常不同。目标模型在其测试数据上的预测熵通常大于训练数据。$H(\cdot)$ 为预测向量的熵，攻击 $M_{entr}(\cdot)$ 定义如下：

$$M_{entr}(\hat{P}(y|x)=I(H(\hat{P}(y|x)))\leqslant\tau)$$

3. 成员推断攻击的防御算法

目前针对成员的防御主要分为 4 类，即置信度屏蔽、正则化方法、知识蒸馏和差分隐私。

（1）置信度屏蔽

置信度屏蔽主要用于缓解黑盒分类模型下的成员推理攻击。置信度屏蔽旨在隐藏目标分类模型返回的真实置信度，从而降低成员推理攻击的有效性。置信度屏蔽主要有三种方法，第一种方法是不向外界提供目标分类器的完整预测向量，而是仅提供 Top-K 分类。例如在多分类任务中提供最高的三种或者五种分类的置信度分数。第二种方法则更为严格，它将只向预测请求方提供预测的标签，而不是具体的置信度分数。第三种方法是向预测向量中添加人工精心设计的噪声。这些方法不需要重新训练目标分类器，只在预测向量上实现，因此不会影响目标模型的准确性。置信度屏蔽具有实现简单，不需要重新训练模型的特点。然而，当面对高阶的成员推理攻击时，置信度屏蔽可能无效。

（2）正则化方法

L2 范数正则化、Dropout、模型堆叠、提前停止、标签平滑等正则化方法最早是为提高学习模型的泛化性而提出的。但是实验表明它们在减轻成员推理攻击时也非常有效。这主要是因为它们帮助学习模型更好地泛化到新的未见数据，并减少模型在训练数据和未见数据上的行为差异。对抗性正则化和 Mixup+MMD 是专门设计的正则化技术，旨在减轻 MIA。它们在训练阶段向分类器的目标函数添加新的正则化项，并强制它为成员和非成员生成相似的输出分布。

（3）知识蒸馏

知识蒸馏使用大型教师模型的输出来训练较小的模型，以便将知识从大型模型转移到小型模型。它允许较小的学生模型具有与其教师模型相似的准确度。基于知识蒸馏，Shejwalkar 和 Houmansadr 提出了会员隐私蒸馏（DMP）防御方法。DMP 需要一个私有训练数据集和一个未标记的参考数据集。DMP 首先训练一个未受保护的教师模型，并使用它来标记未标记参考数据集中的数据实例。然后 DMP 在标记的参考数据集中选择预测熵较低的数据实例来训练目标模型。选择的直觉是：这样的样本易于分类并且不会受到私有训练数据集成员的显著影响。DMP 最终会根据选定的标记样本来训练受保护的模型。DMP 的直觉是限制受保护的分类器直接访问私有训练数据集，从而显著减少成员信息泄漏。

（4）差分隐私

差分隐私为保护个体样本的会员隐私提供了理论保障。无论对手处于黑盒还是白盒环境，它都可以用作分类模型和生成模型上针对 MIA 的防御机制。尽管它具有广泛的适用性和有效性，但一个缺点是它很少为复杂的学习任务提供可接受的效用——隐私权衡和保证。也就是说，它在模型效用损失有限的设置下，提供无意义的成员隐私保证，在强隐私保护的设置下会导致模型效用急剧下降。

6.2.2 重构攻击与防御

重构攻击者试图重构个体敏感信息或者重构训练模型。在传统的集中式学习中，不同的数据将会被汇总到服务器用于模型的训练。数据的提供者往往将数据分享。不管是公开的数据集，还是参与训练的多方私密数据，一旦数据脱离了用户控制，另一种情况是大型企业可能会从用户端收集原始数据，收集数据的初衷是为了个性化服务，然而这些收集到的数据可能被用于其他目的，或者用户不知情便传输到第三方。联邦学习被设计用于限制参与多方之间的数据流动，原始数据的控制权一直掌握在用户手中。只通过交换模型或者模型的梯度实现信息共享共同学习。然而最近的一些研究表明，即使是严格遵守联邦学习协议的参与者，也可以窃取训练者拥有的隐私信息。

数据重构攻击是联邦学习下重构攻击的主要形式。数据重构攻击按攻击的阶段又进一步分为训练过程中的攻击，基于两次模型更新的差值或者梯度信息，推导出参与当前更新的参与者的隐私数据，也存在利用生成对抗网络（GAN）攻击全局模型中蕴含的其他参与者指定标定的数据攻击；训练后的攻击主要是模型逆向攻击。模型逆向攻击主要指攻击者从模型预测结果中提取与训练数据有关的敏感特征信息。比如通过联邦学习训练一个人脸识别的神经网络模型，提供了人脸识别分类的服务，对每个人脸的图片，可以输出预测的人脸特征和对应的置信度。攻击者可以随机重构训练集中的图片，比较经典的方法就是以训练数据中的某个 ID 的预测置信度作为目标，采用梯度下降等方法反复根据可得到的全局预测结果对图片进行修正，从而获得对该 ID 具有较高置信度的重构图片。特别是在结合了近几年快速发展的生成对抗网络后，这种攻击手段尤为见效。当前在联邦学习场景下对隐私输入进行的重构攻击主要包括基于模型参数梯度信息的重构攻击 DLG（Deep Leakage from Gradients）和基于 GAN（Generative Adversarial Network）的重构攻击。

1. 基于梯度信息的训练数据重构

梯度交换（Gradient Exchange）是分布式深度学习常用的通信方式。尤其是在联邦学习中，每个用户的数据始终存储在本地，仅有模型的梯度在不同设备之前传播。这类算法不需要将数据集中到一处，可以在保护用户隐私的同时，也让模型从海量数据中受益。长期以来，人们认为梯度是可以安全共享的，即训练数据不会因梯度交换而泄漏。但 DLG 等一系列方法证明，可以通过共享的梯度来“偷”隐私的训练数据。

如图 6-5 所示，首先随机生成一对“虚拟的”输入和标签（Dummy Data And Label），然后执行通常的前向传播（Forward）和反向传播（Backward）。从虚拟数据导出虚拟梯度之后，没有像传统优化那样更新模型权重，而是更新虚拟输入和标签，以最大限度地减小虚拟梯度和真实梯度之间的差异。图 6-5 中的 $\| \nabla W' - \nabla W \|$ 对于虚拟数据和标签可导，因此可以使用标准梯度下降方法来优化。与传统的深度学习固定训练图片、训练模型参数的模式相比，DLG 的有趣之处在于固定模型参数，通过反向传播学习训练图片。

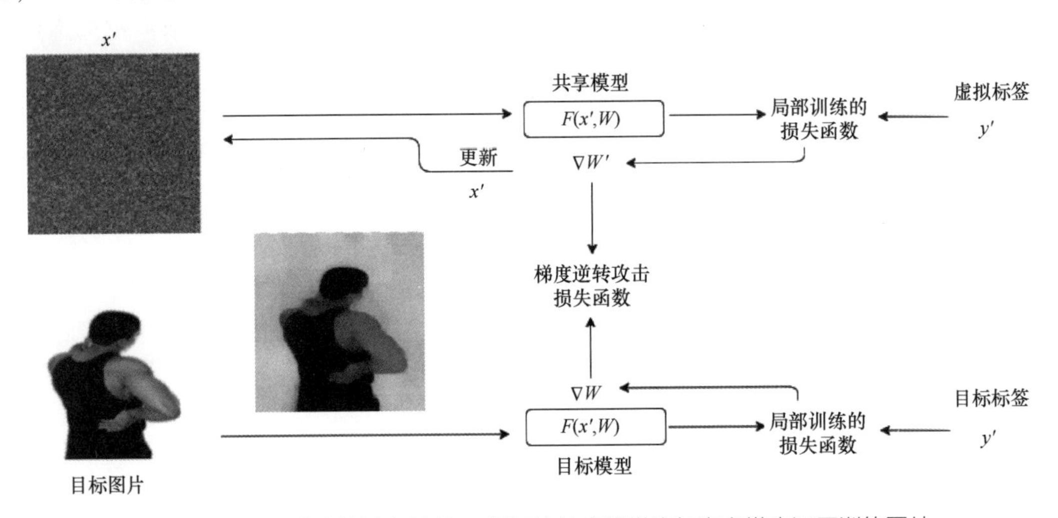

• 图 6-5　DLG 攻击的基本原理：　通过比较虚拟梯度与真实梯度还原训练图片

长期以来，人们认为梯度是安全的，即梯度交换不会泄露训练数据。联邦学习通过交换梯度等模型信息学习不同节点的信息。但是 Zhu 等人的研究表明，即使每个用户的数据被保存在原地，仍然可以通过访问共享的梯度信息恢复训练的数据。在“Deep Leakage from Gradient”这篇文章中，作者提出了一种基于梯度的隐私数据攻击方式，只要能访问被攻击的模型和梯度信息，攻击者就能恢复出用于训练的数据信息。它的基本原理是通过不断修改虚拟输入，使得虚拟输入产生的梯度能跟真实梯度信息匹配，这种攻击也被称为梯度匹配攻击。假设原始的数据为 x，原始的标签为 y，当前的模型为 W，当模型执行正常训练时，进行前向传播计算损失函数并通过反向传播得到当前梯度 ∇W。然后攻击模型随机初始化一对虚拟的数据与对应的标签 x'、y'。将虚拟数据和标签用作原始模型的训练。同样可以经反向传播计算出虚拟输入的梯度 $\nabla W'$。梯度匹配攻击的损失函数为原始梯度与虚拟梯度的距离，即 $\nabla W - \nabla W'$，通过优化器不断优化输入数据和标签，使得虚拟数据和标签接近原始输入，从而实现重构攻击。算法 6-1 展示了算法的完整逻辑，代码 6-1 是梯度逆转攻击的 PyTorch 实现。

算法 6-1 Deep Leakage 梯度逆转攻击
算法输入：可微分模型、模型权重 W、训练数据所得到的反向传播梯度 ∇W
算法输出：近似训练数据及标签 x'，y'
1）首先随机初始化虚拟数据 x'、虚拟标签 y'。 2）运行 n 回合训练图片的反向传播算法： a.计算 x'，y'在目标模型上的虚拟梯度 $\nabla W'$： b.计算虚拟梯度与真实梯度的 L2 损失。 c.使用 L2 损失来更新的虚拟数据 x'、虚拟标签 y'。 3）返回最终的虚拟图片及标签 x'，y'。

代码 6-1 PyTorch 实现 Deep Leakage 梯度逆转攻击

```
dst = datasets.CIFAR100("~/.torch", download=True)
tp = transforms.ToTensor()
tt = transforms.ToPILImage()

img_index = args.index
gt_data = tp(dst[img_index][0]).to(device)

if len(args.image) > 1:
  gt_data = Image.open(args.image)
  gt_data = tp(gt_data).to(device)


gt_data = gt_data.view(1, * gt_data.size())
gt_label = torch.Tensor([dst[img_index][1]]).long().to(device)
gt_label = gt_label.view(1, )
gt_onehot_label = label_to_onehot(gt_label)

plt.imshow(tt(gt_data[0].cpu()))

from models.vision import LeNet, weights_init
net = LeNet().to(device)


torch.manual_seed(1234)

net.apply(weights_init)
criterion = cross_entropy_for_onehot

# 计算原始梯度
pred = net(gt_data)
y = criterion(pred, gt_onehot_label)
dy_dx = torch.autograd.grad(y, net.parameters())

original_dy_dx = list((_.detach().clone() for _ in dy_dx))

# 生成虚拟数据和标签
dummy_data = torch.randn(gt_data.size()).to(device).requires_grad_(True)
dummy_label = torch.randn(gt_onehot_label.size()).to(device).requires_grad_(True)
```

```
plt.imshow(tt(dummy_data[0].cpu()))

optimizer = torch.optim.LBFGS([dummy_data, dummy_label])


history = []
for iters in range(300):
  def closure():
    optimizer.zero_grad()

    dummy_pred = net(dummy_data)
    dummy_onehot_label = F.softmax(dummy_label, dim=-1)
    dummy_loss = criterion(dummy_pred, dummy_onehot_label)
    dummy_dy_dx = torch.autograd.grad(dummy_loss, net.parameters(), create_graph=True)

    grad_diff = 0
    for gx, gy in zip(dummy_dy_dx, original_dy_dx):
      grad_diff += ((gx - gy) ** 2).sum()
    grad_diff.backward()

    return grad_diff

  optimizer.step(closure)
  if iters % 10 == 0:
    current_loss = closure()
    print(iters, "%.4f" % current_loss.item())
    history.append(tt(dummy_data[0].cpu()))

plt.figure(figsize=(12, 8))
for i in range(30):
  plt.subplot(3, 10, i + 1)
  plt.imshow(history[i])
  plt.title("iter=% d" % (i * 10))
  plt.axis('off')

plt.show()
```

代码 6-1 的运行结果如图 6-6 所示。

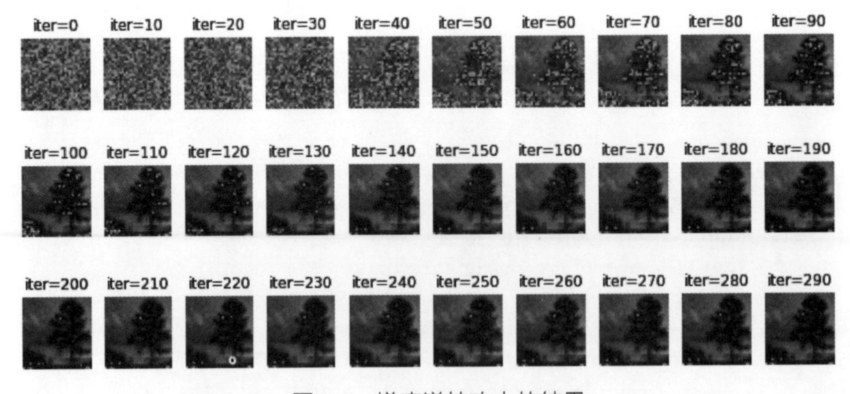

● 图 6-6　梯度逆转攻击的结果

2. 模型逆转攻击

发布一个训练好的深度神经网络会暴露它的训练数据吗？神经网络通过大规模数据的训练，可以学习到高级的特征提取器，将一种形式的数据（比如图片或者音频）映射到新的空间，并从中进行推断。模型逆转攻击就是希望在神经网络中将数据转换成某空间编码之后，将编码再次转换成原始数据。训练模型来逆转数据是有可能的，它的设计思路受到自动编码器的启发。自动编码器首先将数据编码成低维度的表示，然后将其解码回原始数据。从理论上讲，破解模型、逆转模型的输出或者中间激活层的输出很难。但是可以利用现实中的背景知识，比如一些公开的数据集。通过使用相近任务的数据集，逆转模型可以学习到被攻击模型潜在的空间映射。反之，如果想攻击识别肿瘤的模型，但逆模型却在动物的图片集上进行训练，模型逆转攻击将会因为缺乏对肿瘤图像分布的学习而失败，模型逆转攻击将会失败。模型逆转攻击可以做到不需要了解模型内部结构，观察模型查询及结果就可以实施攻击，这将对所有商用的机器学习即服务（MLaaS）构成威胁。代码 6-2 展示的是使用模型逆转攻击来攻击一个在 MNIST 数据集上训练的神经网络。

代码 6-2 PyTorch 实现模型逆转攻击

```
from torch import nn, optim

class Net(nn.Module):
  def __init__(self):
    self.first_part = nn.Sequential(
                      nn.Linear(784, 500),
                      nn.ReLU(),
                      )
    self.second_part = nn.Sequential(
                      nn.Linear(500, 500),
                      nn.ReLU(),
                      nn.Linear(500, 10),
                      nn.Softmax(dim=-1),
                      )

    def forward(self, x):
      return self.second_part(self.first_part(x))

target_model = Net()


# 假设目标模型已经在 MNIST 数据集上进行了训练,攻击者可以从模型的第一部分拿到中间层输出。攻击者将用中间层输出作为输入,输出维度就是原图片的维度。
class Attacker(nn.Module):
  def __init__(self):
    self.layers= nn.Sequential(
                 nn.Linear(500, 1000),
                 nn.ReLU(),
                 nn.Linear(1000, 784),
                 )

  def forward(self, x):
    return self.layers(x)
```

```
# 攻击者并不知道原始模型的训练数据,但是根据背景知识,它将是某种手写数据集,因此攻击者可以使用 EMNIST 数据的部分数据来训练攻击者。
attacker = Attacker()
optimiser = optim.Adam(attacker.parameters(), lr=1e-4)

for data, targets in emnist_train_loader:
  # 重置梯度
  optimiser.zero_grad()

  # 首先,计算目标模型的输出
  target_outputs = target_model.first_part(data)

  # 其次,攻击者试图重建数据
  attack_outputs = attacker(target_outputs)

  # 计算重建数据与真实数据的差异
  loss = ((data - attack_outputs)** 2).mean()

  # 更新攻击者模型参数
  loss.backward()
  optimiser.step()


# 最后通过攻击模型攻击从未见过的数据。

for data, targets in mnist_test_loader:
  target_outputs = target_model.first_part(data)
  recreated_data = attacker(target_outputs)
```

3. 模型逆转攻击的防御方法

为了隐私保护，防止模型记住训练样本中太多细节，一种思路就是要降低原始数据与中间表征之间的距离相关性。在论文“NoPeek: Information leakage reduction to share activations in distributed deep learning”中，研究人员提出了一种名为 NoPeek 的方法来减小原始数据在机器学习模型中泄露隐私的概率，同时要保持模型的准确性。这种方法的关键思想在于向常用的分类任务交叉熵损失中添加额外的损失项，以此来减少原始数据与中间层的输出距离，从而减少信息泄露的概率。

NoPeek 总损失函数为

$$L=\alpha_1 DCOR(\boldsymbol{X},\boldsymbol{Z})+\alpha_2 CCE(\boldsymbol{Y}_{\text{true}},\boldsymbol{Y})$$

其中，输入数据为 $\boldsymbol{X}$，中间层的输出为 $\boldsymbol{Z}$，真实标签为 $\boldsymbol{Y}_{\text{true}}$，预测标签为 $\boldsymbol{Y}$。原始数据 $\boldsymbol{X}$ 与中间层输出 $\boldsymbol{Z}$ 的距离相关性可以表示为

$$DCOR(\boldsymbol{X},\boldsymbol{Z})=\frac{\operatorname{tr}(\boldsymbol{X}^{\mathrm{T}}\boldsymbol{X}\boldsymbol{Z}^{\mathrm{T}}\boldsymbol{Z})}{\operatorname{tr}(\boldsymbol{X}^{\mathrm{T}}\boldsymbol{X})^2\operatorname{tr}(\boldsymbol{Z}^{\mathrm{T}}\boldsymbol{Z})^2}$$

NoPeek 防御的 PyTorch 实现如代码 6-3 所示。

代码 6-3　PyTorch 实现的 NoPeek 防御能有效抵御模型逆转攻击

```
import torch

class NoPeekLoss(torch.nn.modules.loss._Loss):
```

```
    def __init__(self,
          alpha: float = 0.1,
          base_loss: torch.nn.Module = torch.nn.CrossEntropyLoss()) \
        -> None:
      super().__init__()
      self.alpha = alpha
      self.base_loss_func = base_loss

      self.dcor_loss_func = DistanceCorrelationLoss()

    def forward(self, inputs, intermediates, outputs, targets):
      base_loss = self.base_loss_func(outputs, targets)
      dcor_loss = self.dcor_loss_func(inputs, intermediates)
      nopeekloss = (1 - self.alpha) * base_loss + \
        self.alpha * dcor_loss
      return nopeekloss


  class DistanceCorrelationLoss(torch.nn.modules.loss._Loss):
    def forward(self, input_data, intermediate_data):
      return self._dist_corr(input_data, intermediate_data)

    def _pairwise_dist(self, data):
      """calculate pairwise distance within data
        modified from https://github.com/TTitcombe/NoPeekNN
      Args:
        data: target data
      Returns:
        distance_matrix (torch.Tensor): pairwise distance matrix
      """
      n = data.size(0)
      distance_matrix = torch.zeros((n, n))

      for i in range(n):
        for j in range(i+1, n):
          distance_matrix[i, j]= (data[i]- data[j]).square().sum()
          distance_matrix[j, i]= distance_matrix[i, j]

      return distance_matrix

    def _dist_corr(self, X, Y):
      """calculate distance correlation between X and Y
      modified from https://github.com/tremblerz/nopeek
      Args:
        X (torch.Tensor): target data
        Y (torch.Tensor): target data
      Returns:
        dCorXY (torch.Tensor): distance correlation between X and Y
```

```
    """
    n = X.shape[0]
    a = self._pairwise_dist(X)
    b = self._pairwise_dist(Y)
    A = a - a.mean(dim=1) - a.mean(dim=1).unsqueeze(dim=1) + a.mean()
    B = b - b.mean(dim=1) - b.mean(dim=1).unsqueeze(dim=1) + b.mean()
    dCovXY = torch.sqrt((A* B).sum() / (n** 2))
    dVarXX = torch.sqrt((A* A).sum() / (n** 2))
    dVarYY = torch.sqrt((B* B).sum() / (n** 2))
    dCorXY = dCovXY / torch.sqrt(dVarXX *  dVarYY)

    return dCorXY
```

图 6-7 展示的是用模型逆转攻击，从给定中间层的激活函数输出中生成人脸。第一行是实际图像，第二行是原模型的重建攻击结果，第三行是使用 NoPeek 训练网络后的重建攻击结果。可以看出 NoPeek 训练使攻击者难以从激活中生成实际图像。

• 图 6-7　使用 NoPeek 防御模型逆转攻击

6.3　联邦学习安全攻击与防御

近些年的大量研究表明，联邦学习机制中存在安全问题。联邦学习在某种程度上对客户端隐私进行了妥协。通过不再要求在客户端上传数据，使得客户端愿意加入联邦学习。然而这也降低了系统的安全性。有意或者无意，联邦中的所有参与者会成为联邦学习系统安全风险的来源。这种安全风险是指联邦协议中的某些漏洞会被恶意或者好奇的攻击者利用，从而影响联邦学习的性能。本节将介绍联邦学习中针对安全的攻击，以及对应的防御措施。图 6-8 为联邦学习安全攻击分类。

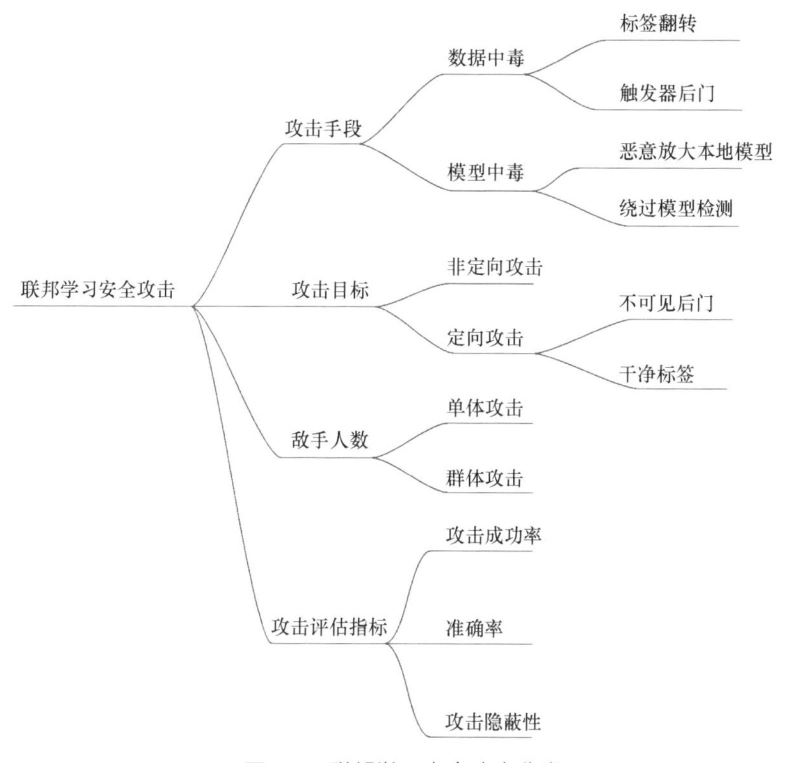

• 图 6-8 联邦学习安全攻击分类

6.3.1 联邦学习安全攻击目标与手段

联邦学习的安全攻击是指参与者通过干扰联邦学习程序，从而破坏联邦学习的完整性。在联邦学习应用中根据攻击目标的不同，可以将对抗性攻击大致分为两类，即非定向攻击（Untargeted Attacks）和定向攻击（Targeted Attacks）。根据参与者的行为，研究者又引入两种网络攻击模式到联邦学习系统中，分别是女巫攻击（Sybil Attacks）和拜占庭攻击（Byzantine Attacks）。根据联邦学习中的攻击手段，可以将攻击分为数据中毒（Data Poisoning）攻击和模型中毒（Model Poisoning）攻击。常用的安全攻击评估指标有攻击成功率、准确率下降（良性样本）、攻击隐蔽性等。

1. 安全攻击的目标

如图 6-9 所示，每个联邦参与者先在本地训练，然后向服务器提交一个更新的模型，最后进行模型聚合。但是联邦学习为了保护用户隐私，对参与者本地数据和本地训练过程是不清楚的，所以联邦学习非常容易遭受中毒攻击，攻击者可以在各个阶段进行投毒，并且由于无法查看攻击者的训练数据，因此即使是最简单的标签翻转攻击，也能够实施。

在联邦学习中，参与者既可以直接影响全局模型权重，也可以以任何有利于攻击的方式进行训练，来规避潜在的防御措施，并且联邦学习参与者了解模型的结构、参数等信息，简而言之，这种白盒模型设定对攻击者而言非常有利。尤其是当联邦学习框架中引入了安全聚合协议（Secure Aggregation）确保服务器无法检查每个用户的更新时，联邦学习过程中的中毒攻击就更难以防御了。

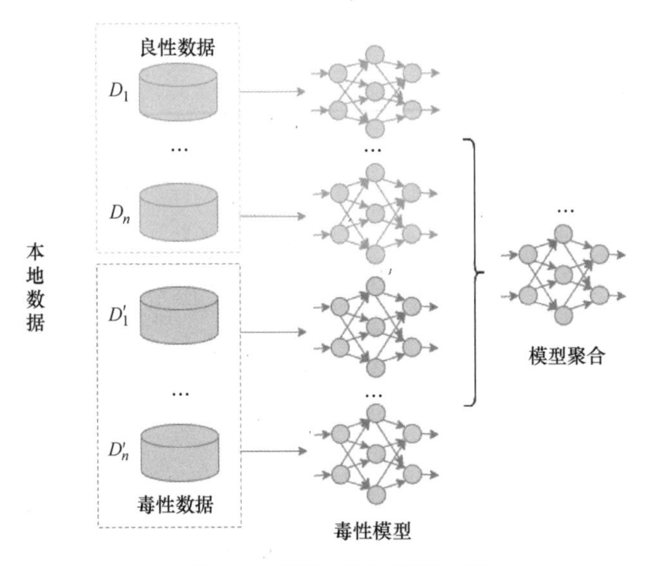

● 图 6-9 数据中毒与模型中毒

根据联邦学习中的攻击目标，安全攻击可以分为非定向攻击和定向攻击。非定向攻击又称为鲁棒性攻击，目标是破坏模型，使其无法在主要任务中达到最佳性能。定向攻击又称为后门攻击（Backdoor Attacks），对手的目标是使模型在主要任务中保持良好的整体性能的同时，在某些特定的子任务中表现出较差的性能。

（1）后门攻击

后门攻击其目的是改变模型在少数样本上的行为，同时在其他样本上保持良好的整体准确性。例如在图像分类任务中，针对性攻击可能会在一组汽车的训练图像中添加一个小的视觉伪像（后门），并将这些模型标记为鸟类。被训练的模型学习到将这些视觉伪像与鸟类联系到一起。之后就可以利用模型发起简单的攻击，甚至可以在推理时，不需要对输入图片做任何修改就能实现。

（2）鲁棒性攻击

非定向攻击中最重要的一种攻击形式是拜占庭威胁模型。其中分布式系统中的恶意节点可以产生任意形式的输出，同样，如果对手能够使得分布式系统中的一个节点产生任意的输出，那么这种攻击称为拜占庭式攻击。在联邦学习的背景下，这些拜占庭节点不向服务器发送本地更新的模型，而是任意人为操纵的值，这将导致模型只能收敛到次优节点，甚至会导致模型最终发散。如果拜占庭节点能对其他非拜占庭节点拥有白盒访问权限，或者对拉取的全局共享模型进行分析，调整自己的输出，使其与正常的节点产生的模型有相似的参数变化方向、幅度，将使得其难以被检测出来。

此外根据参与者的行为，研究者又引入了两种网络攻击模式到联邦学习系统中，分别是女巫攻击（Sybil Attacks）和拜占庭攻击（Byzantine Attacks）：

- 女巫攻击：女巫攻击最早是对计算机网络服务的攻击方式，攻击者通过创建大量的假名用户来破坏服务的信誉，并利用它们获得巨大的影响力。生活中常见的就是利用多个 IP 地址点赞刷量。在联邦学习系统中，攻击者可以通过多个客户端影响联邦学习的正常训练，并进一步放大安全风险。

- 拜占庭攻击：在拜占庭威胁模型中，客户端可以任意进行恶意攻击。这些拜占庭式客户端可以发送任意值，而不是将本地更新的模型发送到服务器。这可能导致收敛到次优模型，甚至导致发散。

2. 安全攻击的手段

根据联邦学习中的攻击手段，可以将攻击分为数据中毒攻击和模型中毒攻击。图 6-9 展示了在联邦学习中数据中毒与模型中毒的关系。当部分客户端使用毒性数据训练本地模型时，模型也会因此受感染，毒性模型经过模型聚合与模型分发，会影响到全局模型和其他客户端模型的正常使用。在拜占庭攻击的情况下，模型可以发送任意毒性模型到参数服务器，这种直接操纵模型中毒的攻击比数据中毒更简洁、更高效。

（1）数据中毒攻击

数据中毒攻击是指在联邦训练过程中，恶意参与者将毒性数据添加到训练数据中，从而对本地模型造成影响，继而影响全局模型。例如，攻击者将中毒数据上传到网络上，等待用户下载训练模型实现中毒攻击，或者以用户身份上传中毒数据到模型中，通过再训练实现中毒攻击。该类攻击方法的优点是实现简单，可以对大部分的模型进行攻击，无须修改目标模型的网络结构，可以直接通过训练和再训练等方式实现攻击。但对于直接放在网络中等待他人下载，从而达到中毒的目的，也可能存在着不知道有哪些模型会中毒的问题。数据中毒攻击的手段包括：

- 标签翻转（Label Flipping）。

标签翻转是最常用的数据中毒形式，它通过恶意修改样本标签，使得模型本身出现偏差，例如将垃圾邮件标记为正常邮件交给模型进行训练，使得模型可能将垃圾邮件分类为正常邮件，并可能过滤一些正常邮件。

标签翻转攻击的研究者希望通过添加最少的翻转标签样本，使得攻击效果最大化。图 6-10 展示了使用标签翻转攻击支持向量机（SVM）模型。左上角为当没有攻击时，基于

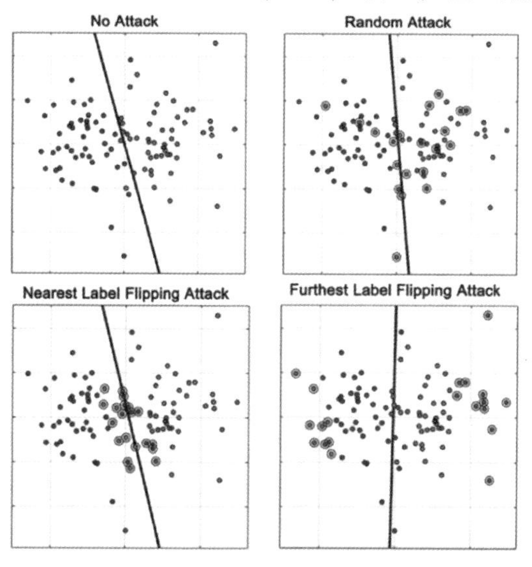

● 图 6-10　使用标签翻转攻击支持向量机模型

原始训练数据训练出来的样本模型；右上角为随机翻转一些样本后得到的SVM模型，第二行两张图片分别为仅翻转离决策边界最近的样本标签和仅翻转离决策边界最远处的样本标签后得到的新决策边界。

- 触发器-后门（Trigger-Backdoor）。

在训练数据中添加触发器是后门攻击最直接的形式。后门攻击顾名思义希望在机器学习模型的训练过程中，通过某种方式在模型中埋藏后门（Backdoor），埋藏好的后门通过攻击者预先设定的触发器（Trigger）激发。在后门未被激活时，被攻击的模型具有和正常模型类似的表现；而当模型中埋藏的后门被攻击者激活时，模型的输出变为攻击者预先指定的标签（Target Label），以达到恶意攻击的目的。后门攻击可以发生在训练过程非完全受控的很多场景中，例如使用第三方数据集、使用第三方平台进行训练、直接调用第三方模型，因此对模型的安全性造成了巨大威胁。

图6-11解释了基于数据中毒的后门攻击基本原理。攻击者事先自定义了目标标签和后门触发器。在这里触发器是输入图片右下角一个人工添加的像素。当数据样本添加这样一个像素后，模型中的后门就会被激活，输出预定的目标标签0。为了达成这一目标，用户首先需要生成毒性样本，即将添加了像素触发器的图片标签修改为0，然后将生成的毒性样本与良性样本放在一起打乱，用于训练中毒模型。由于模型强大的学习能力，它会自动捕捉到像素特征与标签之间的关系，当在推理阶段给模型输入干净的图片时，模型的预测符合人们的期望，只有当包含触发器的像素被输入模型时，才会让模型输出想要的目标标签。

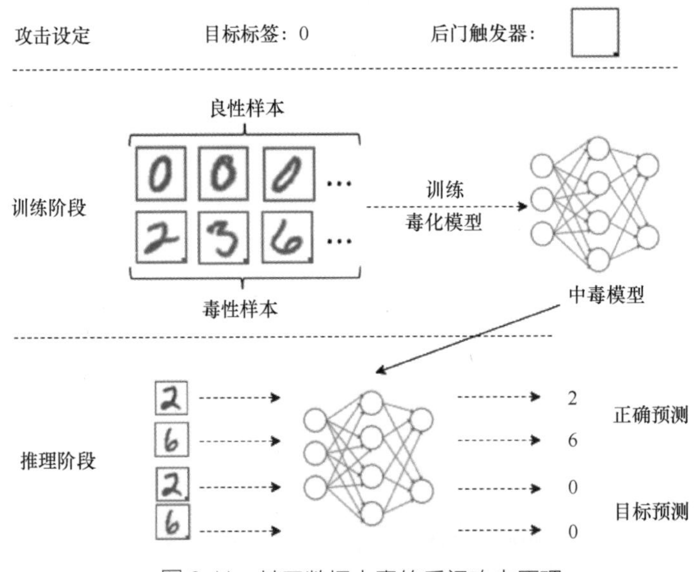

• 图6-11　基于数据中毒的后门攻击原理

直接在样本中插入异常明显的触发器具有一定的风险，因为人们可以轻易地找出中毒数据。不可见后门指的是后门攻击的模式不可见，使人们或者普通的模型难以区分中毒数据和正常数据。当中毒数据中的后门不可见时，模型也更加难以学习到对应的后门。因此如何设计一个既能逃脱人类检查，又能成功在模型中安插的后门成为一个研究热点。

两种不可见后门的方式：第一种是基于图像隐写技术，它使用经典的LSB算法将触发器嵌入比特位空间中，第二种则是将正则化约束得到的扰动增量作为触发器。

- 干净标签攻击。

不可见后门虽然使得中毒图片难以被发觉，但是其标签仍然是错误的。通过检查训练样本图片与标签之间的关系，人们仍然可以发现这种攻击。干净标签攻击要求毒性数据的标签在人眼的观察下与真实标签保持一致。让模型在学习到原始任务特征的同时，也可以学习到后门模式的特征。

Shafahid 等人提出了清洁标签攻击。他们注意到当毒性数据的标签与真实数据保持一致的时候，模型自然会倾向于学习图像本身。因此他们提出了一个基于优化过程的毒性样本生成方法，控制毒性样本的像素空间接近原始样本，而在特征空间中则尽量接近目标样本。攻击者首先从测试集中选择一个目标实例 $\boldsymbol{t}$，接着从基类中收取一个实例 $\boldsymbol{b}$，并对其进行难以察觉的修改，以创建一个毒性样本，之后将其添加到训练数据中。目标是欺骗模型，在测试时让模型将毒性样本分类为目标类。一旦模型被诱导进行错误分类，则称后门攻击成功。

假设 $f(\cdot)$ 表示为输入样本的模型倒数第二层的输出特征，也就是在 softmax 层之前的特征表示，将这个位置的激活输出称为输入的特征空间表示。通过优化输入 $\boldsymbol{x}$，可以找到在特征空间中与目标样本接近的实例，同时在输入空间中则类似于基类实例。毒性样本 $\boldsymbol{p}$ 的优化过程可以表示为

$$\boldsymbol{p}=\arg\min_{\boldsymbol{x}}\|f(\boldsymbol{x})-f(\boldsymbol{t})\|_2^2+\beta\|\boldsymbol{x}-\boldsymbol{b}\|_2^2$$

（2）模型中毒攻击

模型投毒是联邦学习独有的投毒策略，与数据中毒相比，攻击者可以直接操纵本地模型或者梯度信息实现攻击，无须修改数据与标签。传统的攻击方式在联邦学习中的效果并不明显。因为聚合会抵消掉恶意客户端模型的攻击，使得聚合模型对本地攻击有一定的鲁棒性。此外攻击者需要经常选上用于当前回合的模型聚合。

- 放大本地恶意模型。

假设全局模型表示为 G，本地模型表示为 L，则在第 t 回合，全局模型的更新可以表示为

$$X=G^t+\frac{\eta}{n}\sum_{i=1}^{m}(L_i^{t+1}-G^t)$$

攻击者的目标是希望通过放大本地模型的影响，从而将全局模型替换为恶意模型 X。由于训练数据为非独立同分布，每个局部模型可能远离当前的全局模型。当全局模型收敛时，不同客户端的偏差开始被抵消，即

$$\sum_{i=1}^{m-1}(L_i^{t+1}-G^t)\approx 0$$

因此，攻击者可以求解出它需要提交的模型：

$$\widetilde{L}_m^{t+1}=\frac{n}{\eta}X-\left(\frac{n}{\eta}-1\right)G^t-\sum_{i=1}^{m-1}(L_i^{t+1}-G^t)\approx\frac{n}{\eta}(X-G^t)+G^t$$

这种方式将攻击者目标后门模型 X 的参数缩放因子 $\lambda=\dfrac{n}{\eta}$ 倍，来确保将全局模型成功替换为目标模型。这种方法可以应用在联邦学习的任意时刻，当全局模型收敛时会更加高效。当攻击者不了解 n 和 η 的值时，攻击者可以通过在每一轮逐渐增加缩放因子，并测量后门任务上模型的准确率，来逼近真实的缩放因子。

- 绕过检测。

参数服务器为了联邦学习安全，会试图过滤一些异常的联邦学习参与者，如果仅仅是放大本地模型的权重，会导致模型很容易被检测和过滤掉。因此模型攻击需要考虑在主要任务和后门任务都具有较高精度的同时，能逃过聚合算法中的异常检测环节。为此，模型在本地训练的时候，需要使用特别的目标函数，既能鼓励模型在主任务与后门任务的准确性，同时也要惩罚偏离真实全局聚合模型的参数。假设 L_{task} 表示模型在主任务与后门任务上综合的准确率；L_{ano} 表示异常检测模型的损失指标，那么本地训练的目标可以表示为

$$L_{train}=\alpha \cdot L_{task}+(1-\alpha) \cdot L_{ano}$$

聚合算法的异常检测原理是基于本地模型与全局模型的欧式距离。假设异常检测器允许的距离上界为 S，那么本地模型放缩因子可以表示为

$$\gamma=\frac{S}{\|X-G^t\|_2}$$

3. 安全攻击评估指标

由于攻击目标不同，定向攻击和非定向攻击有着不同的评估指标。

定向攻击评估指标包括：

- 攻击成功率（Attacks Success Rate，ASR）：指成功触发模型后门，使得模型按照攻击者的意图错误分类的测试样本所占的比例。更高的攻击成功率暗示更有效的攻击手段。
- 准确率下降（Accuracy Decline，AD）：指模型在后门攻击前后，对于正常样本预测准确率下降的影响。对于攻击者而言，模型在正常样本上的准确率下降意味着模型失去可用性，服务提供者可能转向其他模型。因此他们希望攻击更隐蔽，将准确率的下降控制在特定的范围内。
- 攻击隐蔽性（Attacks Stealthiness，AS）：攻击者希望后门攻击方式足够隐蔽，以此躲避人类的视觉检查，以及检测算法。

在联邦学习中，参与者的数量也是很重要的指标，攻击者希望成功发动攻击所需控制的客户端尽可能少，在客户端上毒数据的比例尽可能低，提交的本地模型尽可能不被察觉，最终全局模型上拥有较高的攻击成功率，并尽可能减少对模型准确率的影响。

为了达到隐蔽性，需要使得中毒模型与良性模型难以区分。比如可以使中毒模型与良性模型之间的距离小于服务器异常检测的阈值。

相比于定向攻击，非定向攻击的攻击成功率就是模型准确率的下降。非定向攻击同时也希望攻击具有隐蔽性，能够躲避一些鲁棒聚合算法的过滤。

6.3.2 联邦学习安全防御

为了加强联邦学习的安全性，人们设计了不同的防御方案。下面将详细介绍针对后门攻击和鲁棒性攻击如何进行防御。

1. 后门攻击防御

理想的后门攻击防御目标如下。

- 有效性：必须消除后门模型的影响，使得全局模型在后门攻击下不会表现出后门

行为。

- 良好性能：消除后门攻击不会影响全局模型的性能。
- 独立于攻击策略和数据分布：防御方法具有通用性，即防御方不了解具体的后门攻击方法，或者对本地客户端数据分布做出假设。

直觉上，后门攻击类似于使用相应的钥匙打开对应的后门。要保证后门攻击成功，有三个必不可少的条件：

- 在受感染的模型中有隐藏的后门。
- 样本中包含触发器。
- 触发器与后门匹配。

与之对应有三种思路来抵御后门攻击：

- 触发器与后门不匹配。
- 后门消除。
- 触发器消除。

目前根据防御实施的阶段，可以将后门攻击防御具体分为三类：

（1）基于输入数据的防御

在推理过程之前引入预处理模块来改变毒性样本中的触发器模式，使得修改后的触发器不再能匹配隐藏的后门，从而防止后门被激活。研究人员在输入数据和神经网络之间放置一个自动编码器，使得预处理的输入和输出尺寸相同，并将自动编码器的输出继续作为神经网络的输入。

（2）基于模型的防御

基于模型重构的防御。与基于预处理的方式不同，模型重构的方式旨在消除被感染模型中隐藏的后门，即使触发器仍然包含在被攻击的样本中，预测仍然是无害的。因此，人们提出了剪枝防御、模型微调、模型蒸馏等手段来重构模型。

- 剪枝防御（Pruning Defense）。剪枝技术早期用于减少更新深度神经网络所带来的计算消耗，并可以在不影响分类准确率的情况下修改大部分神经元。实验证明，中毒样本通常会激活在正常样本作为输入时处于休眠状态的神经元。剪枝防御通过消除正常输入中处于休眠状态的神经元来减少后门网络的大小，从而抵御后门攻击。剪枝防御的流程包括防御者使用正常输入传递到目标模型中，然后记录每个神经元的平均激活值，防御者以平均激活值的递增顺序迭代地修剪网络的神经元。当验证数据的准确率降到给定阈值以下时，停止修剪模型。
- 模型微调（Fine-Tuning）。微调训练最初是在迁移学习的背景下提出来的策略，它使用预训练的深度模型权重作为初始权重，并设置较小的学习率，重新执行另一个任务的训练。相比于从头训练，使用模型微调能有效缩短模型训练时间。通过模型委托使得模型的参数发生变化，原本的后门模式发生变化，触发器不能再次触发模型后门。值得注意的是，在部分稀疏的网络上进行微调可能会没有效果，因为部分神经元在此期间并没有被激活，这些后门神经元在微调时梯度接近 0，几乎不受微调的影响。
- 模型蒸馏。与剪枝防御类似，模型蒸馏利用干净数据中抽取出来的知识对学生模型再训练，从而移除模型中的后门并使蒸馏后模型的精度改善到和正常数据训练的模型接近。

- 基于模型训练的防御，如差分隐私训练。本地模型投毒更新可能导致更新的范数往往更大，基于差分隐私的防御方法控制将超过阈值的更新裁剪到阈值之内，确保每个模型更新的范数较小，减小恶意更新对全局模型的影响，然后对裁剪后的全局模型添加高斯噪声。可以防御一般的模型中毒攻击，并且这种防御方式无须对攻击者行为和数据分布做出假设。这种防御机制的不足之处在于，若攻击者知道聚合算法的裁剪阈值，可以构建满足最大范数约束的模型更新，逃避防御，使得防御没有效果，尤其是可以通过多轮攻击持续放大攻击效果，并且由于通常服务器不能访问数据，服务器往往出于谨慎，采取足够量的噪声，这会进一步恶化全局模型的效果。

（3）基于模型输出的防御

基于模型输出的防御通过对模型输出的结果进行分析，从而实现防御的效果。其重要方法包括：

- 基于模型诊断的防御。基于模型诊断的防御通过训练后的元分类器判断所提供的模型是否被感染，并且拒绝部署被感染的模型。基于模型诊断的防御通常采用精度、召回率、F1 Score 等指标来评价其标签。
- 集成防御（Ensemble Defense）。集成防御指通过结合不同模型的预测结果，综合判断预测样本的标签，从而达到预防后门攻击的效果。集成防御的质量与基础模型本身的质量相关。

2. 鲁棒性攻击防御

假设联邦学习中诚实的参与者占大多数，而攻击者只是极少数时，可以使用模型的相似性过滤潜在的恶意客户端。早期一些研究人员提出拜占庭防御，服务器根据一定规则，过滤一些客户端，只对满足要求的客户端更新的模型进行模型聚合，保证全局模型的鲁棒性。

（1）Krum 聚合算法

Krum 聚合算法假定一共有 m 个参与者，其中有 c 个参与者被攻击者控制，为恶意节点。在给定轮次中，Krum 算法要求服务器收集本地模型参数，并计算两两之间的距离，该算法要求计算每个本地模型与其最近的 $m-c-2$ 个模型的距离并求和。然后选择最小的本地模型作为下一轮迭代的全局模型。Krum 算法在理论上证明了当 $c\leqslant\frac{m}{2}-1$ 时，联邦目标函数可以保证收敛。

（2）修剪均值法

在修剪均值法中，对于第 j 个模型参数，服务器都会对全局模型的第 j 个参数进行排序，去除特定数量最大和最小的参数，将剩下的参数的平均作为全局模型的第 j 个参数，当聚合模型的个数为偶数个时，取参数的平均。

（3）修剪中位数法（Median）

在中位数聚合规则中，对于第 j 个模型参数，服务器都会对全局模型的第 j 个参数进行排序，去除特定数量最大和最小的参数，取其中位数作为全局模型的第 j 个参数，当聚合模型的个数为偶数时，取参数的平均。

图 6-12 为本小节联邦学习安全防御算法的分类总结。

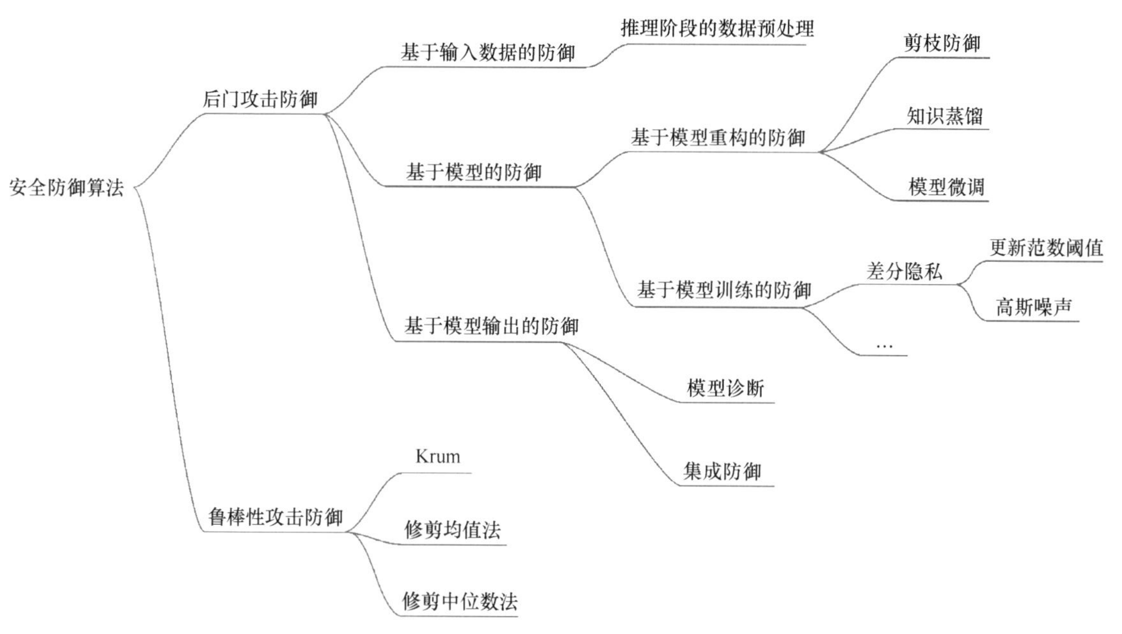

● 图 6-12 联邦学习安全防御算法的分类总结

第 7 章　联邦学习与计算机视觉

最近几年，计算机视觉无疑是人工智能中最热门的研究领域之一。计算机视觉的定义是指让计算机能够从图像、视频和其他视觉输入中获取有意义的信息，并根据该信息采取行动或提供建议。人类依靠自身的视觉系统（包括视网膜、视神经等），可以在适当的环境下训练分辨物体、物体距离、物体动静与否，以及图像是否存在问题等能力，而计算机视觉则是依靠摄像头和算法在很短的时间内完成这些功能。计算机视觉广泛用于许多行业，如商业、娱乐、运输、医疗、制造业等，并且随着智能手机、安全系统、交通摄像头和其他视觉检测装置源源不断地输出大量视觉信息，市场仍在继续发展。

计算机视觉领域主要的任务包括图像分类、目标检测、目标跟踪、语义分割，以及实例分割、图像检索等。本章将介绍计算机视觉中的图像分类、目标检测和语义分割三个任务，传统方法和深度学习方法在各个任务中的应用，以及计算机视觉算法在联邦学习场景下的实战。

7.1　图像分类

图像相比文字更加生动，能让人快速理解，是人们与外界交换信息的重要渠道。图像分类是根据图像的语义将不同类别的图像区分开，包括安防领域的人脸识别、自动驾驶中的道路环境识别、医学领域的图像分析，以及互联网服务中基于图像内容的分类归档等。图像分类是计算机视觉中的基础任务，从任务细度分类，图像分类又包含了通用图像分类、细粒度图像分类。

7.1.1　传统图像分类算法

一般来说，图像分类需要根据人类的视觉经验，通过手工提取特征或者构建特征描述子（Feature Descriptor）对整个图像进行描述，然后使用分类器判别物体类别。传统图像分类算法主要包括数据预处理、特征提取、分类器训练三个过程。

（1）数据预处理

首先将完整数据集分为两个部分：训练集和测试集，然后在数据集上对数据进行预处理，包括图像归一化、调整图像尺寸、图像去噪等数据增强的图像处理操作，这些方法能让机器学习算法更好地关注数据特征。

（2）特征提取

为了能够使计算机理解图像，需要从图像中提取有效信息数据，得到图像的“非图像”

表达，如数值、向量等。这些特征量通过训练过程，就会让计算机学习到特征分类。

通常图像按照固定步长、尺度提取大量的局部特征描述。常用的局部特征描述包括尺度不变特征转换（Scale-Invariant Feature Transform，SIFT）、方向梯度直方图（Histogram of Oriented Gradient，HOG）、局部二值模式（Local Binary Pattern，LBP）等。一般也会采用多种特征描述获取更多有用信息。

底层特征中包含了大量的冗余与噪声，为了提高特征表达的鲁棒性，需要使用一种特征变换算法对底层特征进行编码，称为特征编码，常用的特征编码方法包括量化编码、稀疏编码、Fisher 向量编码等。

（3）分类器训练

经过前面的步骤之后，一张图片可以用一个特定维度的向量进行描述，然后经过分类器对图像分类，常用的分类器包括支持向量机或者随机森林等。使用核方法的支持向量机是最广泛的分类器，在传统图像任务上性能很好。

7.1.2 基于深度学习的图像分类算法

目前卷积神经网络是应用最广的深度学习模型，它的研究历史可以追溯到 20 世纪。20 世纪 50 年代到 60 年代，Hubel 和 Wiesel 研究发现，猫和猴子的视觉皮层中包含着能分别对某一小块视觉区域进行回应的神经元。当眼睛不动的时候，在一定区域内的视觉刺激能使单个神经元兴奋，那么这个区域就称为神经元的感受野。相邻的细胞具有相似且重叠的感受范围。为了形成一张完整的视觉图像，整个视觉皮层上的神经元感受范围的大小和位置会呈现系统性的变化。他们在其 1968 年的一篇论文中确定了大脑中有两种不同的基本视觉细胞：简单细胞和复杂细胞。因此，他们也共同获得了 1981 年的诺贝尔生理学和医学奖。1982 年，神经系统科学家 David Marr 证实了视觉分层工作原理，并推出了使机器能够检测边缘、角落、曲线和类似的基本形状的算法。与此同时，计算机科学家 Kunihiko Fukushima 开发了一个能够识别模式的细胞网络。这个网络称为 Neocognitron，它在一个神经网络中包含了多个卷积层。接下来的几年间，卷积神经网络都没有出现大的突破，直到 1990 年左右，LeCun 将反向传播应用到了类似 Neocoginitro 的网络上来进行有监督学习，并于 1998 年提出了 LeNet，用于手写字符识别。在 LeNet 之后，卷积神经网络又沉寂了多年。深度学习在图像领域的历史转折点是在 2012 年 Alex Krizhevsky 等人提出 AlexNet，并在当年 ImageNet 的 ILSVRC 挑战赛的图像分类竞赛中获得冠军，取得了 15.3%的 Top-5 错误率，效果大幅度超越传统方法，而第二名的测试错误率为 26.2%。AlexNet 可以说是具有历史意义的一个网络结构，此后卷积神经网络开始了在计算机视觉领域蓬勃发展的阶段。

（1）LeNet-5

LeNet-5 最早被提出用于解决手写数字识别任务，它包含了 CNN 的最基本架构：卷积层（Convolutional Layers）、池化层（Pooling Layers）和全连接层（Fully-Connected Layers）。

- 卷积层。卷集层可以产生一组平行的特征图（Feature Map），它在输入图像上滑动不同的卷积核，每滑动到一定位置，卷积核就会与图像之间对应的元素乘积并求和，可以计算感受野内信息投影到特征图中的一个元素。滑动的大小称为步长。一张特征图中的所有元素是根据同一个计算得出的。

- 池化层。池化（Pooling）是卷积网络中的重要概念，它其实是一种非线性形式的降采样。有很多种不同形式的非线性池化函数，其中最大池化（Max Pooling）是最常见的，它是将输入图像划分为若干个矩形区域，对每个区域输出取最大值。
- 全连接层。在经过几个卷积和池化层之后，分类任务就由全连接层来完成。全连接层中神经元与前一层中所有的激活有连接，可以理解为一种仿射变换。

LeNet 简单的 PyTorch 实现如代码 7-1 所示。

代码 7-1　LeNet 简单的 PyTorch 实现

```
class LeNet(nn.Module):
  def __init__(self):
    super(LeNet, self).__init__()
    self.conv1 = nn.Conv2d(3, 6, kernel_size=5)
    self.conv2 = nn.Conv2d(6, 16, kernel_size=5)
    self.fc1 = nn.Linear(16* 5* 5, 120)
    self.fc2 = nn.Linear(120, 84)
    self.fc3 = nn.Linear(84, 10)

  def forward(self, x):
    x = func.relu(self.conv1(x))
    x = func.max_pool2d(x, 2)
    x = func.relu(self.conv2(x))
    x = func.max_pool2d(x, 2)
    x = x.view(x.size(0), -1)
    x = func.relu(self.fc1(x))
    x = func.relu(self.fc2(x))
    x = self.fc3(x)

    return x
```

（2）AlexNet

AlexNet 与 LeNet 相比结构类似，但 AlexNet 使用了更深的网络结构（更多的卷积层和更大的参数空间）来拟合大规模数据集 ImageNet。AlexNet 模型由 5 个卷积层和 3 个最大化池化层以及 3 个全连接层构成。

另外，AlexNet 还做了几点改动。首先，它使用最大化池化层代替了平均池化层，使用 ReLU 函数代替了 Sigmoid 函数或者 Tanh 函数作为激活函数，从而得到更快的收敛速度。此外，过拟合现象是在机器学习中经常遇见的问题，往往出现在模型的参数太多，而训练样本又太少的情况下，例如训练神经网络模型时，模型在训练数据上损失函数较小，预测准确率较高，而在测试数据上损失函数比较大，预测准确率较低。为了解决过拟合问题，AlexNet 使用了 Dropout 方法，即在模型训练阶段的前向传播中，让某一层或多层的神经元以一定的概率 p 停止工作，使得模型泛化性更强，不太过于依赖某些局部的特征。

Alex 简单的 PyTorch 实现如代码 7-2 所示。

代码 7-2　AlexNet 简单的 PyTorch 实现

```
class AlexNet(nn.Module):
  def __init__(self, num_classes=NUM_CLASSES):
    super(AlexNet, self).__init__()
    self.features = nn.Sequential(
```

```
            nn.Conv2d(3, 64, kernel_size=3, stride=2, padding=1),
            nn.ReLU(inplace=True),
            nn.MaxPool2d(kernel_size=2),
            nn.Conv2d(64, 192, kernel_size=3, padding=1),
            nn.ReLU(inplace=True),
            nn.MaxPool2d(kernel_size=2),
            nn.Conv2d(192, 384, kernel_size=3, padding=1),
            nn.ReLU(inplace=True),
            nn.Conv2d(384, 256, kernel_size=3, padding=1),
            nn.ReLU(inplace=True),
            nn.Conv2d(256, 256, kernel_size=3, padding=1),
            nn.ReLU(inplace=True),
            nn.MaxPool2d(kernel_size=2),
        )
        self.classifier = nn.Sequential(
            nn.Dropout(),
            nn.Linear(256 * 2 * 2, 4096),
            nn.ReLU(inplace=True),
            nn.Dropout(),
            nn.Linear(4096, 4096),
            nn.ReLU(inplace=True),
            nn.Linear(4096, num_classes),
        )

    def forward(self, x):
        x = self.features(x)
        x = x.view(x.size(0), 256 * 2 * 2)
        x = self.classifier(x)
        return x
```

（3）GoogLeNet

2014 年，谷歌团队提出了 GoogLeNet，也就是 Inception v1，并赢得了当年 ILSVRC 挑战赛的冠军。Inception 模块是 GoogLeNet 架构的基本构建块，如图 7-1 所示。它旨在处理多尺度特征，计算效率高。Inception 模块的结构由多个并行分支组成，每个分支具有不同的网络架构以捕获不同规模的特征。典型的 Inception 模块由以下分支组成：一个 1×1 的卷积分支，从输入中提取高维特征；一个 3×3 卷积分支，从输入中提取空间特征；一个 5×5 的卷积分

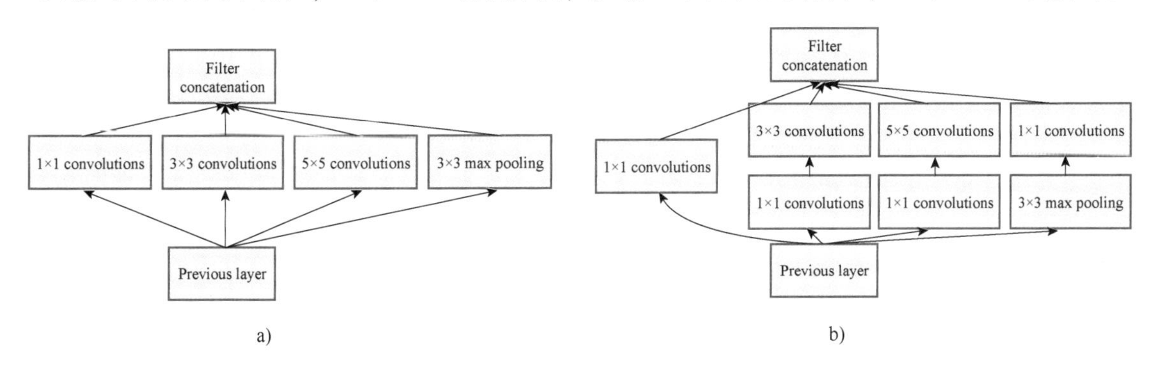

● 图 7-1 Inception 模块

a）简单的 Inception 模块 b）维度减少的 Inception 模块

支，从输入中提取更大的空间特征；一个池分支，它对输入进行下采样并提取摘要信息。所有的分支都沿着深度维度连接起来，输出被组合起来形成最终的特征表示。Inception 模块减少了参数数量和计算量，使网络更高效且不易过拟合。Inception 模块已被证明在各种计算机视觉任务中是有效的，并且在最近的许多深度学习模型中被广泛采用。

随后，Inception v2，v3 和 v4 也被陆续提出。其中，Inception v2 主要提出了 Batch Normalization 方法，如算法 7-1 所示，来解决作者所指出的训练神经网络时遇到的 Internal Covariate Shift 问题，具体来说，神经网络的第 n 层输入就是第 $n-1$ 层的输出，在训练过程中，每训练一轮参数更新，都会导致对于相同的输入，第 $n-1$ 层的输出不一样，这就导致第 n 层的输入也不一样。BN 模块使得训练神经网络时的收敛时间更短。

Inception v3 提出了神经网络结构的设计和优化思路，并改进了 Inception 模块。首先，它用两个 3×3 的卷积代替了原有的 5×5 卷积；第二点，它将 $n\times n$ 的卷积核替换成 $1\times n$ 和 $n\times 1$ 的卷积核堆叠，如此一来，大大节约了参数量（计算量），提高了模型的表达能力，丰富了特征空间。Inception v4 是在 ResNet 成功之后，结合其残差的思想，提出了 Inception-ResNet v1 和 Inception-ResNet v2，有兴趣的读者可以阅读原始的论文。

算法 7-1　Batch Normalization
输入：x mini 批量的数据：$B=\{x_1,x_2,\cdots,x_m\}$，参数：γ 和 β
输出：$y=BN(B)=\{y_1,y_2,\cdots,y_m\}$
$\mu_B \leftarrow \frac{1}{m}\sum_{i=1}^{m} x_i$ $\sigma_B \leftarrow \frac{1}{m}\sum_{i=1}^{m}(x_i-\mu_B)^2$ $\hat{x}_i \leftarrow \frac{x_i-\mu_B}{\sqrt{\sigma_B^2+\varepsilon}}$ $y_i \leftarrow \gamma\hat{x}_i+\beta$

（4）ResNet

深度残差网络（Deep Residual Network，ResNet）的提出无疑是计算机视觉历史上一件里程碑事件。ResNet 在 2015 年的 ILSVRC 挑战赛和 COCO 挑战赛上取得了非凡的成绩：ImageNet 检测和定位的冠军、COCO 检测和分割的冠军，一度将神经网络扩大至 152 层，在 ImageNet 测试集上只有 3.57%的错误率。作者何恺明也因此获得 CVPR2016 的最佳论文奖。

随着神经网络模型深度的增加，可以进行更加复杂的特征提取，理论上模型应该有更好的表现，但是更深的网络其性能就一定会更好吗？何恺明通过实验发现深度网络出现了退化问题（Degradation Problem），即随着神经网络深度的不断增加，模型的准确度会出现饱和，甚至出现下降。在实验中，不管是在测试集还是训练集上，56 层的神经网络比 20 层表现更差，因此这并不是简单的过拟合现象。可能的原因就是，训练神经网络模型的难度随着深度的增加而增加，比如梯度消失或者爆炸的问题在更深的神经网络模型中更容易出现。

何恺明等人提出了利用残差学习来解决模型退化问题。假设神经网络的某一层输入为 x，目标拟合的函数为 $H(x)$，以前通过这一层的参数得到的映射 $F(x)$ 能够近似 $H(x)$；残差网络目标所拟合的函数为 $H(x)=F(x)+x$，通过这样的学习方式，当残差为 0 时，此时堆积层仅仅做了恒等映射（如图 7-2 所示），至少网络性能不会下降，实际上残差不会为 0，这也会使得堆积层在输入特征基础上学习到新的特征，从而拥有更好的性能，相比原始特征直接学习更容易。

ResNet 的残差模块（如图 7-2 所示）主要有两种：基础模块（左）和瓶颈模块（右）。基础模块的主干包括两个 3×3 的卷积层堆叠，瓶颈模块的主干包括 1×1、3×3 和 1×1 的卷积层堆叠。

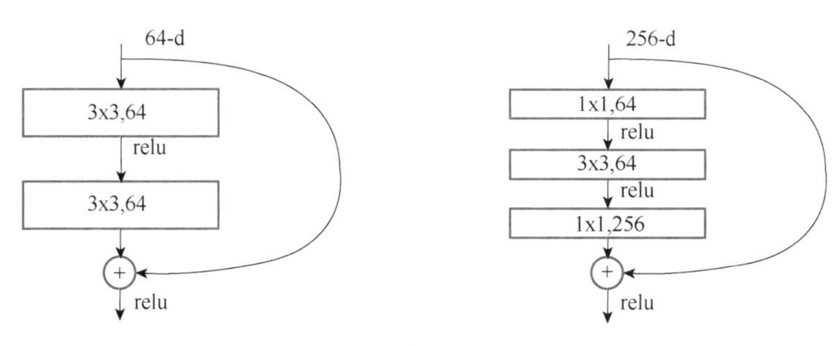

● 图 7-2　残差神经网络模块

ResNet 简单的 PyTorch 实现如代码 7-3 所示。

代码 7-3　ResNet 简单的 PyTorch 实现

```
def conv3x3(in_planes, out_planes, stride=1):
  # 3x3 convolution with padding
  return nn.Conv2d(in_planes, out_planes, kernel_size=3, stride=stride, padding=1, bias=
False)

class BasicBlock(nn.Module):
  expansion = 1

  def __init__(self, inplanes, planes, stride=1, downsample=None):
    super(BasicBlock, self).__init__()
    self.conv1 = conv3x3(inplanes, planes, stride)
    self.bn1 = nn.BatchNorm2d(planes)
    self.relu = nn.ReLU(inplace=True)
    self.conv2 = conv3x3(planes, planes)
    self.bn2 = nn.BatchNorm2d(planes)
    self.downsample = downsample
    self.stride = stride

  def forward(self, x):
    residual = x

    x = self.conv1(x)
    x = self.bn1(x)
    x = self.relu(x)

    x = self.conv2(x)
    x = self.bn2(x)
```

```
    if self.downsample is not None:
      residual = self.downsample(x)

    x += residual
    x = self.relu(x)

    return x

class Bottleneck(nn.Module):
  expansion = 4

  def __init__(self, inplanes, planes, stride=1, downsample=None):
    super(Bottleneck, self).__init__()
    self.conv1 = nn.Conv2d(inplanes, planes, kernel_size=1, bias=False)
    self.bn1 = nn.BatchNorm2d(planes)
    self.conv2 = nn.Conv2d(planes, planes, kernel_size=3, stride=stride, padding=1, bias=
False)
    self.bn2 = nn.BatchNorm2d(planes)
    self.conv3 = nn.Conv2d(planes, planes * 4, kernel_size=1, bias=False)
    self.bn3 = nn.BatchNorm2d(planes * 4)
    self.relu = nn.ReLU(inplace=True)
    self.downsample = downsample
    self.stride = stride

  def forward(self, x):
    residual = x

    x = self.conv1(x)
    x = self.bn1(x)
    x = self.relu(x)

    x = self.conv2(x)
    x = self.bn2(x)
    x = self.relu(x)

    x = self.conv3(x)
    x = self.bn3(x)

    if self.downsample is not None:
      residual = self.downsample(x)

    x += residual
    x = self.relu(x)

    return x

class ResNet(nn.Module):

  def __init__(self, block, layers, num_classes=10):
    self.inplanes = 64
    super(ResNet, self).__init__()
```

```
        self.conv1 = nn.Conv2d(3, 64, kernel_size=3, stride=1, padding=1, bias=False)
        self.bn1 = nn.BatchNorm2d(64)
        self.relu = nn.ReLU(inplace=True)
        self.layer1 = self._make_layer(block, 64, layers[0])
        self.layer2 = self._make_layer(block, 128, layers[1], stride=2)
        self.layer3 = self._make_layer(block, 256, layers[2], stride=2)
        self.layer4 = self._make_layer(block, 512, layers[3], stride=2)
        self.avgpool = nn.AvgPool2d(kernel_size=4)
        self.fc = nn.Linear(512 * block.expansion, num_classes)

        for m in self.modules():
          if isinstance(m, nn.Conv2d):
            n = m.kernel_size[0]* m.kernel_size[1]* m.out_channels
            m.weight.data.normal_(0, math.sqrt(2./ n))
          elif isinstance(m, nn.BatchNorm2d):
            m.weight.data.fill_(1)
            m.bias.data.zero_()

    def _make_layer(self, block, planes, blocks, stride=1):
        downsample = None
        if stride != 1 or self.inplanes != planes * block.expansion:
          downsample = nn.Sequential(
            nn.Conv2d(self.inplanes, planes * block.expansion, kernel_size=1, stride=stride,
bias=False),
            nn.BatchNorm2d(planes * block.expansion),
          )

        layers = []
        layers.append(block(self.inplanes, planes, stride, downsample))
        self.inplanes = planes * block.expansion
        for i in range(1, blocks):
          layers.append(block(self.inplanes, planes))
        return nn.Sequential(* layers)

    def forward(self, x):
        x = self.conv1(x)
        x = self.bn1(x)
        x = self.relu(x)

        x = self.layer1(x)
        x = self.layer2(x)
        x = self.layer3(x)
        x = self.layer4(x)

        x = self.avgpool(x)
        x = x.view(x.size(0), -1)
        x = self.fc(x)
        return x

def resnet18(** kwargs):
    return ResNet(BasicBlock, [2, 2, 2, 2], ** kwargs)
```

```
def resnet34(** kwargs):
  return ResNet(BasicBlock, [3, 4, 6, 3], ** kwargs)
def resnet50(** kwargs):
  return ResNet(Bottleneck, [3, 4, 6, 3], ** kwargs)
def resnet101(** kwargs):
  return ResNet(Bottleneck, [3, 4, 23, 3], ** kwargs)
def resnet152(** kwargs):
  return ResNet(Bottleneck, [3, 8, 36, 3], ** kwargs)
```

7.1.3 图像分类常用数据集

在 21 世纪初，人们逐渐形成了视觉数据集标记和注释的标准化实践。本小节将介绍经典的图像识别的数据集。

（1）MNIST

MNIST 数据集是最经典的数据集之一，可以比作机器学习的“Hello World”数据集，通常用于训练各种图像处理系统，并广泛用于机器学习领域的训练和测试。MNIST 数据集是一个大型的手写数字数据集，它在 1998 年被创建起来，作为美国国家标准技术研究所（NIST）的两个数据集的组合，一半来自高中生，一半来自美国人口普查局雇员。该数据集由一个包含 60000 个示例的训练集和一个包含 10000 个示例的测试集组成。MNIST 数据集中的图片（如图 7-3 所示）已被标准化，即每个像素的值介于 0 到 1 之间，图片的大小为 28×28，并且图片中的数字居中固定在图像中。

（2）SVHN

SVHN 是另一个比较大的且与数字识别相关的数据集（如图 7-4 所示），即街景门牌号码（Street View House Numbers）数据集，该数据集是摘自谷歌街景图像中的门牌号，其风格和 MNIST 数据集不同，图像中的数字裁剪得很小，但是包含了更大数量级的标记数据（超过 600000 位带有字符级边界框的 32×32 图像），用于更加困难的现实问题，比如识别自然场景图像中的字符数字，如 SVHN 数据集总共有 10 个类别，数字 1~9 对应标签 1~9，而 MNIST 数据集“0”的标签则为 10，它的训练集包含 73257 张图像，而测试集包含 26032 张图像。

● 图 7-3　MNIST 数据集

● 图 7-4　SVHN 数据集

（3）Fashion-MNIST

Fashion-MNIST 数据集（如图 7-5 所示）是一个服装领域迷你数据集。Fashion-MNIST 数据集与 MNIST 数据集有相同的图像大小、数据格式，以及训练和测试分割的结构：即由 10 个类别的 70000 种时尚产品的 28×28 灰度图像组成，每个类别有 7000 张图像，其中训练集有 60000 张图像，测试集有 10000 张图像。

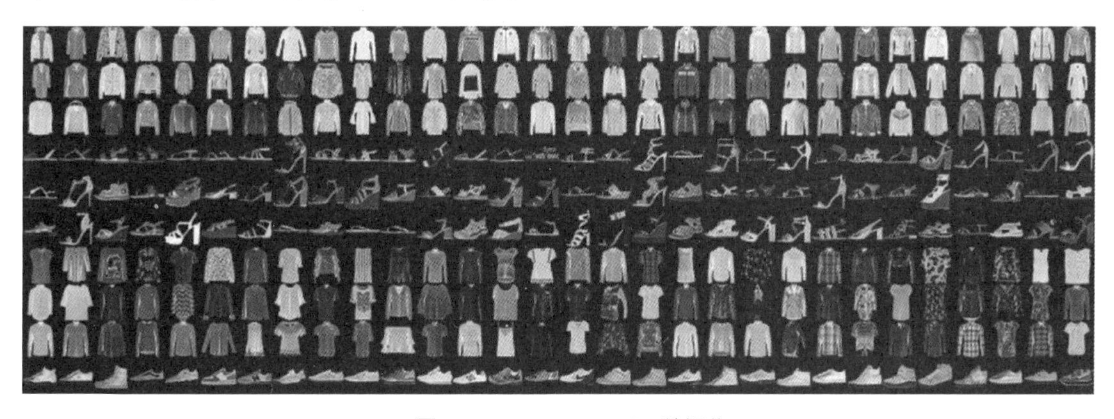

● 图 7-5 Fashion-MNIST 数据集

（4）CIFAR 数据集

另外两个比较常用的作为机器学习理论验证的数据集是 CIFAR-10（如图 7-6 所示）和 CIFAR-100，它们是 8000 万个微小图像组成的带标记的数据集的子集，由 Alex Krizhevsky、Vinod Nair 和 Geoffrey Hinton 等人收集和整理。CIFAR-10 数据集由 10 个类别（飞机、汽车、鸟、猫、鹿、狗、青蛙、马、船和卡车）的 60000 个 32×32 的 RGB 图像组成，每个类别包含 6000 个图像，即总共有 50000 个训练图像和 10000 个测试图像。和 CIFAR-10 类似，CIFAR-100 数据集除了有 100 个类，每个类包含 600 张图像，即每个类有 500 个训练图像和 100 个测试图像外，CIFAR-100 数据集中还有 20 个超类，每个超类有 5 个子类，总共 100 个

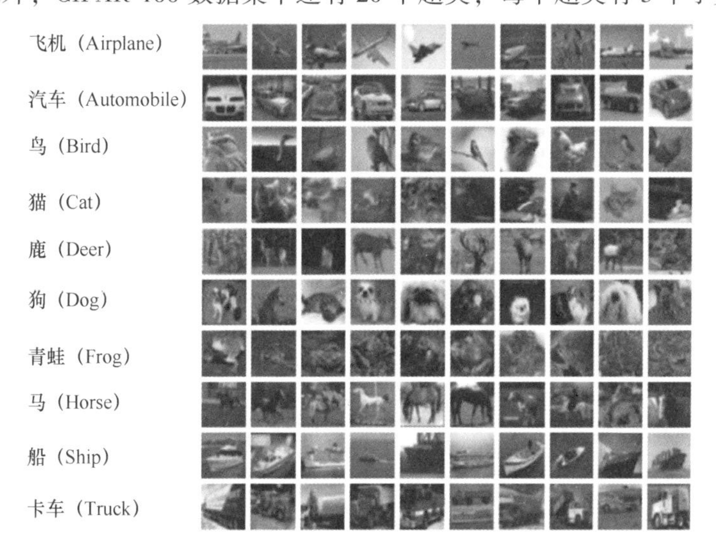

● 图 7-6 CIFAR-10 数据集

类，比如人这一超类包括婴儿、男孩、女孩、男人和女人 5 个细类。因此，CIFAR-100 数据集中的每个图像都带有一个“精细”标签（它所属的类和一个“粗略”标签）。

（5）ImageNet 数据集

众多公开的图像识别数据集中，最有名的当属 ImageNet 数据集（如图 7-7 所示）。它是目前世界上计算机视觉中图像识别任务最大的数据集，是美国斯坦福大学的华裔计算机科学家李飞飞带领创建的。当时还是伊利诺伊大学香槟分校计算机教授的她发现，整个学术圈和人工智能行业都在试图通过更好的算法来制定决策，但却并不关心数据。她意识到如果使用的数据无法反映真实世界的状况，即便是最好的算法也无济于事。于是，她在 2009 年发布了名为 ImageNet 的大规模层级结构的图像数据集和相关论文。

• 图 7-7　ImageNet 数据集

（6）CelebA 数据集

CelebA 数据集全称叫作 Celeb Faces Attributes 数据集（如图 7-8 所示），是由香港中文大学提供的，它包含来自 10177 位名人的 202599 张大小为 178×218 的人脸图像，每个图像都带有 40 个二进制标签，表示头发颜色、性别和年龄等面部属性，另外带有人脸边界框，以及 5 个人脸特征点坐标。它被广泛用于人脸相关的计算机视觉训练任务，比如人脸属性识别、人脸检测，以及 Landmark 标记等。

● 图 7-8　CelebA 数据集

7.2　目标检测

与图像分类、图像分割、运动估计、场景理解等其他任务一样，目标检测一直是计算机视觉中的基本问题。在过去几年中，虽然基于深度学习的方法取得了长足的进步，但仍有一些重大挑战需要克服。在现实生活应用中面临的一些关键挑战总结起来有如下三点：第一，类间差异，即属于同一类的实例之间的差别，这种差别本质上是相对普遍的，它可能是由于各种原因产生的，如遮挡、照明、姿势、视点等；第二，高质量的有标签的数据，深度学习方法还需要大量的高质量数据，这往往很难获得，如何使用更少的示例来训练检测器是一个开放的研究问题；第三，效率。当今的模型往往需要大量计算资源才能生成准确的检测结果，但是随着移动设备和边缘计算的普及，目标检测的效率成了进一步发展的重要因素。

7.2.1　目标检测模型的常用评价标准

目标检测模型常用的评价标准有：交并比、准确率、精度、召回率、FPR、F1-Score（F1 值）、PR 曲线-AP 值、ROC 曲线-AUC 值、mAP 值和 FPS。

（1）交并比（Intersection over Union，IoU）

IoU（Intersection-over-Union）是实际的边界框和预测的边界框之间的交集区域和并集区域的比率，即交并比，或称为交叠率，如图 7-9 所示。

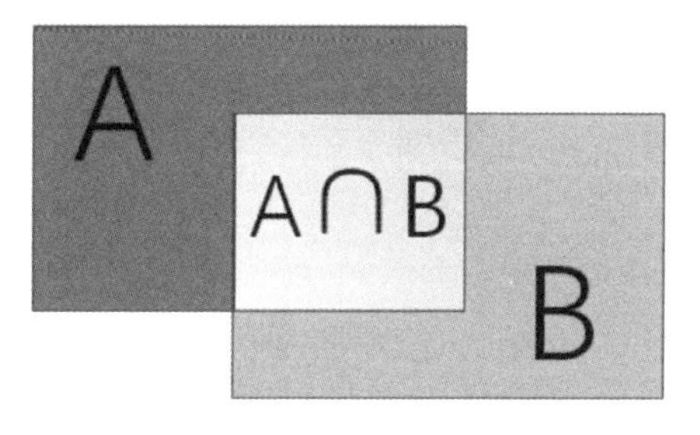

● 图 7-9　交并比 IoU 示意图

（2）准确率、精度、召回率/F1 值

这几个指标需要用到以下一些基本概念。

True positives（TP，真正）：预测为正，实际为正。

True negatives（TN，真负）：预测为负，实际为负。

False positives（FP，假正）：预测为正，实际为负。

False negatives（FN，假负）：预测为负，实际为正。

准确率（Accuracy）：$\frac{TP+TN}{TP+TN+FP+FN}$。

精度（Precision）：$\frac{TP}{TP+FP}$。

召回率（Recall）：$\frac{TP}{TP+FN}$。

F1 值（F1 Score）：$\frac{2 \cdot TP}{2 \cdot TP+FP+FN}$。

真阳率（TPR）：$\frac{TP}{TP+FN}$。

假阳率（FPR）：$\frac{FP}{FP+TN}$。

（3）PR 曲线-AP 值

模型精度、召回率、F1-Score 等值不能直观反映模型性能，因此就有了 PR 曲线-AP 值和 ROC 曲线-AUC 值。PR 曲线就是关于精度（Precision）和召回率（Recall）的曲线，以 Precision 为纵坐标，Recall 为横坐标，可绘制 PR 曲线。

如果模型的精度越高，且召回率越高，那么模型的性能自然也就越好，反映在 PR 曲线上就是 PR 曲线下面的面积越大，模型性能越好。我们将 PR 曲线下的面积定义为 AP（Average Precision）值，反映在 AP 值上就是 AP 值越大，说明模型的平均准确率越高。

（4）ROC 曲线-AUC 值

ROC 曲线就是关于假阳率（FPR）和真阳率（TPR）的曲线，以 FPR 为横坐标，TPR 为纵坐标，可绘制 ROC 曲线。当 TPR 越大，FPR 越小时，说明模型分类结果是越好的，反映在 ROC 曲线上就是 ROC 曲线下面的面积越大，模型性能越好。我们将 ROC 曲线下的面积定义为 AUC（Area Under Curve）值，反映在 AUC 值上就是 AUC 值越大，说明模型对正样本分类的结果越好。

（5）mAP

Mean Average Precision（mAP）是平均精度均值，具体指的是不同召回率下的精度均值。在目标检测中，一个模型通常会检测很多种物体，那么每一类都能绘制一个 PR 曲线，进而计算出一个 AP 值，而多个类别的 AP 值的平均就是 mAP。mAP 衡量的是模型在所有类别上的好坏，属于目标检测中一个最为重要的指标，一般看论文或者评估一个目标检测模型，都会看这个值，这个值（0~1 范围区间）越大越好。一般来说 mAP 是针对整个数据集而言的，AP 则是针对数据集中某一个类别而言的，而 Percision 和 Recall 是针对单张图片某一类别的。

（6）FPS

Frame Per Second（FPS）指的是模型一秒钟所能检测的图片数量，不同的检测模型往往会有不同的 mAP 和检测速度，目标检测技术的很多实际应用在准确度和速度上都有很高的要求，如果不衡量速度性能指标，只注重准确度表现的突破，其代价是更高的计算复杂度和更多内存需求，对于行业部署而言，可扩展性仍是一个悬而未决的问题。因此在实际问题中，通常需要综合考虑 mAP 和检测速度等因素。

7.2.2 目标检测的常用算法

目前，深度学习在目标检测方面主要有两大类型：One Stage 检测器和 Two Stage 检测器。前者直接进行边界框回归和物体分类，主要以 YOLO、SSD 等为代表；后者用某种算法获取物体所在的候选区域，然后对这块区域进行分类，以 Faster RCNN 等为代表。

（1）Two Stage 检测器

Two Stage 的算法主要以 R-CNN 系列算法为代表。包括 R-CNN（图 7-10a）、Fast R-CNN（图 7-10b）、SPP-Net、Faster R-CNN（图 7-10c）、FPN 等。

基于区域的卷积神经网络（Region-based Convolutional Neural Networks，R-CNN），它是将卷积神经网络引入目标检测的开山之作，大大提高了目标检测性能，同时也改变了目标检测领域的主要研究思路，紧随其后出现了一系列优秀的工作。R-CNN 的工作原理其实很简单，主要分为 4 个步骤。第一，候选区域生成：通过选择性搜索（Selective Search）算法将一张图像生成 1000~2000 个候选区域；第二，特征提取：对每个候选区域，使用深度卷积神经网络提取产生特征图；第三，分类：通过 SVM 分类器判别这些特征图属于哪一类；第四，位置精修：使用回归器精细修正候选框位置。

2015 年，何恺明提出使用空间金字塔池（Spatial Pyramid Pooling，SPP）层来处理任意大小或纵横比的图像。他们意识到卷积神经网络只有全连接部分需要固定输入。SPP-Net 将卷积神经网络的卷积层移到了区域建议（Region Proposal）模块之前，并添加了一个池化层，从而使卷积神经网络与图像大小/纵横比例无关，并大大减少了计算量。它依旧使用选择性搜索算法生成候选窗口，特征图是将输入图像通过 ZF-5 神经网络的卷积层获得的，然后将候选窗口映射到特征图，随后通过金字塔池化层将其转换为固定长度的向量表示，最后这个向量被传递给全连接层，最终被传递给 SVM 分类器来预测类别。

同一年，R-CNN 的作者 Ross B.Girshick 又提出了 Fast R-CNN，它的主要贡献在于提出了一种目标检测端对端（End-to-end）的训练方法，此前的 R-CNN 和 SPP-Net、区域建议提取、特征图提取、分类器等 Pipeline 都是相互独立的，这种方法上的创新也使 Fast R-CNN 不仅在预测性能上超过之前的模型，也在运行效率上远远超过其他模型。它将图片作为输入，通过选择性搜索算法生成候选框提议，同时通过卷积神经网络得到特征图，再将候选框映射到特征图中，再通过 ROI 池化层代替了 SPP-Net 中的空间金字塔结构把不同尺寸的 ROI 映射为固定大小的特征，最后通过分类器和回归器判断类别和修正边界框位置。

经过 R-CNN 和 Fast R-CNN 的积淀，Ross B.Girshick 又在 2016 年提出了 Faster R-CNN。在结构上，Faster R-CNN 首先使用一组基础的卷积层、ReLU 层和池化层组合提取图像的特征图，这个特征图被用于后续区域建议网络（Region Proposal Network，RPN）和感兴趣区域池化（Region of Interest Pooling，ROI Pooling）层。Faster R-CNN 将特征抽取、区域建议提取、边界框回归和分类进一步整合在一个网络中，这样一来不但在综合性能上有所提高，而且在检测速度方面也有明显的进步。

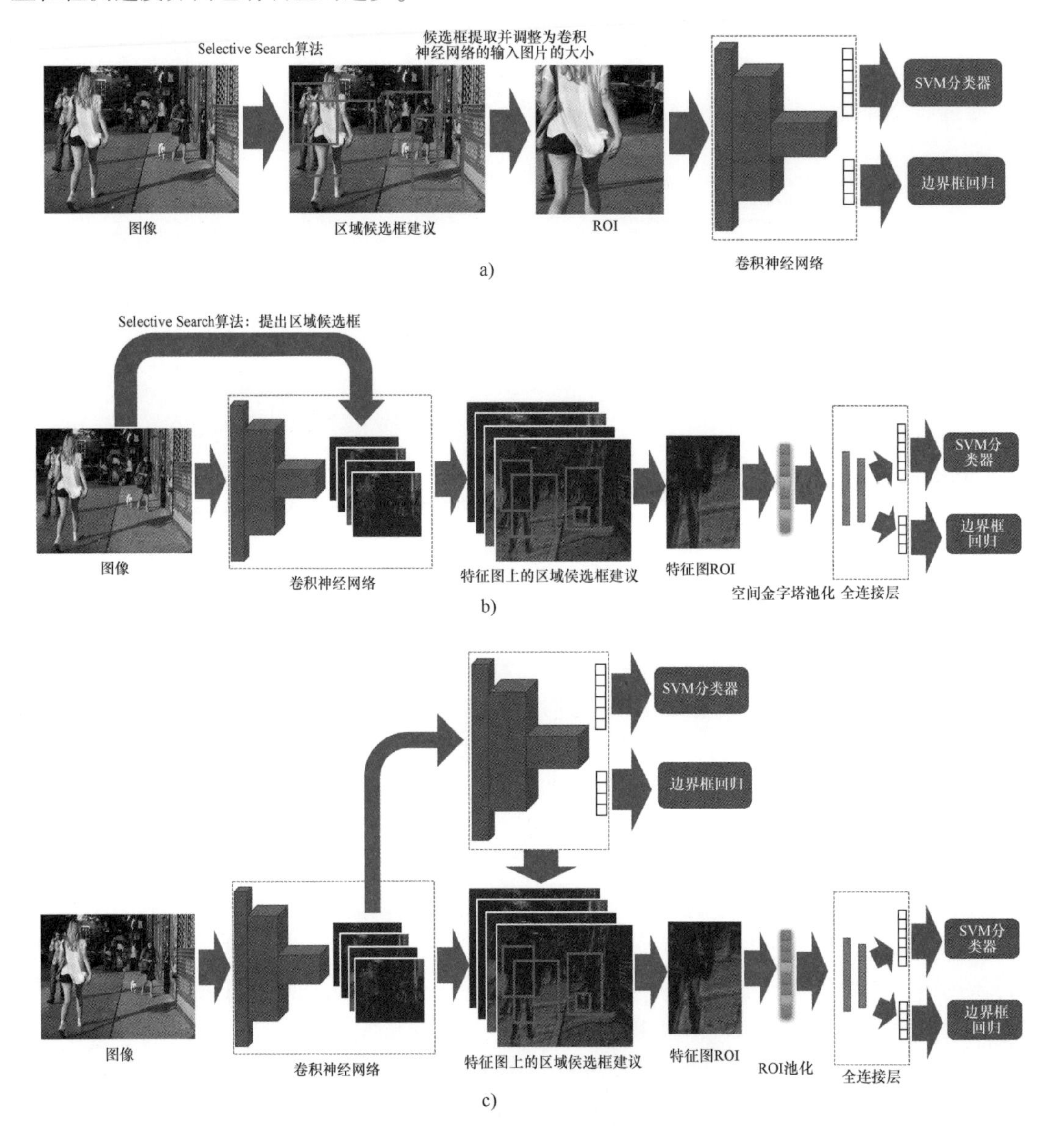

• 图 7-10　对象检测的 Two-Stage 方法总结

a）R-CNN 结构　b）Fast R-CNN 结构　c）SPP-Net、Faster R-CNN 结构

后来特征金字塔网络（Feature Pyramid Network，FPN）被提出，它使用图像金字塔获得多层次的特征金字塔（或特征化图像金字塔），主要是为了提高对小物体检测的能力。

（2）One Stage 检测器

之前介绍了在结构上，Two-Stage 算法有生成区域提议的步骤，然后对其进行预测和分类；而 One-Stage 则是直接对预测框进行回归和分类预测。如图 7-11 所示，One-Stage 算法主要以 You Only Look Once（YOLO）和 Single Shot MultiBox Detector（SSD）为主要代表。一般来说，Two-Stage 算法具有高定位和识别准确性，而 One-Stage 则有速度上的优势。

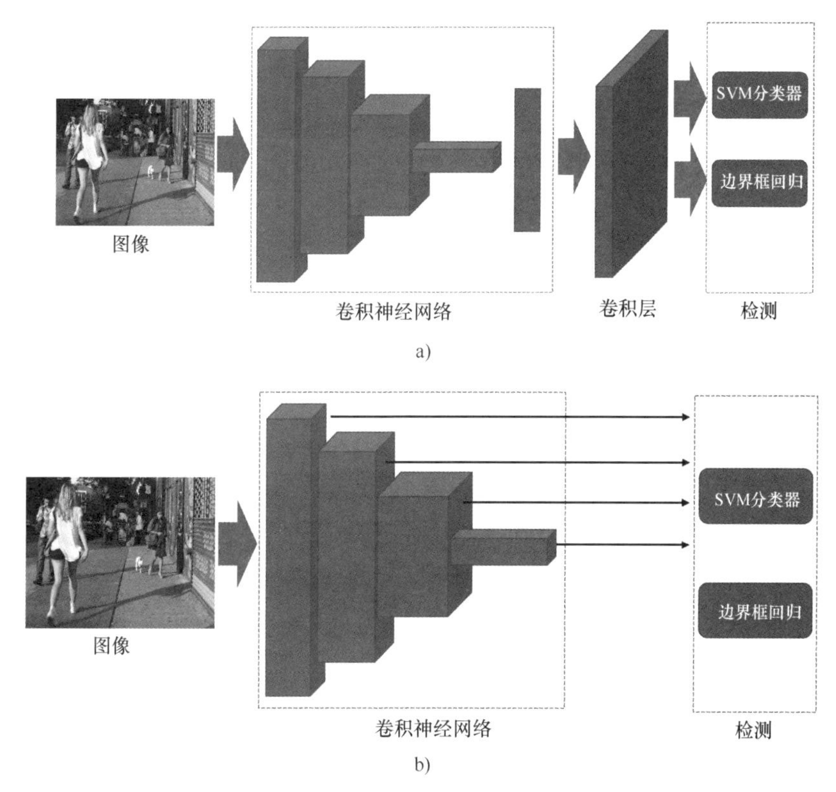

图 7-11 对象检测的 One-Stage 方法总结
a）YOLO 结构 b）SSD 结构

在 YOLO 中，输入图像被划分为一个 S×S 的网格，物体中心所在的单元格负责检测它。一个网格单元预测多个边界框，每个边界框预测包括了一个由 5 个元素组成的数组：边界框的中心 x 和 y，边界框的大小 w 和 h，以及置信度分数（Confidence Score）。YOLO 的灵感主要来自图像分类的 GoogLeNet 模型，使用较小卷积网络的级联模块。YOLO 先在 ImageNet 数据集上进行预训练，直到模型达到较高的精度，然后通过添加随机初始化的卷积和全连接层进行修改。在训练时，网格单元只预测一个类别，因为这样它的收敛效果会更好，但在推理阶段，网格单元预测的类别数量会增加。为了优化模型，YOLO 使用了多任务损失函数，即将所有预测内容的误差组合起来的损失函数，并且使用非最大抑制（Non Maximum Suppression，NMS）删除特定类别的多重检测。YOLO 在准确性和速度上都以巨大的优势超越了当时的 One-Stage 模型。然而它也有明显的缺点：小型或聚集对象的定位精度和每个单元格对象数量的限制。这些问题在之后的 YOLO 版本中得到了改进，如 YOLO9000、YOLO v3、YOLO v4 等。

另一个经典的 One-stage 算法就是 SSD，它是第一个可以和 Faster R-CNN 等当时的 Two-stage 算法精度比较的，同时保持速度优势的算法。SSD 基于 VGG-16 网络模型，通过额外的辅助结构来提高性能。这些添加到模型末尾的辅助卷积层逐渐减小特征图的大小。当图像特征不太粗糙时，SSD 在网络中较早地检测到较小的对象，而较深的层负责默认边界框的偏移和纵横比的偏移。在训练期间，SSD 将每个真实的边界框与具有最佳重叠（Jaccard Score）的默认边界框匹配，并相应地训练网络，类似于 Multibox。由于图像中的实例数量往往不多，很有可能会出现正负样本不均衡的问题，SSD 使用了 hard negative mining 方法和大量数据增强。此外，它利用定位和置信度损失的加权和来训练模型，最后通过非最大抑制获得最终输出。尽管 SSD 比 YOLO 和 Faster R- CNN 等最先进的网络模型明显更快、更准确，但它在检测小物体方面存在困难。这个问题后来通过使用更好的骨干架构（如 ResNet）和其他方法解决。

7.2.3 目标检测的常用数据集

目标检测通常被视为一个有监督的学习问题，当前流行的基于深度学习的目标检测算法需要大量标记图像进行训练。本小节将介绍几个可用于目标检测模型预训练的公开数据集。

- Pascal 视觉对象类别挑战赛（Pascal Visual Object Classes，简称 Pascal VOC）是一项旨在加速视觉感知领域发展的赛事。它始于 2005 年，包含对 4 个类别物体的图片进行分类和检测任务，但该挑战的两个版本主要用作标准基准。Pascal VOC 2007 挑战赛有 5000 个训练图片和超过 12000 个标记的对象，Pascal VOC 2012 挑战赛则将它们增加到 11000 个训练图片和超过 27000 个标记的对象，对象类也扩展到 20 个类别，还包括图像分割和动作检测等任务。Pascal VOC 引入了 0.5 IoU 的平均精度均值（mAP）来评估模型的性能。
- ImageNet 大规模视觉识别挑战赛（ImageNet Large Scale Visual Recognition Challenge，ILSVRC）是从 2010 年到 2017 年举办的一年一度的挑战赛，几乎成为评估计算机视觉算法性能的标准。在上一节，我们介绍了 ImageNet 数据集，它的数据规模包括由 1000 个类别组成的超过 100 万张图像，其中 200 个类是为目标检测任务精心挑选的，由超过 50 万张图像组成，均来自 ImageNet 和 Flikr。
- MS COCO 数据集（Microsoft Common Objects in Context）是 2015 年由微软团队提供的一个可以用来进行图像识别的数据集，它是目前最具挑战性的可用数据集之一。该数据集包含 91 个在自然环境中发现的常见物体，它有超过 200 万个实例，每张图片平均有 3.5 个类别，7.7 个实例。此外，MS COCO 也包含来自不同视角拍摄的图像。

7.3 图像分割

图像分割是对图像中的每个像素加标签的过程，这一过程使得具有相同标签的像素具有某种共同视觉特性。它的目的是简化或改变图像的表示形式，使得图像更容易理解和分析。

7.3.1 图像分割分类

图像分割又可以分为语义分割（Semantic Segmentation）、实例分割（Instance Segmentation）和全景分割（Panoptic Segmentation）等，如图 7-12 所示。语义分割就是需要区分到图中每一个像素点属于哪一类别，但不区别不同实例；实例分割则是要识别每个实例所在的像素；跟实例分割不同的是，全景分割是对图中的所有物体，包括背景都要进行检测和分割。

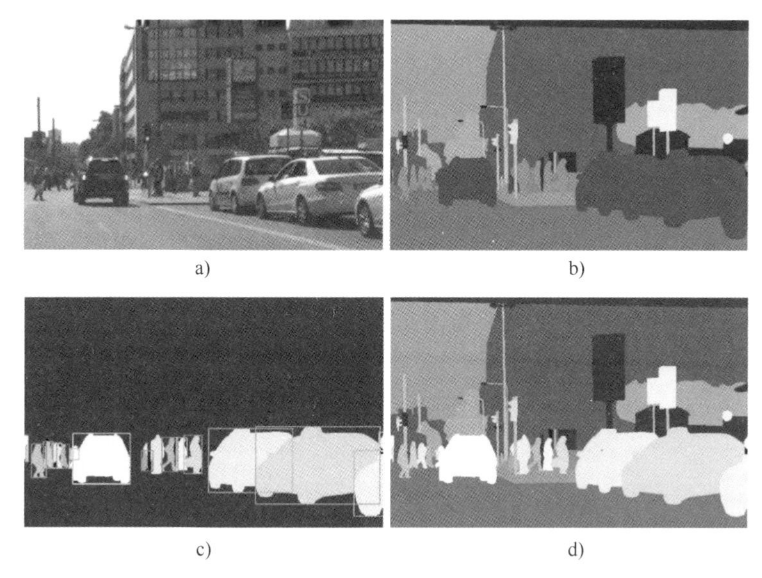

图 7-12 不同类型的图像分割

a）图像 b）语义分割 c）实例分割 d）全景分割

7.3.2 图像分割数据集

对于深度学习来说，有标记的数据的质量和数量会严重影响模型的性能。构建一个大型的实例分割数据集是一件需要大量人力和时间的事情。与目标检测的边界框注释相比，实例分割的实例注释需要大约 15 倍的时间。为了促进实例分割的研究，一些机构已经公开了自己的实例分割数据集。这些数据集也包括之前介绍的 Pascal VOC 和 MS COCO（图 7-13）目标检测、语义分割等数据集。它们的主要类别包括街景、自然场景、病理图像、人类和常见物体等。为了提高模型等性能，常常将模型在这些数据集上进行预训练。

图 7-13 MS COCO 数据集图片示例

微软的 COCO 数据集（Microsoft Common Objects In Context）是一个大规模的数据集，被广泛用于图像分类、物体检测、语义分割和实例分割[⊖]。它包含 328000 张图像中的 250 万

⊖ https：//cocodataset.org/

个标记实例和 91 个对象类别，其中 80 个用于实例分割。COCO 的图像是从日常生活场景中采集的。由于这个数据集的规模很大，它已经逐渐成为一个广泛使用的标准，用于实例分割比赛和模型评估。到目前为止，COCO 数据集有两个流行的版本：COCO 2014 和 COCO 2017。这两个版本的区别在于数据集的划分：COCO 2014 提供了超过 8.3 万张图像用于训练，4.1 万张图像用于验证，4.1 万张图像用于测试；而 COCO 2017 数据集有 11.8 万张训练图像，5000 张验证图像和 4.1 万张测试图像。

Pascal Visual Object Classes（VOC）挑战数据集是图像分类、目标检测和图像分割的标准，例如图 7-14 是语义分割的示例图片。这项挑战的主要目标是识别现实场景中的物体，并为实例分割方法评估提供了一个开放的在线评估服务器，使用 1456 张未公开的测试图像，其注释没有公开。Pascal VOC 数据集包含 21 个物体类别，可以分为人（Person）、动物（鸟、猫、牛、狗、马和羊）、交通工具（飞机、自行车、船、公共汽车、汽车、摩托车和火车）、室内（瓶子、椅子、餐桌、盆栽、沙发和电视/显示器）和背景（除上述类别外），训练集图片和验证集图片的数量分别为 1464 和 1449。

• 图 7-14　PASCAL VOC 数据集图片和像素级注释的示例

Cityscapes 数据集是一个用于语义城市场景理解的标准：语义级、实例级和全景级分割，也是自动驾驶领域常用到的训练、验证以及测试模型的主要数据集之一。该数据集包含了经过人工选择的，从 50 个白天的欧洲城市拍摄的，丰富的城市场景图像。Cityscapes 中的图像有三个特点：众多的物体、不同的场景布局和不同的背景，总共有 5000 张高质量的像素级注释图像，包括 2975 张训练图像、500 张验证图像和 1525 张测试图像。其中，实例分割任务包含 8 个物体类别：人、骑手、汽车、卡车、公共汽车、火车、摩托车和自行车（如图 7-15 所示）。

• 图 7-15　Cityscapes 图像分割示例⊖

KITTI 数据集是自动驾驶领域的另一个有意义的标准，是从德国卡尔斯鲁厄及其周边地区通过一个移动平台上采集的。尽管这个数据集在视觉测距、三维物体检测和三维物体跟踪

⊖ https：//www.cityscapes-dataset.com/dataset-overview/

方面很受欢迎，但它在开始时并不包括实例分割的标签。后来一些研究人员根据自己的需要完成了掩码标记的任务。例如 KITTI 汽车分割是最具代表性的子集，它包含 3172 张训练图像、120 张验证图像和 144 张测试图像。

7.3.3 语义分割

语义分割可以理解成像素级别的图像分类，在地理信息系统、医学影像、自动驾驶、机器人等领域有着很重要的应用技术支持作用，具有十分重要的研究意义。

在深度学习方法流行之前，比较常用的语义分割的算法是 TextonForest 和基于随机森林等。不过在深度卷积网络流行之后，基于深度学习的语义分割方法和传统方法相比，在分割的效果和性能上有很大的优势。最初应用于图像分割的深度学习方法就是 Patch Classification。Patch Classification 方法就是将分割成小块的图像输入深度学习网络模型，然后对像素进行分类，然而这类算法要求图像固定大小，在效果和速度上都有着一定的局限。

Jonathan Long 在 2015 年提出的全卷积神经网络（Fully Convolutional Networks，FCN）可以说是深度学习方法在语义分割任务上最具有历史性的模型。它在 Pascal VOC 2012 语义分割测试集上取得了 62.2%的平均 IoU（相对于与第二名提高了 20%），也在 NYUD v2 和 SIFT Flow 数据集上成为当时最先进的模型之一，同时它对普通图片的推理时间不到五分之一秒。如图 7-16 所示，全卷积神经网络的主要亮点就是将普通卷积神经网络最后的几个全连接层用卷积层取代，通过下采样操作（比如池化），可以扩大感受野，因而能够很好地整合上下文信息，再通过上采样操作（比如双向线性插值），不断还原成与原图同样大小且通道数等于类的数量的张量，最后在每个像素上通过 Softmax 函数得到该像素为对应类别的概率。因此 FCN 的输入图片可以是任意大小。然而，FCN 的下采样操作也有一定的缺点，比如它使得分辨率降低，因此削弱了位置信息。

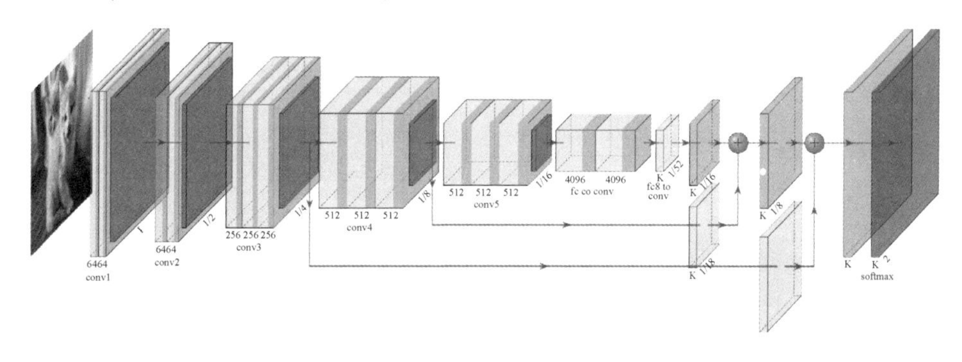

● 图 7-16　全卷积神经网络结构示意图

后来 Encoder-Decoder 结构开始在处理医学图像的语义分割模型中流行，最有代表性的是 U-Net。U-Net 也是基于 FCN 的架构（如图 7-17 所示），通过 Encoder 逐渐减少空间维度，Decoder逐渐恢复空间维度和细节信息，通常从 Encoder 到 Decoder 中间跨层连接。

为了解决下采样操作导致的位置信息的削弱，DeepLab 被提出，它使用空洞卷积（Dilated/Atrous Convolution）结构代替了池化层和步长超过 1 的卷积层，因为空洞卷积一方面可以保持空间分辨率，另一方面由于它可以扩大感受野，因而可以很好地整合上下文信息。除此之外，DeepLab 还使用了条件随机场（Conditional Random Fields，CRF）对分割结果进行后处理，提高改善分割的效果。

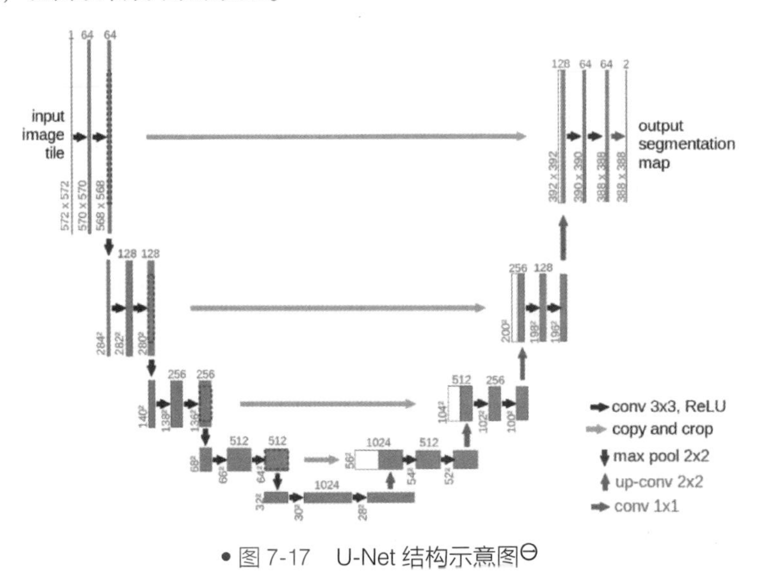

• 图 7-17　U-Net 结构示意图[⊖]

与语义分割不同，实例分割还需要区分不同的实例。如果一张照片中有多个人，对于语义分割来说，只要将所有人的像素归为一类即可，但是实例分割还要将不同人的像素归为不同的类。也就是说，实例分割比语义分割更进一步。

7.3.4　实例分割常用的算法

目前，实例分割比较常用的算法主要可以分为两类（如图 7-18 所示）：自上而下型和自下而上型。自上而下型的算法首先为每个物体预测一个边界框，然后在每个边界框内生成一

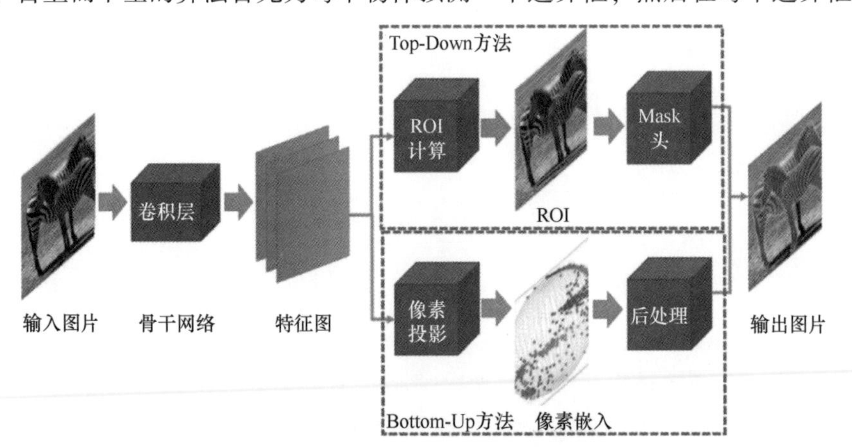

• 图 7-18　自上而下型和自下而上型的实例分割算法总结

⊖ https://lmb.informatik.uni-freiburg.de/people/ronneber/u-net/

个实例掩码，即判断边界框内的像素属于物体还是背景。这种类型的算法主要以 Mask-RCNN 为代表，在很大程度上依赖于边界框的检测结果，并且容易在重叠的实例上出现系统性的假象；自下而上型的算法将像素级投影与每个物体实例联系起来，并采用后处理程序来区分每个实例，例如嵌入投影（Embedding Projection）和像素级聚类（Pixel-Level Clustering）等，这种类型的算法依赖于后处理的性能，并且往往会出现分段不足或过度的问题，目前在神经细胞分割领域，Cellpose 提出了一种新颖的通过流场追踪的方法，就是基于第二个类型的概念。

7.4　联邦学习图像识别非独立同分布数据实验

本节通过一个联邦学习在计算机视觉领域的简单案例进行实验。通过这个实验，加深对数据的引入、模型的配置、结果的分析等环节的认识。

7.4.1　实验描述

本案例通过联邦学习训练一个简单的卷积神经网络，用于识别数字 0~9，如图 7-19 所示。

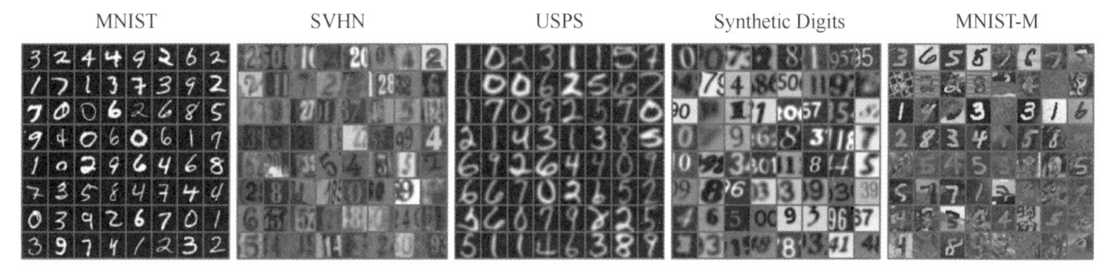

● 图 7-19　不同的数字数据集：MNIST、SVHN、USPS、Synthetic Digits 和 MNIST-M

数据非同质化分布，也就是统计上的非独立同分布，是导致模型性能下降的主要原因。对于监督学习，主要有 5 种数据非同质化分布的形式，根据贝叶斯定理 $P(X,Y)=P(X|Y)P(Y)=P(Y|X)P(X)$：特征分布不同，标签分布不同，相同特征不同标签，相同标签不同特征，以及数量不平衡。本次主要模拟特征分布的不同情景。使用 5 个不同的数字数据集：MNIST、SVHN、USPS、Synthetic Digits 和 MNIST-M 数据集，如图 7-19 所示。这些数据集分别包含一个训练集和测试集，其中训练集包含 60000、73257、7291、479400 和 60000 张标记的数字图片，测试集包含 10000、26032、2007、9553、10000 张标记的数字图片。

7.4.2　实验过程

使用 PyTorch 提供的 torchvision.datasets 接口下载 MNIST、SVHN、USPS 数据集。而 Synthetic Digits 和 MNIST-M 数据集，则通过以下代码下载㊀，最主要的是基于 torchvision.datasets 的 VisionDataset 类实现 PyTorch 数据集的__len__(self)和__getitem__(self,index)的接口，

㊀ https://github.com/liyxi/synthetic-digits 和 https://github.com/liyxi/mnist-m。

得到数据集的大小，以及该索引的数据。完整的下载代码如下，通过“--dataset”选项选择要下载的数据集，默认下载所有数据集（如代码 7-4 所示）。

代码 7-4 配置数据集

```
import os.path as osp
import torchvision
from .synthetic_digits import SyntheticDigits
from .mnistm import MNISTM
import argparse
data_dir = "path/to/data"
def download_mnist():
  trainset_mnist = torchvision.datasets.MNIST(root=osp.join(data_dir, 'MNIST'), train=
True, download=True)
  testset_mnist = torchvision.datasets.MNIST(root=osp.join(data_dir, 'MNIST'), train=
False, download=True)
def download_svhn():
  trainset_svhn = torchvision.datasets.SVHN(root=osp.join(data_dir, 'SVHN'), split=
"train", download=True)
  testset_svhn = torchvision.datasets.SVHN(root=osp.join(data_dir, 'SVHN'), split="test",
download=True)
def download_usps():
  trainset_usps = torchvision.datasets.USPS(root=osp.join(data_dir, 'USPS'), train=True,
download=True)
  testset_usps = torchvision.datasets.USPS(root=osp.join(data_dir, 'USPS'), train=False,
download=True)
def download_synthetic_digits():
  trainset_synthetic_digits = SyntheticDigits(root=osp.join(data_dir, 'SyntheticDigits'),
train=True, download=True)
  testset_synthetic_digits = SyntheticDigits(root=osp.join(data_dir, 'SyntheticDigits'),
train=False, download=True)
def download_mnistm():
  trainset_mnistm = MNISTM(root=osp.join(data_dir, 'MNISTM'), train=True, download=True)
  testset_mnistm = MNISTM(root=osp.join(data_dir, 'MNISTM'), train=False, download=True)

if __name__ == '__main__':
  parser = argparse.ArgumentParser(description="PyTorch Download Data Sets")
  parser.add_argument('--
dataset', type=str, default="all", help='dataset', choices=["all", "mnist", "svhn",
"usps", "synth", "mnistm"])
  args = parser.parse_args()
  if args.dataset == "mnist":
    download_mnist()
  elif args.dataset == "svhn":
    download_usps()
  elif args.dataset == "usps":
    download_usps()
  elif args.dataset == "synth":
    download_synthetic_digits()
  elif args.dataset == "mnistm":
    download_mnistm()
```

```
else:
  download_mnist()
  download_usps()
  download_usps()
  download_synthetic_digits()
  download_mnistm()
```

接下来将通过 Flower 框架实现本次的联邦学习实验。

在服务器端需要定义分布式环境、训练的超参数，以及通信聚合后的模型性能评估函数，并开启联邦学习服务（如代码 7-5 所示）。

代码 7-5 启动 Flower 服务器

```
import flwr as fl
if __name__ == "__main__":
  strategy = fl.server.strategy.FedAvg(
    min_fit_clients=5,
    min_evaluate_clients=5,
    min_available_clients=5,
  )
  fl.server.start_server(
    server_address="[::]:8000",
    config=fl.server.ServerConfig(num_rounds=50),
    strategy=strategy,
  )
```

在客户端，首先通过一个名为 DataSplit 的类包裹 PyTorch 的 torch.utils.data 中的 DataSet 类，从而得到特定数量的随机子集（如代码 7-6 所示）。

代码 7-6 DataSplit 类

```
class DatasetSplit(Dataset):
  def __init__(self, dataset, idxs):
    self.dataset = dataset
    self.idxs = list(idxs)
  def __len__(self):
    return len(self.idxs)
  def __getitem__(self, item):
    image, label = self.dataset[self.idxs[item]]
    return image, label
```

对于 SVHN、USPS 和 SyntheticDigits 数据集，需要对其数据进行大小调整；而对于 MNIST 和 USPS 数据集，则需要将它们的通道设置为 3；最后进行 ToTensor( ) 和 Normalize((0.5, 0.5, 0.5), (0.5, 0.5, 0.5)) 的转换，以 USPS 为例，具体代码如下（如代码 7-7 所示）。

代码 7-7 Pytorch 数据集

```
import numpy as np
import os.path as osp
import torchvision
import torchvision.transforms as transforms
num_total_usps = 73257
data_dir = "path/to/data"
  transform_usps = transforms.Compose([
```

```
    transforms.Resize([28, 28]),
    transforms.Grayscale(num_output_channels=3),
    transforms.ToTensor(),
    transforms.Normalize((0.5, 0.5, 0.5), (0.5, 0.5, 0.5))
])
def get_dataloader(args):
    idxs_usps = np.random.choice(num_total_usps, args.num_data_usps, replace=False)
    trainset_usps = DatasetSplit(torchvision.datasets.USPS(root=osp.join(data_dir, 'USPS'),
train=True, download=True, transform=transform_usps), idxs_usps)
    trainloader_usps = DataLoader(trainset_usps, batch_size=args.batch_size, shuffle=True)
    testset_usps = torchvision.datasets.USPS(root=osp.join(data_dir, 'USPS'), train=False,
download=True, transform=transform_usps)
    return trainloader_usps, testset_usps
```

编写模型本地训练的代码。对于 FedBN 算法，需要在 FlowerClient 定义 set_ parameters (parameters) 的方法（如代码 7-8 所示）。

代码 7-8　Flower 客户端采用 FedBN 训练方法

```
import flwr as fl
import torch
from collections import OrderedDict
from typing import Dict, List,
class FlowerClient(fl.client.NumPyClient):
    ...
    def set_parameters(self, parameters: List[np.ndarray]) -> None:
        self.model.train()
        keys = [k for k in self.model.state_dict().keys() if "bn" not in k]
        params_dict = zip(keys, parameters)
        state_dict = OrderedDict({k: torch.tensor(v) for k, v in params_dict})
        self.model.load_state_dict(state_dict, strict=False)
```

7.4.3　结果分析

通过实验，可以得到表 7-1 和表 7-2，分别表示在两种数据集数量以及分布场景下的结果。在表 7-1 中，每一行表示使用该方法（如仅在 MNIST 上）训练的模型在不同数据集的测试部的结果，每一列为对应的数据集。结果是在每个训练数据集中随机选择 729 个数据进行训练所得到的模型，在测试集（即，在 MNIST、SVHN、USPS、Synthetic Digits 和 MNIST-M 数据集的 10000、26032、2007、9553、10000 张测试图像）上得到的。在表 7-2 中，结果则是分别从 MNIST、SVHN、USPS、Synthetic Digits 和 MNIST-M 的训练数据集上随机选择 6000、7325、729、47940 和 6000 张图片上训练的模型，在各个测试集上得到的结果。

表 7-1　随机选择 729 个数据作为训练集实验结果

	MNIST	SVHN	USPS	Synthetic Digits	MNIST-M
仅在 MNIST 上训练的模型	0.9565	0.1961	0.1918	0.1174	0.2908
仅在 SVHN 上训练的模型	0.3566	0.6208	0.4489	0.5731	0.2457

（续）

	MNIST	SVHN	USPS	Synthetic Digits	MNIST-M
仅在 USPS 上训练的模型	0.3430	0.0847	0.9427	0.2006	0.1869
仅在 Synthetic Digits 上训练的模型	0.6402	0.5422	0.7159	0.8078	0.3796
仅在 MNIST-M 上训练的模型	0.8549	0.2684	0.4638	0.2881	0.7754
FedAvg	0.9675	0.6637	0.9272	0.8157	0.7570
FedProx	0.9656	0.6702	0.9262	0.8147	0.7602
FedBN	0.9704	0.7450	0.9496	0.8355	0.8055

联邦学习过程中，在 MNIST、SVHN、USPS、Synthetic Digits 和 MNIST-M 数据集的训练集中随机选择 729 个数据作为训练集。

表 7-2 随机选择 1/10 的数据作为训练集实验结果

	MNIST	SVHN	USPS	Synthetic Digits	MNIST-M
仅在 MNIST 上训练的模型	0.9864	0.1966	0.2272	0.1330	0.3393
仅在 SVHN 上训练的模型	0.5098	0.8520	0.6263	0.8193	0.3722
仅在 USPS 上训练的模型	0.3484	0.0844	0.9417	0.2028	0.1882
仅在 Synthetic Digits 上训练的模型	0.8736	0.8281	0.8714	0.9827	0.5750
仅在 MNIST-M 上训练的模型	0.9619	0.3182	0.5759	0.4287	0.9374
FedAvg	0.9151	0.7868	0.8410	0.9529	0.7246
FedProx	0.9594	0.8268	0.8580	0.9718	0.7938
FedBN	0.9837	0.8801	0.9138	0.9848	0.8559

联邦学习过程中，在 MNIST、SVHN、USPS、Synthetic Digits 和 MNIST-M 数据集的训练集中随机选择十分之一的数据（即 6000、7325、729、47940 和 6000 张图片）作为训练集。

接下来分析一下实验得到的结果。不难发现，第一，随着训练样本的增加，模型的精度也有一定的提升；第二，在使用单一数据集训练时，模型在该数据集的测试集上表现良好，往往是性能上界，而在其他的测试数据集上表现不好；第三，通过 FedAvg 算法得到的结果无法达到单一数据集的性能上界，即非同质化数据带来的性能下降问题，也称为数据非独立同分布问题。FedProx 和 FedBN 算法分别通过在训练过程中限制本地训练的模型与全局模型的差别，以及在本地化训练中加入批正则化模块，减轻了特征分布差异带来的影响，特别是 FedBN 相较于 FedAvg 有明显的提升。

第8章　联邦学习与推荐系统

随着信息技术与互联网的发展，人们从信息匮乏时代进入到信息过载时代。一方面，生产者需要让自己的产品脱颖而出，每个生产者都希望自己发布的物品信息能被更多感兴趣的用户查询到。另一方面，消费者也希望在海量的信息中尽快检索到自己感兴趣的内容，这是一个矛盾的过程。推荐系统就是联系生产者与消费者的算法工具，帮助用户找到满足自己需求的物品，同时帮助物品尽快发现感兴趣的用户，实现双赢。典型的推荐系统往往需要收集用户与物品的属性信息，以及更多的交互信息，以建模用户偏好，实现精准推荐。然而用户的属性和交互记录中蕴含丰富的用户个人隐私，传统的推荐系统会带来隐私风险。人们将联邦学习模式引入推荐系统学习中，希望将用户信息保留在本地，避免收集过多的隐私信息，在隐私保护的前提下进行准确推荐。本章首先介绍推荐系统的基本知识，然后深入推荐系统的算法原理层面，最后展示如何在联邦学习的环境下实现隐私保护的机器学习。

8.1　推荐系统基本知识

推荐系统本质上就是一个信息过滤系统，用于预测用户对于物品的喜好或者偏爱。接下来介绍推荐系统里面的一些基本信息，包括推荐系统数据、架构、公开的推荐系统数据集，以及面临的挑战。

8.1.1　推荐系统数据

推荐系统数据多种多样，但总体可以被归纳为用户（User）、物品（Item）和评价（Review）三个方面。

（1）用户特征

用户是推荐系统的服务对象。根据不同场景以及不同的算法，用户可能包含不同的特征。一种方法是可以采用用户的性别、年龄、所在城市、职业、收入情况等特征。这是一种比较笼统的用户特征描述方法，因为这些属性比较笼统，可能很难与对象建立直接的联系，一般用于对推荐结果进行过滤和排序。另一种方法是考虑用户所有评价过的物品，将这些被评价过的物品特征的平均值作为该用户的特征。这种特征设计的优点是非常容易计算其与物品之间的相似度，同时可以比较准确地描述用户在该物品上的偏好，巧妙地避开了私人信息这一非常敏感的隐私数据。此外，如果进一步加入时间隐私，则可以用于分析用户在物品偏好上的动态变化，因此得到广泛应用。

(2) 物品特征

在推荐系统中，根据不同的场景以及算法，物品可能包含不同的特征。一种简单的方式是利用物品的直接属性，比如对于图书推荐，物品属性可能包括图书所属类别、作者、页数、出版时间、出版商等，对于电影，物品属性可能是片名、主演、时长、剧情等。

用户和物品数据的内涵还可以扩展如下。

(3) 用户行为数据

用户行为数据包括物品对产品的各种操作，比如浏览、点击、播放、购买、搜索等。用户微小的操作，比如点赞、收藏、转发、添加购物车或者滑动操作、在某位置停留的时长、快进等操作，都可以为了解用户的喜好提供线索。

(4) 上下文数据

上下文数据是用户对物品进行操作时所处的环境特征及状态的总称。比如用户所处位置、时间、天气、所在产品路径等。这些上下文数据对用户的决策非常重要，有时甚至起决定性作用，比如美团、饿了么这一类基于地理位置服务的产品，给用户推荐餐厅时，一定是在用户所处位置或者指定位置附近。正确地利用上下文数据，将其融入推荐系统算法中，可以更加精准、场景化地为用户进行个性化推荐。

(5) 评价

评价是联系用户与物品的纽带。最简单有效的评价就是用户对物品的直接打分，表示该用户对物品的喜好程度。在常见的推荐系统中，用户通过点击星星对物品进行打分，比如豆瓣评分系统。当然用户对物品的喜好还可以从其他级别的信息中挖掘，比如用户对物品的文字评论、用户的点击记录、用户的购买记录等。用户对物品的评价信息总体上可以分为两类，一类是直接的用户反馈，称为显式数据；另一类是间接的用户反馈，称为隐式数据。

- 显式数据（Explicit Data）是指那些有评价得分的数据，比如对电影的评分。此类数据明确指出用户对物品的喜好程度，但往往很难获取到。
- 隐式数据（Implicit Data）是指从用户行为中收集到的数据，缺少评分或评分所必需的特定行为。这可能是一个用户购买了某个物品、重复播放了多少次歌曲、观看某部电影多长时间，以及阅读某篇文章的时长等。此类数据的优点是数据量大，缺点是噪声较多并且往往含义不明显。

虽然目前绝大多数推荐算法是基于用户评分矩阵的，但是基于隐式反馈数据的方法完成推荐越来越受到关注。这类信息长期以来受到挖掘技术的限制，没有得到充分研究，但是它们在解决推荐系统的可解释性、冷启动问题等方面具有重要潜力。

8.1.2 推荐系统架构

图 8-1 为一个典型的推荐系统架构。上面的数据集合与特征集合表示预先收集或者在线收集的数据经过数据预处理与数据清洗得到的原始特征。候选物品集合是一个大仓库，以电商为例，候选物品的数量是几十万量级甚至是百万量级。在理想状态下，用户需要对所有的商品进行计算排序，然后反馈给用户。然而考虑到计算承载力和计算效率，这是不现实也是不必要的。现实中往往需要增加召回层缩小商品的计算范围，从几百万量级的用户感兴趣的商品中进行粗选，通过简单的模型和算法，将用户感兴趣的商品范围缩小到几百甚至几十量

级。召回层的特点是：数据量大、响应速度快、模型简单、特征较少。排序层的目的是得到精确的排序结果，对从召回层召回的几百件物品进行排序，根据规则对每个商品赋予不同的得分，由高到低排序。排序层的模型一般比较复杂，所需的特征较多。重排序层也称为业务排序层，物品在排序层排序之后，不一定完全符合业务要求和用户体验，有的时候还需要兼顾结果的多样性、流行度、新鲜度等指标，以及结果是否符合当前发展阶段流量倾斜策略。重排序层对当前已经排序好的物品进行提权、打散、强插等操作，比如同一个类型的视频连续多次出现，就需要通过干扰规则，使客户看到最终列表符合业务上的预期。

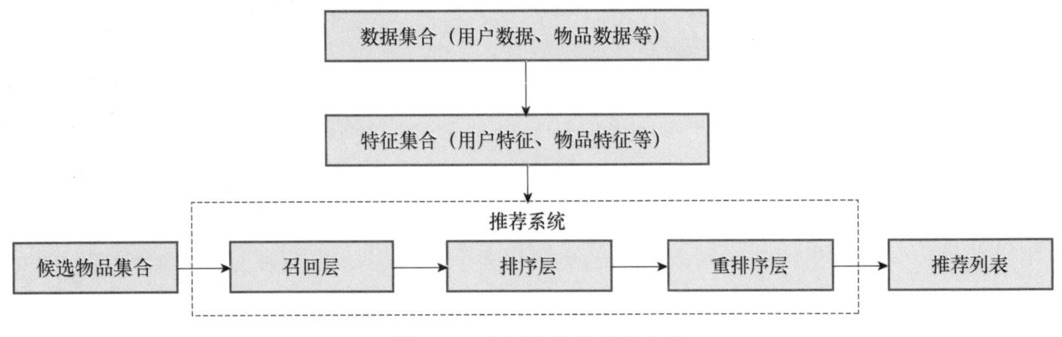

● 图 8-1　典型的推荐系统架构

在召回层，一方面希望尽量召回更多的物品，提升召回物品的丰富度，也就是召回率；另一方面，如果召回了特别多的物品，随着物品数量的增多，又会极大地影响计算机的计算速度。因此，通常采用一种叫作多路召回的策略，召回策略是强依赖于业务的，在不同的时期召回策略也在不断变化。简单地说，多路召回使用多种类型的小策略，每一种小策略分别从候选集中召回一定数量的物品，这样就会得到一个更大的集合。依赖于小型模型简单高效的模型，能够大幅降低响应时间，应用多种召回策略也能一定程度避免单一召回策略所导致的偏见。常见的召回策略包括基于内容标签的召回、基于用户画像的召回、基于热门的召回、基于时间的召回、基于特殊事件的召回等。如果场景是观影推荐，可以根据热门指数、电影风格、高分评价、最近上映、朋友喜好等特性进行召回，如图 8-2 所示。除了一般的基于传统协同的召回算法，比如基于协同过滤、矩阵分解之外，基于嵌入（Embedding）的召

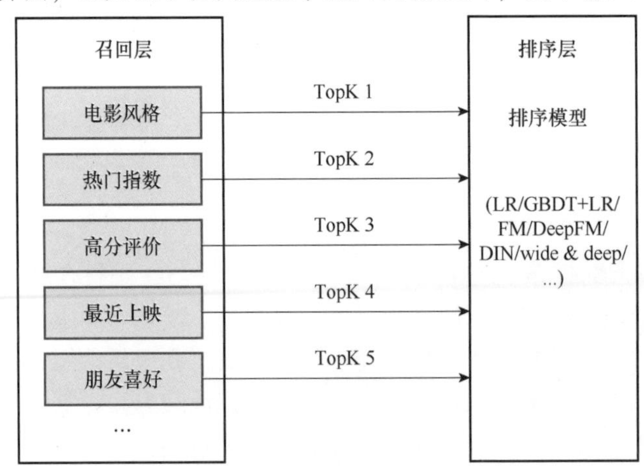

● 图 8-2　多路召回与排序

回是更新的技术手段。利用用户与物品嵌入的相似性来构建召回层，主要优势有三方面：

- 电影风格、兴趣标签等信息可以作为嵌入中明确的附加信息，融入最后的嵌入向量中。
- 嵌入空间具有连续性特点。
- 在线上服务过程中，嵌入的相似度计算也相对简单，可以通过欧式距离或者余弦相似度进行计算。

8.1.3 推荐系统数据集

数据是人工智能的能源，常见的推荐系统数据集如下：

（1）亚马逊评论数据 Amazon Review Data

亚马逊评论数据记录了用户对亚马逊网站商品的评价，是推荐系统的经典数据集，并且亚马逊也在一直更新这个数据集，根据时间循序，数据集的版本如下。

- 2013 版本 http：//snap.stanford.edu/data/web-Amazon-links.html。
- 2014 版本 http：//jmcauley.ucsd.edu/data/amazon/index_2014.html。
- 2018 版本 https：//nijianmo.github.io/amazon/index.html。

其中的 2018 版本数据集包括评论数据（评分、文本、有用性投票）、产品元数据（描述、种类信息、价格、品牌、图像特征）以及关联信息（也被查看、也被购买）。总计包括 2.331 亿条评论，范围为 1996 年 5 月到 2018 年 10 月的评论。

（2）MovieLens 电影评分数据集

MovieLens 数据集（下载地址为 https：//grouplens.org/datasets/movielens/）是由明尼苏达大学的 GroupLens 研究组收集整理制作。MovieLens 是电影评分的集合，包括不同的大小，数据集分别命名为 1M、10M 和 20M。最大的数据集使用约 15 万用户的数据并覆盖 27000 部电影。除了评分之外，MovieLens 数据还包括电影流派，以及用户标签信息。数据集包含三份数据：

- movies.dat 包含 3900 个电影信息。格式为电影 id：：电影标题：：电影分类。
- users.dat 包含 6040 个匿名用户信息。格式为用户 id：：姓名：：年龄：：职业：：邮编。
- rating.dat 包含 1000209 个用户评分。格式为用户 id：：电影 id：：评分：：评分时间。

（3）阿里巴巴用户行为数据集（User Behaviour Dataset from Alibaba），如表 8-1 所示

为了缩小推荐系统研究与实际工业界应用之间的差距，阿里巴巴发布了阿里巴巴用户行为数据集作为大规模标准。这份数据集包括 800 万个用户和 1500 万个购物样本。每个样本包含 100 个用户历史数据，数据的组织形式与 MovieLens-20M 非常相似，即每一行代表一个特定的用户和物品交互历史记录。包括用户 ID，项目 ID、类别 ID 等。下载地址为 https：//tianchi.aliyun.com/dataset/dataDetail？dataId=81505。

表 8-1 阿里巴巴用户行为数据集数据统计

维　度	大　小	特征描述
用户数量	7956430	表达用户的总数
类别数量	5596	表示物品所属类别的整数

(续)

维　度	大　小	特征描述
店铺数量	4377722	表示店铺的总数
节点数量	2975349	表示项目所属集群的数量
产品数量	65624	表示产品的总数
品牌数量	584181	表示品牌的整数
互动次数	15M	表示样本的整数

(4) Netflix Prize 数据集

Netflix 电影评价数据集（下载地址为 https://www.kaggle.com/datasets/netflix-inc/netflix-prize-data）包含来自 48 万个用户对 1.7 万部电影的评价数据，评价数超过 100 万条，数据采集的时间段为 1998 年 10 月到 2005 年 11 月，其中评分以 5 分制为标准，并且用户信息已经经过脱敏处理。

该数据集来自于 Netflix Prize 比赛，其旨在根据个人喜好提高预测的准确性，该比赛自 2006 年举办并持续至 2011 年。根据赛制要求，需要将 Netflix 自己的预测算法 Cinematch 的预测效率提高 10%以上，才有机会获得最终胜利。最终 BellKor's Pragmatic Chaos 团队经过不断优化，提交了最终验证，在测试子集上获得的均方根误差（RMSE）为 0.8567，与 Cinematch 的表现相比，得分提高了 10.06%，获得了 Netflix 的 100 万美元大奖。

推荐系统面临的主要挑战如下。

- 推荐精度：构建好的推荐算法需要足够多的用户行为数据，数据特征选取，另外预处理的质量对结果也有很大影响。
- 冷启动问题：新加入用户、物品没有相关的特征信息，系统需要在考虑用户体验的情况下，对新用户、新物品进行推荐。此外现实场景中存在用户信息缺失或者信息有误的情况。
- 非结构化数据：用户与物品之间的相关信息可能是非结构化信息，比如图片、视频、音频、文本，怎样高效利用这些信息为推荐模型提供更多有用特征。
- 实时个性化推荐：需要实时收到用户的反馈，对用户所处的上下文进行感知，做到及时、精准的个性化推荐。
- 算法评估：只有很好地评估推荐系统算法，才能总结并优化推荐系统，更好地发挥推荐系统价值。
- 大规模计算与存储：大量的用户和物品会对数据处理和计算造成很大的压力，需要采用分布式技术来做数据存储、处理、计算。
- 高并发高可用系统：当产品有大量用户访问时，设计高效推荐系统，满足高可用、高并发需求，为用户提供稳定快速的推荐。

8.2　协同过滤算法

当有一天你想去电影院看电影，但是不知道什么电影好看，可能会先问身边的朋友什么电影值得推荐，这时候大部分朋友会推荐跟你喜好差不多的电影，这就是协同过滤（Collaborative Filtering，简称 CF）的基本思想。协同过滤算法的目标是根据用户之前的喜好和其他志同道合的用户喜好，为用户推荐新的物品或者预测物品对用户的价值。协同过滤模型中，假设有 m 个用户 $U=\{u_1,u_2,\cdots,u_m\}$ 和 n 个物品 $I=\{i_1,i_2,\cdots,i_n\}$。每一个用户都有一个物品列表，用户在这些物品列表上有过交互行为，如表达过意见、购买过或者给过评分。现在需要知道用户对某个未曾交互过的物品的评价。协同过滤算法是推荐系统中举足轻重的算法，至今仍然在大量使用。本节将详细介绍协同过滤算法的基本概念、原理，以及分类。

8.2.1 协同过滤算法分类

协同过滤方法主要分为两大类方法：基于内存（Memory-Based）的方法和基于模型（Model-Based）的方法。

1. 基于内存的协同过滤方法

基于内存的协同过滤方法一般采用最近邻技术，利用用户的历史喜好信息计算用户之间的距离，然后利用目标用户的邻居用户对商品评价的加权值，来预测目标用户对特定商品的喜好程度，推荐系统根据喜好程度对目标用户进行推荐。最著名的基于内存的方法是基于近邻算法（Neighborhood-Based）的方法：如基于用户的协同过滤算法（User-based CF）和基于物品的协同过滤算法（Item-based CF）。

（1）基于用户的协同过滤算法

基于用户的协同过滤算法就是先找到与待推荐用户兴趣相似的用户群体，然后把那些用户喜欢的，而待推荐用户没有交互过的物品推荐给它。基于用户的协同过滤算法其实也是用户聚类的过程。如果把用户按照兴趣聚类成不同的群体，那么给用户产生的推荐就是这个群体的兴趣。如果两个用户历史购物清单中购买物品的相同项越多，那么这两个用户的兴趣越接近。计算用户之间相似度的算法主要有两个：余弦相似度、欧几里得相似度和 Jaccard 相似度。假设 $\boldsymbol{x}$、$\boldsymbol{y}$ 表示两个向量：

1）余弦相似度。

$$\mathrm{sim}(\boldsymbol{x},\boldsymbol{y})=\cos(\boldsymbol{x},\boldsymbol{y})=\frac{\boldsymbol{x}\cdot\boldsymbol{y}}{\|\boldsymbol{x}\|\cdot\|\boldsymbol{y}\|}$$

2）欧几里得相似度。

$$\mathrm{sim}(\boldsymbol{x},\boldsymbol{y})=\sqrt{\sum_{i=1}^{n}(x_i-y_i)^2}$$

3）Jaccard 相似度。

$$\mathrm{sim}(\boldsymbol{x},\boldsymbol{y})=\frac{|\boldsymbol{x}\cap\boldsymbol{y}|}{|\boldsymbol{x}\cup\boldsymbol{y}|}$$

如图 8-3 所示，假设得到一张用户喜欢的物品列表，需要把它转换为用户之间关联项数表。每一个元素表示该用户与其他用户购买过的相同种类的样本个数。这里会考虑一个问题，许多用户之间没有共同项，项数为 0 会带来无意义的计算，造成不必要的开销。所以先进行预处理，把所有关联的用户筛选出来，只计算这些用户之间的相似度。可以用倒排法来解决这个问题，首先将用户喜欢的物品列表转换为物品对应的用户列表，然后根据倒排表画出相似度矩阵，矩阵中兴趣为 0 的项就不需要计算它们的兴趣相似度了。

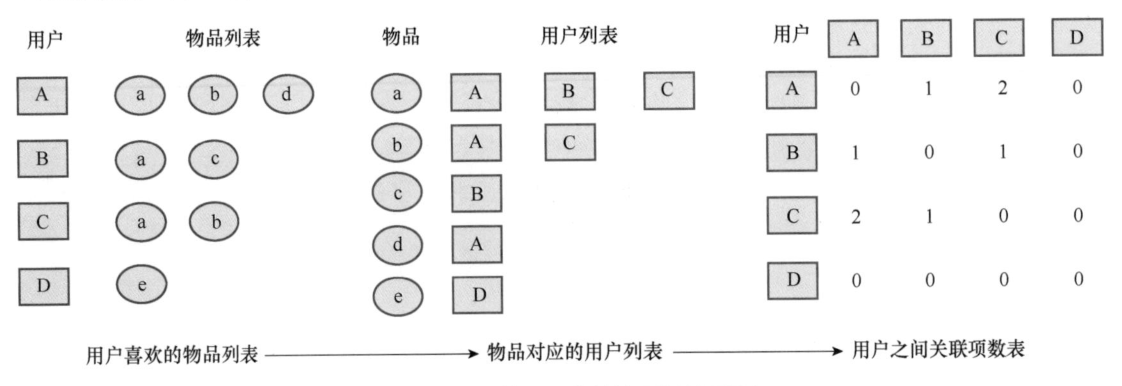

• 图 8-3　用基于用户的协同过滤原理

算法步骤：

1）计算用户之间的相似度（考虑用户 A 喜欢的物品）。

2）找出与用户最相近 Top-K 的用户。

3）计算用户对物品的兴趣度。

（2）基于物品的协同过滤算法

基于物品的协同过滤算法通过计算物品之间的相似度，用户曾与哪些商品发生过交互，为他推荐与这些商品最接近的东西。虽然同样是计算相似度，但基于用户的协同过滤算法具有更好的解释性。推荐结果中长尾物品丰富，适用于用户个性化需求强烈的领域，可以利用用户的历史行为为推荐结果做出解释，用户有新行为，就会导致推荐结果的实时变化。基于物品的系统过滤算法适用于物品数明显小于用户数的场合；如果物品很多，计算物品的相似度矩阵代价很大。其基本原理如图 8-4 所示。

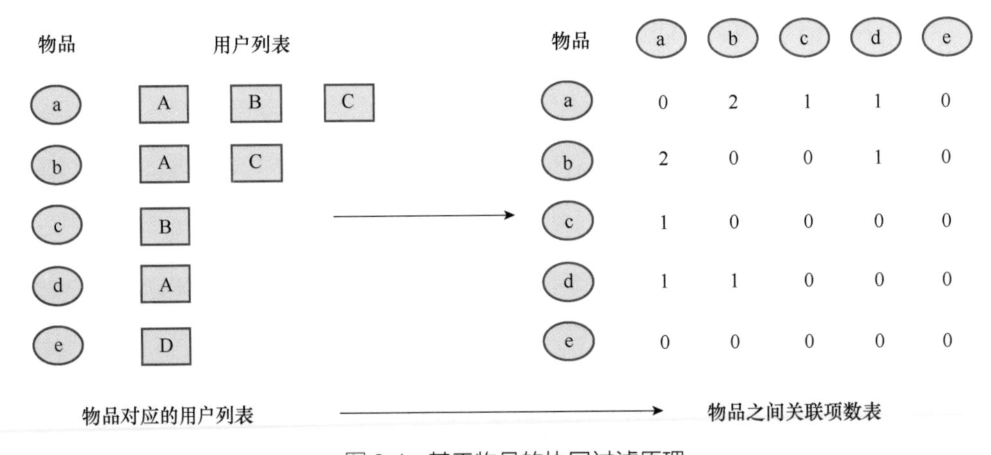

• 图 8-4　基于物品的协同过滤原理

2. 基于模型的协同过滤算法

传统的机器学习也可以对协同过滤建模，包括聚类算法、回归算法、矩阵分解、神经网络、图模型等。

（1）用聚类算法建模协同过滤

如果是基于用户聚类，可以将用户聚类为不同的目标人群，将同样目标人均对应的高评分物品推荐给目标用户；基于物品聚类，则是将用户评分高的相似物品推荐给用户。常见的推荐算法包括 K-Means、DBSCAN 和谱聚类。

（2）用回归算法建模协同过滤

将评分视为连续而不是离散的值，使用回归模型可以得到目标用户对某商品的具体打分。常见的回归推荐算法包括岭回归（Ridge Regression）、回归树（Regression Tree）和支持向量机回归。

（3）用图学习建模协同过滤

基于图模型的协同过滤利用图结构建模用户之间的相似度。常用的算法包括 SimRank 系列算法和马尔可夫模型算法。SimRank 系列算法的思想类似于著名的 PageRank 模型，背后的直觉是被相似对象引用的两个对象也具有相似性。马尔可夫模型则基于传导性来找出普通距离度量难以发现的相似性。

8.2.2 协同过滤算法评价指标

不同的推荐任务使用的评价标准也往往不同，评分预测任务通常关心准确度，Top-N 推荐任务则关心准确率、召回率等指标，此外，覆盖度、多样性也是线上推荐系统关注的指标。

（1）评分准确度

- 平均绝对误差（Mean Absolute Error，MAE）。平均绝对误差因为计算简单有效，而被广泛应用。其通过预测评分与真实评分之间的误差绝对值进行求和平均来计算。
- 均方根误差（Root Mean Square Error，RMSE）。均方根误差加大了用户评分偏差的惩罚。

（2）排名准确度

假设 $R(u)$ 表示模型在训练集进行训练之后，为测试集中的用户计算出的推荐项目列表，$T(u)$ 表示用户在测试集上的真实喜爱列表。

- 精确率。准确率体现的是推荐列表中有多少物品是用户感兴趣的：

$$Precision = \frac{\sum_{u \in U} |R(u) \cap T(u)|}{\sum_{u \in U} |R(u)|}$$

- 召回率。召回率体现的是用户喜欢的物品有多少能够被推荐算法预测出：

$$Recall = \frac{\sum_{u \in U} |R(u) \cap T(u)|}{\sum_{u \in U} |T(u)|}$$

- $F1$ 分数。$F1$ 分数同时考虑精确率与召回率，可以看作一种加权平均：

$$F1 = 2 \cdot \frac{Precision \cdot Recall}{Precision + Recall}$$

- 折损累计增益（Discounted Cumulative Gain，DCG）。折损累计增益期更注重排名靠前的结果，其公式为

$$\mathrm{DCG_p} = \sum_{i=1}^{p} \frac{2^{rel_i} - 1}{\log_2(i + 1)}$$

其中，rel_i 表示位置 i 上的相关度；p 表示前 p 个结果。

归一化折损累计增益（Normalized Discounted Cumulative Gain，NDCG）。DCG 在不同的推荐列表之间很难进行横向评估，而评估一个推荐系统不可能仅使用一个用户的推荐列表及相应结果进行评估，而是对整个测试集中的用户及其推荐列表结果进行评估。那么不同用户的推荐列表的评估分数就需要进行归一化，也就是 NDCG。IDCG 表示推荐系统某一用户返回的最好推荐结果列表，假设返回结果按照相关性排序，最相关的结果放在最前面，此序列的 DCG 为 IDCG。

$$\mathrm{NDCG_p} = \frac{\mathrm{DCG_p}}{\mathrm{IDCG_p}}$$

$$\mathrm{IDCG_p} = \sum_{i=1}^{|REL|} \frac{2^{rel_i} - 1}{\log_2(i + 1)}$$

（3）覆盖度

覆盖度表示推荐系统对长尾物品的发掘能力，用于衡量系统是否能够覆盖到所有备选物品。假设用户集合为 U，系统为每个用户 u 计算的 Top-N 推荐物品列表为 $R(u)$，则覆盖度为：

$$Coverage = \frac{\left| \bigcup_{u \in U} R(u) \right|}{|I|}$$

（4）多样性

为提供用户满意度，推荐应该覆盖用户所有的兴趣点，甚至包括用户未发掘的潜在兴趣，为此多样性计算可以表示为

$$Diversity(R(u)) = \frac{\sum_{i,j \in R(u), i \neq j} (1 - \mathrm{sim}(i,j))}{\frac{1}{2}|R(u)|(|R(u)| - 1)}$$

（5）新颖度

新颖度是指向用户推荐其并不知道的物品，平均流行度是评估新颖度最简单的办法，通过计算用户推荐列表中所有物品流行度的均值得到，推荐列表的平均流行度越小，新颖度越高。

（6）鲁棒性

鲁棒性指的是系统抵御作弊的能力，常见的测试方法是向测试数据集中添加一定的噪声，通过比较未添加噪声和添加噪声之后两次的推荐列表的相似度，可以评估算法的鲁棒性。

8.3 矩阵分解

用户的评分行为可以表示为一个评分矩阵，矩阵包含用户对曾经交互过的物品的评分。

但是用户不会对所有的物品评分，因此绝大多数矩阵中的元素是空的。因此推荐系统就需要预测这个用户对该物品的评分。矩阵分解直观上就是把原来的大矩阵（评分矩阵 $\boldsymbol{R}$）近似分解成两个小矩阵 $\boldsymbol{U}$、$\boldsymbol{V}$ 的乘积。而在实际推荐计算时，直接使用分解后得到的小矩阵，不再使用大矩阵。

8.3.1 奇异值分解

谈到矩阵分解，首先想到的就是奇异值分解（Singular Value Decomposition，SVD）方法。理论上，可以直接使用 SVD 对评分矩阵进行分解，并通过选择较大的奇异值进行降维。

$$\boldsymbol{R}_{m\times n}=\boldsymbol{U}_{m\times k}\boldsymbol{\Sigma}_{k\times k}\boldsymbol{V}_{k\times n}$$

其中，k 是选取的奇异值的个数，一般会远小于用户数 m 和物品数 n。将所有奇异值从大到小排列，选取前 k 个奇异值来替代完整的奇异值表。因为在很多情况下，前 10%甚至 1%的奇异值之和就占全体奇异值之和的 99%以上。因此选取奇异值可以极大地减少计算量，保留大部分信息。通过奇异值分解，如果预测第 i 个用户对第 j 个物品的评分 r_{ij}，只需要计算 $\boldsymbol{u}_i^{\mathrm{T}}\boldsymbol{\Sigma}\boldsymbol{v}_j$ 即可。通过这种方法，可以为评分表里没有评分的位置得到预测值，并返回最高的若干个评分的物品推荐给用户。

直接将奇异值分解用于矩阵分解协同过滤会存在以下问题。

1）奇异值分解要求矩阵是稠密的，而现实场景中的评分矩阵是稀疏的，有大量空白，无法直接使用奇异值分解。要想使用奇异值分解，必须对评分矩阵中的缺失项进行简单的补全，比如用全局平均值或者用户物品平均值补全，得到补全后的矩阵。接着可以用奇异值分解并降维。但填充本身会造成很多问题，其一，填充大大增加了数据量，增加了算法复杂度。其二，简单粗暴的数据填充很容易造成数据失真。

2）奇异值分解的复杂度比较高，假设对一个 $m\times n$ 的矩阵进行分解，时间复杂度为 $O(n^2\times m+n\times m^2)$。对于 m、n 比较小的情况，还是勉强可以接受的，但是在推荐场景的海量数据下，m 和 n 的值通常会比较大，可能是百万级的数据，这个时候如果再进行奇异值分解，需要付出的计算代价就是很大的。

为了改进 SVD 的计算效率、数据稀疏等问题，人们提出将推荐系统只分解为两个低维矩阵，然后通过使用重构的低维矩阵来预测用户对物品的评分。

FunkSVD 矩阵分解算法最初由 Simon Funk 在 Netflix Prize 竞赛上被提出的，实际是一种伪奇异值分解方法，将用户物品评分矩阵分解成两个小矩阵 $\boldsymbol{U}$、$\boldsymbol{V}$。矩阵 $\boldsymbol{U}_{m\times k}$ 代表用户偏好，另一个矩阵 $\boldsymbol{V}_{n\times k}$ 代表物品的语义主题。

$$\boldsymbol{R}_{m\times n}=\boldsymbol{U}_{m\times k}\boldsymbol{V}_{n\times k}^{\mathrm{T}}$$

为了找到低秩矩阵 $\boldsymbol{U}$、$\boldsymbol{V}$，最大限度地逼近评分矩阵 $\boldsymbol{R}$，定义模型的误差损失函数为平方差函数：

$$L(\boldsymbol{U},\boldsymbol{V})=\sum_{i,j}(r_{ij}-\boldsymbol{u}_i^{\mathrm{T}}\boldsymbol{v}_j)^2$$

为了防止过拟合，需要增加正则项，新的损失函数为

$$L(\boldsymbol{U},\boldsymbol{V})=\sum_{i,j}(r_{ij}-\boldsymbol{u}_i^{\mathrm{T}}\boldsymbol{v}_j)^2+\lambda(\|\boldsymbol{u}_i\|^2+\|\boldsymbol{v}_j\|^2)$$

其中，λ 是超参数，可以通过交叉验证等环节调优。通过求解最优化问题，可以获得用户和物品的特征嵌入（Feature Embedding）。

常见的矩阵分解优化算法有两种，一种是比较熟悉的随机梯度下降算法（SGD），另一种则是交替最小二乘法（Alternating Least Squares，ALS）。在实际应用中，交替最小二乘法是更常见的一种算法。

（1）随机梯度下降优化矩阵分解

随机梯度下降的目标是通过优化 $\boldsymbol{u}_i$ 和 $\boldsymbol{v}_j$，找到损失函数的最小值，从而拟合出用户矩阵 $\boldsymbol{U}$ 和物品矩阵 $\boldsymbol{V}$。那么对损失函数中的变量 $\boldsymbol{u}_i$ 和 $\boldsymbol{v}_j$ 分别求偏导可得：

$$\frac{\partial L}{\partial \boldsymbol{u}_i}=-2(r_{ij}-\boldsymbol{u}_i^{\mathrm{T}}\boldsymbol{v}_j)\boldsymbol{v}_j+2\lambda\boldsymbol{u}_i$$

$$\frac{\partial L}{\partial \boldsymbol{v}_j}=-2(r_{ij}-\boldsymbol{u}_i^{\mathrm{T}}v_j)\boldsymbol{u}_i+2\lambda\boldsymbol{v}_j$$

将两个偏导数分别代入梯度下降参数更新公式 $\boldsymbol{\theta}=\boldsymbol{\theta}_0-\eta\frac{\partial L}{\partial \boldsymbol{\theta}_0}$，得到：

$$\boldsymbol{u}_i=\boldsymbol{u}_i+2\eta[(r_{ij}-\boldsymbol{u}_i^{\mathrm{T}}\boldsymbol{v}_j)v_j-\lambda\boldsymbol{u}_i]$$

$$\boldsymbol{v}_j=\boldsymbol{v}_j+2\eta[(r_{ij}-\boldsymbol{u}_i^{\mathrm{T}}\boldsymbol{v}_j)u_i-\lambda\boldsymbol{v}_j]$$

（2）交替最小二乘法优化矩阵分解

最小二乘法又称最小平方法，它通过最小化误差的平方和来寻找数据的最佳函数匹配。对于一个已被证明是凸函数的二次函数，可以通过让各个自变量偏导数为 0 直接求解。最小二乘法存在矩阵形式的解析解。

交替最小二乘法选在优化 $\boldsymbol{U}$、$\boldsymbol{V}$ 两个矩阵时，固定矩阵 $\boldsymbol{U}$ 的值，优化另一个矩阵 $\boldsymbol{V}$，然后固定矩阵 $\boldsymbol{V}$ 的值，优化矩阵 $\boldsymbol{U}$。如此循环迭代，不断优化两个关联矩阵。

$$\boldsymbol{U}^0\rightarrow\boldsymbol{V}^1\rightarrow\boldsymbol{U}^1\rightarrow\boldsymbol{V}^2\rightarrow\boldsymbol{U}^2\rightarrow\cdots$$

固定 $\boldsymbol{V}$ 矩阵，优化 $\boldsymbol{U}$ 矩阵：

$$\min_{\boldsymbol{u}_i}\sum_j (r_{ij}-\boldsymbol{u}_i^{\mathrm{T}}\boldsymbol{v}_j)^2+\lambda\|\boldsymbol{u}_i\|^2$$

将目标函数转换为矩阵表达形式：

$$L(\boldsymbol{u}_i)=(\boldsymbol{R}_i-V\boldsymbol{u}_i)^{\mathrm{T}}(R_i-V\boldsymbol{u}_i)+\lambda\boldsymbol{u}_i{}^{\mathrm{T}}\boldsymbol{u}_i$$

通过对目标函数求偏导数并令梯度为 0，得到：

$$\boldsymbol{u}_i=(\boldsymbol{V}^{\mathrm{T}}\boldsymbol{V}+\lambda\boldsymbol{I})^{-1}\boldsymbol{V}^{\mathrm{T}}\boldsymbol{R}_i$$

$$\boldsymbol{v}_j=(\boldsymbol{U}^{\mathrm{T}}\boldsymbol{U}+\lambda\boldsymbol{I})^{-1}\boldsymbol{U}^{\mathrm{T}}\boldsymbol{R}_{\cdot j}$$

注：$\boldsymbol{R}\in\mathbb{R}_{m\times n}$、$\boldsymbol{R}_i\in\mathbb{R}_{n\times 1}$、$\boldsymbol{R}_{\cdot j}\in\mathbb{R}_{m\times 1}$。使用矩阵形式的矩阵更新方法可以表示为

$$\boldsymbol{U}^{\mathrm{T}}=(\boldsymbol{V}^{\mathrm{T}}\boldsymbol{V}+\lambda\boldsymbol{I})^{-1}\boldsymbol{V}^{\mathrm{T}}\boldsymbol{R}^{\mathrm{T}}$$

$$\boldsymbol{V}^{\mathrm{T}}=(\boldsymbol{U}^{\mathrm{T}}\boldsymbol{U}+\lambda\boldsymbol{I})^{-1}\boldsymbol{U}^{\mathrm{T}}\boldsymbol{R}$$

通常 SGD 比 ALS（Alternating Least Squares）简单而且快速。相比随机梯度下降算法，交替最小二乘法有如下优势：

- 可以并行化处理。从上面 $\boldsymbol{u}_i$ 和 $\boldsymbol{v}_j$ 的更新公式可以看出，当固定物品嵌入 $\boldsymbol{v}_j$ 时，迭代更新用户嵌入 $\boldsymbol{u}_i$ 可以单独在不同的机器上执行。
- 较好地处理稀疏数据。用户真实的评分是很稀少的，最小二乘法适合处理这类问题。

8.3.2 联邦矩阵分解算法

通过用户数据分布式存储与模型分布式计算实现隐私保护的机器学习工作出现已久。Muhammad 等人将联邦学习的概念引入推荐系统中，并在“Federated Collaborative Filtering for Privacy-Preserving Personalized Recommendation System”中提出联邦矩阵分解算法。

以经典的平方损失为例，隐式反馈的矩阵分解损失函数可以定义为

$$L(\boldsymbol{U},\boldsymbol{V})=\frac{1}{M}(r_{ij}-\boldsymbol{u}_i^{\mathrm{T}}\boldsymbol{v}_j)^2+\lambda\ \|\boldsymbol{U}\|_2^2+\mu\ \|\boldsymbol{V}\|_2^2$$

由此可见，当用户可以访问物品的特征表示时，用户本地可以直接计算用户的特征表示的梯度并更新用户的特征，而推荐系统在服务器端只需要梯度信息，就可以更新物品的特征表示。参考经典的横向联邦学习框架，在联邦矩阵分解算法中，客户端利用个人数据更新用户特征表示，同时计算本地的物体特征表示的梯度并上传到中心服务器，中心服务器收集梯度并进行平均计算，更新物品特征表示并再次发送到各客户端。

联邦矩阵分解算法如算法 8-1 所示。

算法 8-1　联邦矩阵分解算法
初始化：服务器初始化物品矩阵 $\boldsymbol{V}$，用户初始化用户矩阵 $\boldsymbol{U}$
输出：收敛的矩阵 $\boldsymbol{V}$ 和 $\boldsymbol{U}$
对于每次训练回合： 服务器保存最近的物品矩阵，供所有用户下载 用户 i 执行本地更新： 从服务器处下载 $\boldsymbol{V}$，按下面的方法执行： $u_i^t=u_i^{t-1}=\gamma\nabla_{u_i}L(\boldsymbol{U}^{t-1},\boldsymbol{V}^{t-1})$ $g_i^t=\gamma\nabla_{u_i}L(\boldsymbol{U}^{t-1},\boldsymbol{V}^{t-1})$ 发送 g_i^t 到服务器 服务器更新： 从用户 i 处接收到梯度 g_i^t 执行物品矩阵更新：$v_i^t=v_i^{t-1}-g_i^t$

由于梯度分享依然会存在风险，当攻击者能够访问到用户连续上传的梯度时，就可以推断用户的评级信息，因此在“Secure Federated Matrix Factorization”中，作者提出了基于加密方法的安全联邦矩阵分解。安全联邦矩阵分解对梯度进行加密，使得服务器不能解码得到具体的梯度信息。同时，服务器能在加密的数据上执行计算任务，实现这一目标的方法就是同态加密。图 8-5 展示了安全联邦矩阵分解的框架。在这个框架下，假设服务器是诚实但是好奇的，而用户本身是诚实不作恶的。用户的隐私需要保护，不暴露给服务器。

- 密钥生成：首先生成公钥和密钥。密钥由用户生成，包括服务器在内的左右参与者都知道公钥，而密钥只在用户之间共享。密钥生成后将建立不同的 TLS/SSL 安全通道，将公钥和密钥发送给相应的参与者。
- 参数初始化：在矩阵分解之前，需要初始化一些参数，物品参数矩阵由服务器端初始化，用户参数矩阵则由每个用户在本地初始化。

- 矩阵分解：主要步骤如下。①服务器使用公钥加密物品参数矩阵，获得加密后的$\boldsymbol{C}_V$。②每个用户从服务器上下载最新的加密物品参数矩阵，使用密钥进行解密，得到$\boldsymbol{V}$，然后使用局部更新计算梯度$\boldsymbol{G}$，对公钥$\boldsymbol{G}$进行加密，得到密文$\boldsymbol{C}_G$。然后建立一个TLS/SSL安全通道，将$\boldsymbol{C}_G$通过安全通道发送回服务器。③在收到用户的加密梯度之后，服务器更新物品矩阵：$\boldsymbol{C}_V^{t+1}=\boldsymbol{C}_V^t-\boldsymbol{C}_G$。重复上述过程，直到模型收敛。

图8-5展示了安全联邦矩阵分解的流程。用户只将密文发送到服务器，因此不会造成隐私泄露。并且相比于传统的联邦矩阵分解并没有明显的性能下降。

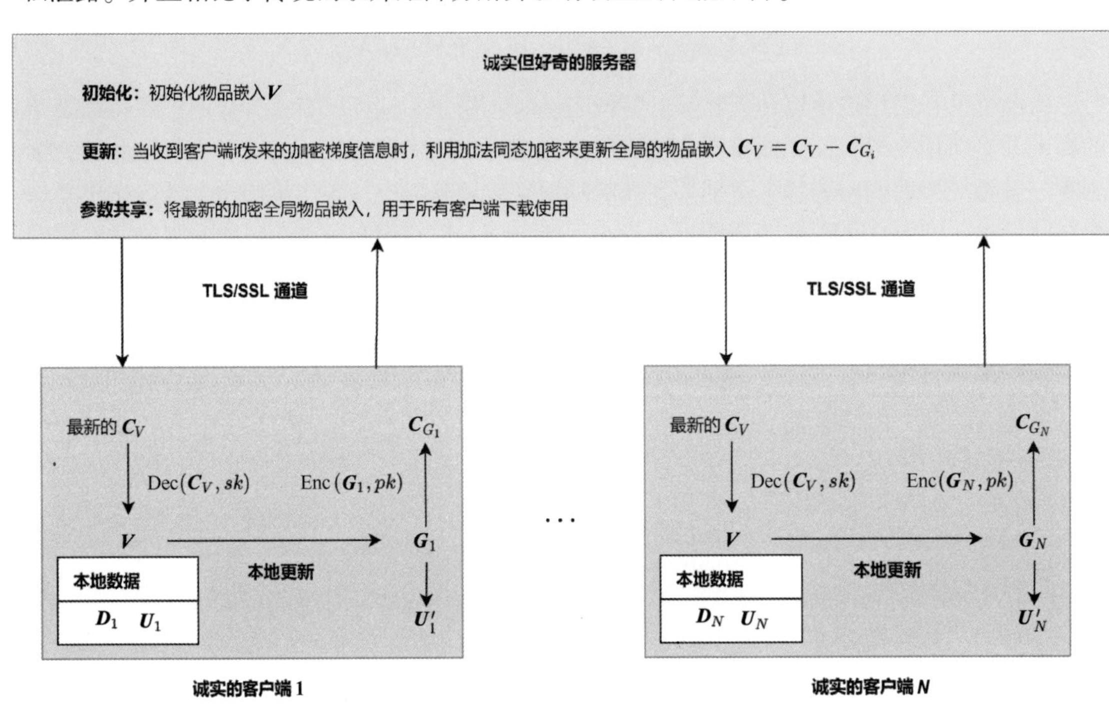

● 图8-5 基于加法同态加密的安全联邦矩阵分解算法

安全联邦矩阵分解的PyTorch实现如代码8-1所示。

代码8-1 安全联邦矩阵分解的PyTorch实现

```
# 用户矩阵更新
def user_update(single_user_vector, user_rating_list, encrypted_item_vector):

  item_vector = np.array([[private_key.decrypt(e) for e in vector] for vector in encrypted_
item_vector],dtype=np.float32)

  gradient = np.zeros([len(item_vector), len(single_user_vector)])
  for item_id, rate, _ in user_rating_list:
    error = rate - np.dot(single_user_vector, item_vector[item_id])
    single_user_vector = single_user_vector - lr * (-2 * error * item_vector[item_id] + 2 *
reg_u * single_user_vector)
    gradient[item_id] = lr * (-2 * error * single_user_vector + 2 * reg_v * item_vector[item_
id])
```

```
    encrypted_gradient = [[public_key.encrypt(e, precision=1e-5) for e in vector]for vector in
gradient]

    return single_user_vector,

#初始化用户与物品矩阵
user_vector = np.zeros([len(user_id_list), hidden_dim]) + 0.01

item_vector = np.zeros([len(item_id_list), hidden_dim]) + 0.01

# 服务器加密物品矩阵
t = time.time()
encrypted_item_vector = [[public_key.encrypt(e, precision=1e-5) for e in vector]for vector
in item_vector]
print('Item profile encrypt using', time.time() - t, 'seconds')

for iteration in range(max_iteration):

    print('###################')
    print('Iteration', iteration)

    t = time.time()

    # 用户更新
    cache_size = (sys.getsizeof(encrypted_item_vector[0][0].ciphertext()) +
            sys.getsizeof(encrypted_item_vector[0][0].exponent)) * \
            len(encrypted_item_vector) * \
            len(encrypted_item_vector[0])
    print('Size of Encrypted-item-vector', cache_size / (2 ** 20), 'MB')
    communication_time = cache_size * 8 / (band_width * 2 ** 30)
    print('Using a %s Gb/s' % band_width, 'bandwidth, communication will use %s second' % commu-
nication_time)

    encrypted_gradient_from_user = []
    user_time_list = []
    for i in range(len(user_id_list)):
      t = time.time()
      user_vector[i], gradient = user_update(user_vector[i], train_data[user_id_list[i]], en-
crypted_item_vector)
      user_time_list.append(time.time() - t)
      print('User-%s update using' % i, user_time_list[-1], 'seconds')
      encrypted_gradient_from_user.append(gradient)
    print('User Average time', np.mean(user_time_list))

    # Step 3 服务器更新
    cache_size = (sys.getsizeof(encrypted_gradient_from_user[0][0][0].ciphertext()) +
            sys.getsizeof(encrypted_gradient_from_user[0][0][0].exponent)) * \
            len(encrypted_gradient_from_user[0]) * \
            len(encrypted_gradient_from_user[0][0])
    print('Size of Encrypted-gradient', cache_size / (2 ** 20), 'MB')
    communication_time = communication_time + cache_size * 8 / (band_width * 2 ** 30)
```

```
    print('Using a %s Gb/s' % band_width, 'bandwidth, communication will use %s second' % commu-
nication_time)
    t = time.time()
    for g in encrypted_gradient_from_user:
      for i in range(len(encrypted_item_vector)):
        for j in range(len(encrypted_item_vector[i])):
          encrypted_item_vector[i][j]= encrypted_item_vector[i][j]- g[i][j]
    server_update_time = (time.time() - t) *  (len(user_id_list) / len(user_id_list))
    print('Server update using', server_update_time, 'seconds')
```

8.4 神经协同过滤网络

矩阵分解是一种传统的协同过滤方法，涉及将用户-项目矩阵分解为低维隐因子矩阵。然而，这种方法有几个局限性，例如，无法处理非线性关系以及缺乏对未见数据的泛化能力。神经协同过滤通过使用神经网络对用户-项目交互进行建模来克服这些限制。在神经协同过滤（Neural Collaborative Filtering，NCF）中，用户和项目表示是通过端到端神经网络学习的，它可以捕获非线性关系并很好地泛化到看不见的数据。神经网络还可以结合各种形式的辅助信息。

8.4.1 神经协同过滤系统框架

神经协同过滤系统是一种通用的框架，由 4 个部分组成。如图 8-6 所示，每一层的输出作为下一层的输入。

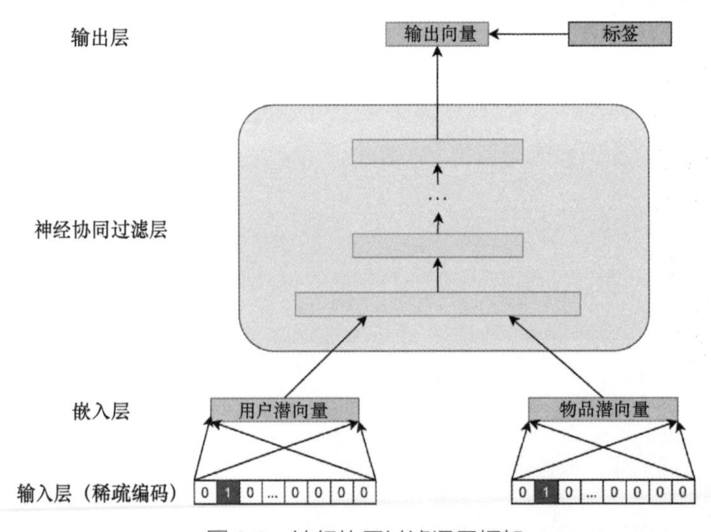

• 图 8-6　神经协同过滤通用框架

- 输入层：将用户和物品通过 One-Hot 编码转换为稀疏向量，向量的长度表示用户表或者物品的数量，第 i 个用户或者物品对应的编码为 1，其他都为 0。
- 嵌入层：通过嵌入矩阵（Embedding Matrix）将稀疏的用户或者物品编码降维到较低

的空间维度，得到密集向量，即为矩阵分解中的表示层维度 k。假设用户和物品表的长度分别为 m、n。希望学习到用户和物品的嵌入表示，分别为矩阵 $\boldsymbol{U}_{m\times k}$ 和 $\boldsymbol{I}_{n\times k}$。

- 神经协同过滤层：协同过滤层是一类神经网络设计的表示，把用户和物品的嵌入输入神经协同过滤层之后，神经网络将会学习到复杂的特征表示。
- 输出层：通过全连接层把神经协同过滤层的输出映射到最终的目标空间，然后利用损失函数与标签值进行计算，并通过反向传播更新模型参数。

8.4.2 神经协同过滤层设计

在神经协同过滤系统的框架之下，开发者可以根据需要，设计不同类型的神经协同过滤层。现在主要的神经协同过滤层计算方式包括广义矩阵分解（Generalization Matrix Factorization，GMF）、多层感知机，以及融合广义矩阵分解与多层感知机的方法。

（1）广义矩阵分解

广义矩阵分解与传统矩阵分解的区别在于它使用向量对应的元素相乘，得到的结果表示仍然是向量，而传统的矩阵分解使用的是向量内积，得到的是标量表示，具体模型如图 8-7 所示。通过嵌入层得到的用户嵌入向量和物品嵌入向量将逐元素相乘，所得嵌入的维度保持不变，仍然为 k，在这之后通过无偏的全连接层和激活函数得到预测的输出向量。通过神经网络的特性，广义矩阵分解可以很容易地扩展出新的特性。比如它允许学习潜在变量不同维度的重要性，并且经过非线性函数的输出，可以比简单的矩阵分解模型更具有表现力。

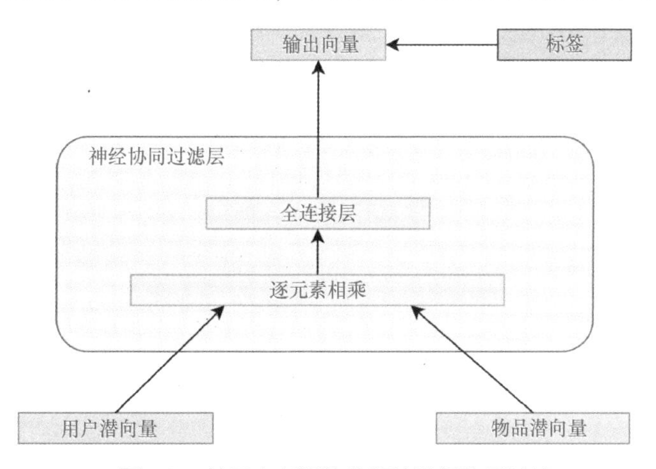

• 图 8-7 基于广义矩阵分解的神经协同过滤

（2）多层感知机

多层感知机与广义矩阵分解的目标一样，都是用来建模用户与物品之间的隐特征交互。多层感知机在模拟异或逻辑、学习非线性映射方面可能要强于广义矩阵分解。使用 ReLU 函数作为激活函数，这个模型对嵌入向量的处理与广义矩阵分解的方法不同，它直接将两个向量拼接起来，然后将拼接后的向量输入多层感知机网络。最后，通过无偏的全连接层和激活函数得到最后的预测输出向量。选择 ReLU 作为激活函数是因为它相较于 Sigmoid 和 Tanh 更适合稀疏数据，促进稀疏激活，降低模型的过拟合。多层感知机的设计遵循塔式模型，底层最宽，每层都将下层的大小减半。其结构如图 8-8 所示。

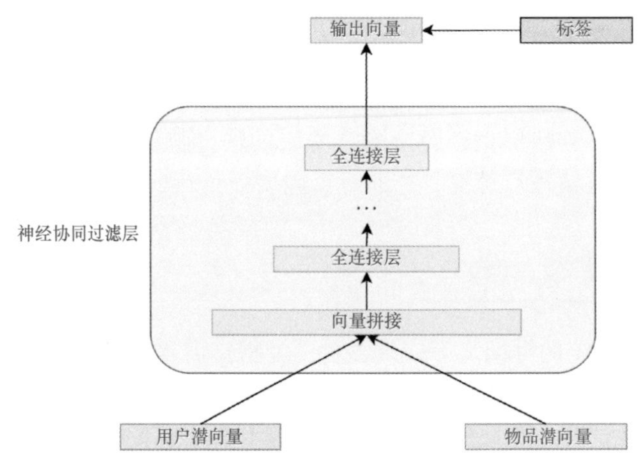

● 图 8-8　基于多层感知机的神经协同过滤

（3）融合广义矩阵分解与多层感知机的神经协同过滤

广义矩阵分解使用线性核来建模特征交互，多层感知机则使用非线性核学习交互函数，将两者融合就可以模拟出更复杂的特征交互函数。一种简单的办法是让两者共享同一个嵌入层，然后按两种模型组合交互功能。假设用户特征嵌入为 $\boldsymbol{u}_i$，物品特征嵌入为 $\boldsymbol{v}_j$，那么这种方式的模型输出可以表示为

$$\hat{y}_{ui}=\sigma\left(\boldsymbol{h}^{\mathrm{T}}a(\boldsymbol{u}_i\odot\boldsymbol{v}_j)+\boldsymbol{W}\begin{bmatrix}u_i\\v_j\end{bmatrix}+\boldsymbol{b}\right)$$

其中，$\boldsymbol{h}$、$\boldsymbol{W}$、$\boldsymbol{b}$ 是待学习模型参数，a 表示激活函数。这种共享嵌入的方式可能会限制模型融合的性能，因为它要求两种子模型必须使用相同大小的特征嵌入。另一种模型融合的方式如图 8-9 所示，它允许两个子模型学习单独的嵌入，然后连接它们最后的隐藏层来组合模型。

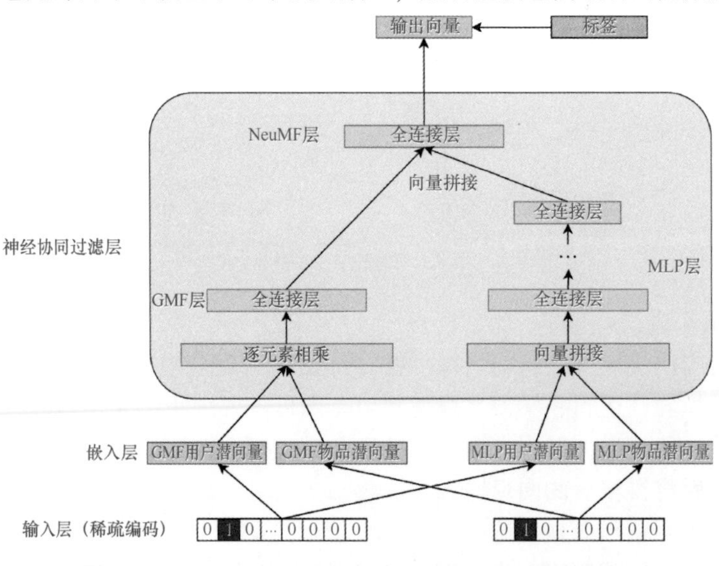

● 图 8-9　融合广义矩阵分解与多层感知机的神经协同过滤

8.4.3 神经协同过滤训练

令用户数量为 M，物品数量为 N，则用户物品交互矩阵 $\boldsymbol{Y}$ 表示为：

$$y_{ui}=\begin{cases}1, & \text{用户 } u \text{ 与物品 } i \text{ 之间有交互}\\0, & \text{用户 } u \text{ 与物品 } i \text{ 之间无交互}\end{cases}$$

其中，交互指的是打分、点击或者浏览，取决于数据集中的特征。

训练集由正样本和负样本组成，正样本为所有标签为 1 的交互数据。

每个正样本对应 n 个负样本。对于每个正样本（u,i），完整的负样本集为

$$negative(u)=\{j:y_{uj}=0\}$$

从 $negative(u)$ 中选取 n 项，得到采样的负样本集。假设正样本数量为 m 个，那么负样本有 mn 个，训练集共有 m（n+1）个样本。

为了学习模型参数，一般会选用带平方损失的回归算法：

$$L_{\text{sqr}}=\sum_{(u,i)\in S\cup S^-}w_{ui}(y_{ui}-\hat{y}_{ui})$$

但是这种假设与隐式反馈数据不吻合，因为对于隐式反馈数据，目标值是 0 或者 1，为了赋予输出概率解释，必须将输出约束在 0~1。

因此，将似然函数表示为

$$P(S,S^-|P,Q,\Theta_{\text{f}})=\prod_{(u,i)\in S}\hat{y}_{ui}\prod_{(u,i)\in S^-}(1-\hat{y}_{ui})$$

使用负对数计算损失函数：

$$\begin{aligned}L&=-\sum_{(u,i)\in S}\log\hat{y}_{ui}-\sum_{(u,i)\in S^-}\log(1-\hat{y}_{ui})\\&=-\sum_{(u,i)\in S\cup S^-}\hat{y}_{ui}\log\hat{y}_{ui}+(1-\hat{y}_{ui})\log(1-\hat{y}_{ui})\end{aligned}$$

8.4.4 联邦神经协同过滤

联邦矩阵分解强调了在收到更新的时候要更新全局模型参数（物品矩阵），但是这将会导致不同客户端接收到的参数不一致，严重时会由于模型陈旧性（Staleness）而导致全局模型不能正常收敛。联邦神经协同过滤使用水平联邦学习协议完成模型聚合。在联邦协同过滤模型中，服务器主要包含两个功能：用户选择和模型聚合。用户选择是选择一组客户端来执行本地更新，而聚合器则负责平均它们之间的更新，以形成平均参数。

在系统初始化阶段，参数服务器初始化学习计划，包括模型架构、模型超参数等。参数服务器会把模型训练计划发送给所有的客户端。客户端将根据训练计划开始本地训练。每个客户端能访问三种不同类型的权重：用户矩阵、物品矩阵和神经网络权重。由于用户矩阵包含用户隐私，会引发有关隐私的争议，所以它永远不会被分享到客户端之外。

参数服务器等待客户端更新本地参数，在接收到指定数量的本地参数或者到达时间限制之后，将执行模型聚合，生成新的全局参数。重复训练过程，直到服务器端模型收敛。代码 8-2 展示了基于 PyTorch 的联邦神经协同过滤算法的简单实现。

代码 8-2 联邦神经协同过滤算法的 PyTorch 实现

```
class FederatedNCF:
  def __init__(self, ui_matrix, num_clients=50, user_per_client_range=[1, 5], mode="ncf",
aggregation_epochs=50, local_epochs=10, batch_size=128, latent_dim=32, seed=0):
    random.seed(seed)
    self.ui_matrix = ui_matrix
    self.device = torch.device("cuda:0" if torch.cuda.is_available() else "cpu")
    self.num_clients = num_clients
    self.latent_dim = latent_dim
    self.user_per_client_range = user_per_client_range
    self.mode = mode
    self.aggregation_epochs = aggregation_epochs
    self.local_epochs = local_epochs
    self.batch_size = batch_size
    self.clients = self.generate_clients()
    self.ncf_optimizers = [torch.optim.Adam(client.ncf.parameters(), lr=5e-4) for client in
self.clients]
    self.utils = Utils(self.num_clients)

  def generate_clients(self):
    start_index = 0
    clients = []
    for i in range(self.num_clients):
      users = random.randint(self.user_per_client_range[0], self.user_per_client_range[1])
      clients.append(NCFTrainer(self.ui_matrix[start_index:start_index+users],
epochs=self.local_epochs, batch_size=self.batch_size))
      start_index += users
    return clients

  def single_round(self, epoch=0, first_time=False):
    single_round_results = {key:[]for key in ["num_users", "loss", "hit_ratio@ 10", "ndcg@
10"]}
    bar = tqdm(enumerate(self.clients), total=self.num_clients)
    for client_id, client in bar:
      results = client.train(self.ncf_optimizers[client_id])
      for k,i in results.items():
        single_round_results[k].append(i)
      printing_single_round = {"epoch": epoch}
      printing_single_round.update({k:round(sum(i)/len(i), 4) for k,i in single_round_re-
sults.items()})
      model = torch.jit.script(client.ncf.to(torch.device("cpu")))
      torch.jit.save(model, "./models/local/dp"+str(client_id)+".pt")
      bar.set_description(str(printing_single_round))
    bar.close()

  def extract_item_models(self):
    for client_id in range(self.num_clients):
      model = torch.jit.load("./models/local/dp"+str(client_id)+".pt")
      item_model = ServerNeuralCollaborativeFiltering(item_num=self.ui_matrix.shape[1],
predictive_factor=self.latent_dim)
```

```
        item_model.set_weights(model)
        item_model = torch.jit.script(item_model.to(torch.device("cpu")))
        torch.jit.save(item_model, "./models/local_items/dp"+str(client_id)+".pt")

    def train(self):
        first_time = True
        server_model = ServerNeuralCollaborativeFiltering(item_num=self.ui_matrix.shape[1],
predictive_factor=self.latent_dim)
        server_model = torch.jit.script(server_model.to(torch.device("cpu")))
        torch.jit.save(server_model, "./models/central/server"+str(0)+".pt")
        for epoch in range(self.aggregation_epochs):
            server_model = torch.jit.load("./models/central/server"+str(epoch)+".pt", map_loca-
tion=self.device)
            _ = [client.ncf.to(self.device) for client in self.clients]
            _ = [client.ncf.load_server_weights(server_model) for client in self.clients]
            self.single_round(epoch=epoch, first_time=first_time)
            first_time = False
            self.extract_item_models()
            federate(self.utils)
```

第 9 章　联邦学习与其他深度学习模式结合

在之前的章节中，主要讨论将机器学习中的监督学习与联邦学习范式相结合。本章介绍如何将联邦学习的框架扩展到更多的机器学习模式的工作中，如多任务学习半监督机器学习和强化学习等。在本章最后一节，将讨论联邦学习与图学习的结合。

9.1　联邦多任务学习

人类学习过程中会将一项任务中获得的经验会转移给其他的任务，不同任务接触到的环境会对其他的任务有启发性，使个人的视野并不局限于某个单调的任务中，并且学习到一些通用技能，并在新的任务中运用已有知识。这一思路已经在机器学习中被采用，并被证明对机器学习的性能与效率是有益的。这种同时在多个不同任务上进行训练的学习模式称为多任务学习（Multi-Task Learning，MTL）。

目前，多任务学习已经在不同领域得到应用，比如自然语言处理、语音识别、计算机视觉和药物发现。比如在自然语言处理的相关任务上，人们会把词性标注、命名实体识别、语义角色标注等任务放在一起研究；在人脸识别任务中，人脸的特征、人脸识别、人脸年龄预测等任务也可以通过多任务学习解决。

9.1.1　多任务学习基本原理

多任务学习是一种同时学习完成多个任务的方法，并利用其他任务的训练数据中的隐藏信号来提高单个任务的泛化性能。换句话说，多任务学习旨在利用不同任务之间的相似性和隐含关系来提高特定任务模型的准确性。通常当单任务无法通过训练数据充分学习到数据分布的信息时，通过多任务学习，这些任务能从相关任务中获得补充信息，使得学习效果得到明显提升。在某些情况下，我们只对优化单个任务感兴趣，可以添加额外的学习任务（也称为辅助任务）进行学习，辅助任务可以是一种正则化方法。多任务学习的关键就在于学习任务之间的关系。如果能恰当地捕捉任务之间的关系，那么不同任务之间就能互相提供额外有用的信息，这些信息将帮助我们训练更鲁棒的模型。反之，如果不能正确捕捉任务之间的关系，将会给任务本身引入噪声，模型学习效果不升反降。

与单任务学习相比，多任务学习具有以下几方面的优势：

- 提升模型使用效率。多任务共享模型参数，减少内容占用量。多次任务可以在一次前向计算中得出结果，显著提升模型的推理速度。

- 隐式数据增强。多任务学习有效增加了用于训练模型的样本量，由于不同任务的噪声不同，多任务学习有机会能学习到更加泛化的表达。
- 防止过拟合。单个学习任务可能在数据集上过拟合，而多任务学习将会学习到分布更均衡的数据。同时多任务能够在浅层共享表示，降低网络过拟合，提升泛化效果。
- 防止陷入局部最优。单任务学习时，梯度的反向传播倾向于陷入局部极小值。多任务学习中不同任务的局部极小值处于不同的位置，通过相互作用，可以帮助隐含层逃离局部极小值。
- 提升小样本实验结果。多任务学习通过挖掘任务之间的关系，能够得到额外的信息，尤其是在标签样本较少的情况下，单任务学习往往表现较差，多任务学习能克服这个困难，从其他任务的数据集中获取有用信息。
- 提高学习速率和效果。添加的任务可以改变权值更新的动态特性，可能使网络更适合多任务学习。

在深度学习中，多任务学习通常是通过隐藏层的硬参数共享或者软参数共享来完成的。代码 9-1 和代码 9-2 分别展示了基于 PyTorch 的硬参数和软参数共享多任务学习的简单实现。

（1）基于硬参数共享的多任务学习

硬参数共享是神经网络多任务学习中最常用的方法。它为所有的任务学习共同的空间表示并直接共享参数。共同的特征空间将用于不同的任务建模，通常依赖额外的特定任务层使每个任务独立学习。其结构如图 9-1 所示。

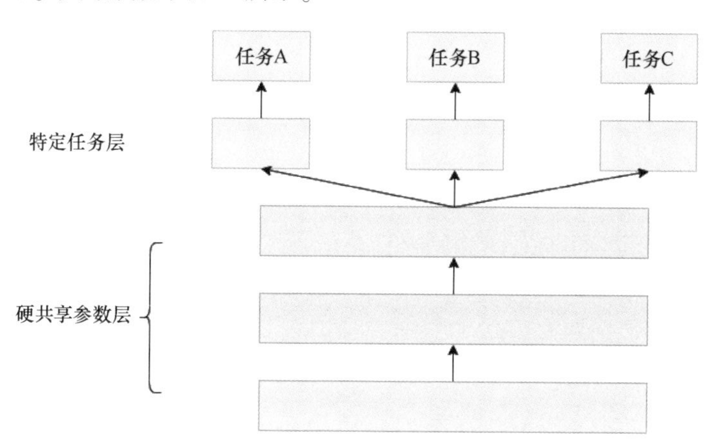

• 图 9-1　基于硬参数共享的多任务学习

基于 PyTorch 的硬参数共享实现的多任务学习，如代码 9-1 所示。

代码 9-1　基于 PyTorch 的硬参数共享实现的多任务学习

```
import torch
from torch import nn

"""
通过硬参数共享实现多任务学习
"""

class Net(nn.Module):
  def __init__(
```

```
        self,
        input_size,
        hidden_size,
        n_hidden,
        n_outputs,
        dropout_rate=0.1,
    ):
        """
        :param input_size: 输入维度
        :param hidden_size: 隐藏层维度
        :param n_hidden: 隐藏层数量
        :param n_outputs: 输出维度
        :param dropout_rate: dropout rate
        """
        super().__init__()
        assert 0 <= dropout_rate < 1
        self.input_size = input_size

        h_sizes = [self.input_size]+[hidden_size for _ in range(n_hidden)]+[n_outputs]

        self.hidden = nn.ModuleList()
        for k in range(len(h_sizes) - 1):
            self.hidden.append(
                nn.Linear(
                    h_sizes[k],
                    h_sizes[k + 1]
                )
            )

        self.relu = nn.ReLU()
        self.dropout = nn.Dropout(p=dropout_rate)

    def forward(self, x):

        for layer in self.hidden[:-1]:
            x = layer(x)
            x = self.relu(x)
            x = self.dropout(x)

        return self.hidden[-1](x)


class TaskIndependentLayers(nn.Module):
    """NN for MTL with hard parameter sharing
    """

    def __init__(
            self,
            input_size,
            hidden_size,
            n_hidden,
```

```
        n_outputs,
        dropout_rate=.1,
    ):

        super().__init__()
        self.n_outputs = n_outputs
        self.task_nets = nn.ModuleList()

        # 添加子任务前向神经网络
        for _ in range(n_outputs):
            self.task_nets.append(
                Net(
                    input_size=input_size,
                    hidden_size=hidden_size,
                    n_hidden=n_hidden,
                    n_outputs=1,
                    dropout_rate=dropout_rate,
                )
            )

    def forward(self, x):

        return torch.cat(
            tuple(task_model(x) for task_model in self.task_nets),
            dim=1
        )


class HardSharing(nn.Module):
    """Net with hard parameter sharing
    """

    def __init__(
        self,
        input_size,
        hidden_size,
        n_hidden,
        n_outputs,
        n_task_specific_layers=0,
        task_specific_hidden_size=None,
        dropout_rate=.1,
    ):

        super().__init__()
        if task_specific_hidden_size is None:
            task_specific_hidden_size = hidden_size


        self.model = nn.Sequential()

        # 硬共享参数
```

```
    self.model.add_module(
      'hard_sharing',
      Net(
        input_size=input_size,
        hidden_size=hidden_size,
        n_hidden=n_hidden,
        n_outputs=hidden_size,
        dropout_rate=dropout_rate
      )
    )


    if n_task_specific_layers > 0:
      # if n_task_specific_layers == 0 than the task specific mapping is linear and
      # constructed as the product of last layer is the 'hard_sharing' and the linear layer
      # in 'task_specific', with no activation or dropout
      self.model.add_module('relu', nn.ReLU())
      self.model.add_module('dropout', nn.Dropout(p=dropout_rate))

    # 特定任务层
    self.model.add_module(
      'task_specific',
      TaskIndependentLayers(
        input_size=hidden_size,
        hidden_size=task_specific_hidden_size,
        n_hidden=n_task_specific_layers,
        n_outputs=n_outputs,
        dropout_rate=dropout_rate
      )
    )

  def forward(self, x):
    return self.model(x)
```

（2）基于软参数共享的多任务学习

在软参数共享中，并不是直接共享完全相同的参数值，而是添加一个约束来鼓励相关参数之间的相似性。更具体地说，为每个任务学习一个模型，并惩罚不同模型参数之间的距离。与硬参数共享不同，软参数共享使用松散耦合的共享空间为任务提供更大的灵活性。图 9-2 展

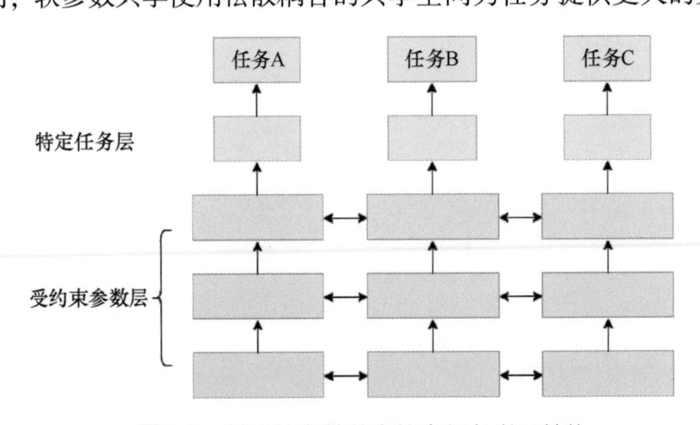

• 图 9-2　基于软参数共享的多任务学习结构

示了基于软参数共享的多任务学习结构。假设有两个学习任务 A 和 B，则多任务学习中的总损失值 L_{total} 可以表示为正常损失 L_{task} 与软约束损失 L_{soft} 的和：

$$L_{\text{total}}=L_{\text{task}}+L_{\text{soft}}(W^{(A)}+W^{(B)})$$

基于 PyTorch 的软参数共享实现的多任务学习如代码 9-2 所示。

代码 9-2 基于 PyTorch 的软参数共享实现的多任务学习

```
from typing import Tuple

import torch
from torch import nn


class Net(nn.Module):
    """单任务前向神经网络
    """
    def __init__(
        self,
        input_size,
        hidden_size,
        n_hidden,
        n_outputs,
        dropout_rate=.1,
    ):
        """
        :param input_size: 输入维度
        :param hidden_size: 隐藏层维度
        :param n_hidden: 隐藏层数量
        :param n_outputs: 输出维度
        :param dropout_rate: dropout rate
        """
        super().__init__()
        assert 0 <= dropout_rate < 1
        self.input_size = input_size

        h_sizes = [self.input_size]+[hidden_size for _ in range(n_hidden)]+[n_outputs]

        self.hidden = nn.ModuleList()
        for k in range(len(h_sizes) - 1):
          self.hidden.append(
            nn.Linear(
              h_sizes[k],
              h_sizes[k + 1]
            )
          )

        self.relu = nn.ReLU()
        self.dropout = nn.Dropout(p=dropout_rate)

    def forward(self, x):

        for layer in self.hidden[:-1]:
```

```
            x = layer(x)
            x = self.relu(x)
            x = self.dropout(x)

        return self.hidden[-1](x)


class TaskIndependentNets(nn.Module):
    """将不同单任务前向神经网络整合到统一模型
    """

    def __init__(
            self,
            input_size,
            hidden_size,
            n_hidden,
            n_outputs,
            dropout_rate=.1,
    ):
        """
        :param input_size: 输入维度
        :param hidden_size: 隐藏层维度
        :param n_hidden: 隐藏层数量
        :param n_outputs: 子任务网络数量
        :param dropout_rate: dropout rate
        """
        super().__init__()

        self.n_outputs = n_outputs
        self.task_nets = nn.ModuleList()

        for _ in range(n_outputs): # 添加子任务网络
            self.task_nets.append(
                Net(
                    input_size=input_size,
                    hidden_size=hidden_size,
                    n_hidden=n_hidden,
                    n_outputs=1,
                    dropout_rate=dropout_rate,
                )
            )

    def forward(self, x):
        # 得到子网预测输出结果的 tuple
        return torch.cat(
            tuple(task_model(x) for task_model in self.task_nets),
            dim=1
        )


class SoftSharing(nn.Module):
```

```
"""使用基于 Frobenius 范数软约束的多任务共享网络
"""

def __init__(
  self,
  input_size,
  hidden_size,
  n_hidden,
  dropout_rate=.1,
):

  super().__init__()

  self.model = TaskIndependentNets(
    input_size=input_size,
    hidden_size=hidden_size,
    n_hidden=n_hidden,
    n_outputs=2,  # 假设只有两个
    dropout_rate=dropout_rate
  )

def get_param_groups(self):
  """
  :return: 返回不同网络的参数,用于计算软约束
  """
  param_groups = []
  for out in zip(* [n.named_parameters() for n in self.model.task_nets]):
    if 'weight' in out[0][0]:
      param_groups.append(
        [
          out[i][1]
          for i in range(len(out))
        ]
      )
  return param_groups

def soft_loss(self):
  param_groups = self.get_param_groups()

  soft_sharing_loss = torch.tensor(0.)
  for params in param_groups:
    # 当前只有两个子任务
    soft_sharing_loss += torch.norm(params[0]-params[1], p='fro')

  return soft_sharing_loss

def forward(self, x, return_loss=False) -> Tuple:
  """
  :param x: 输入
  :param return_loss: 如果为真,则返回软约束下的
  :return: 返回包含模型预测与软约束的 tuple
```

```
    """
    outputs = tuple([self.model(x)], )

    if return_loss:
      soft_loss = self.soft_loss()
      outputs = outputs + (soft_loss, )

    return outputs
```

9.1.2 联邦多任务学习算法

传统的多任务学习，要求将所有的数据汇集到统一的计算平台来执行多任务计算。分布式多任务学习就是希望研究当不同任务的数据分布在网络的不同位置时，如何高效完成多任务学习。

然而有些情况下的任务数据来自于不同的领域，且这些参与者之间不允许直接共享数据。因此多任务学习往往因为隐私限制而不能在更广阔的场景中进行。在多任务学习中引入联邦学习机制可以有效地避免隐私问题，并且能够带来模型性能上的提升。在"Federated Learning for Vision-and-Language Grounding Problems"这篇文章中，作者将多任务学习与联邦学习结合，提出了一个将联邦学习的思想应用在解决视觉和语言任务多模态融合的方案。他们的框架可以从不同的任务中获得各种类型的图像表示，然后将它们融合在一起，以形成细粒度的图像表示。这些图像表示融合了来自不同视觉和语言的多模态问题的有用图像表示，因此在单个任务中比单独的原始图像表示强大得多。

在早期联邦学习任务中，计算机视觉和自然语言处理是两个独立的研究方向。它们都受益于深度学习与深度神经网络的进步。很多在某个领域内被提出用于解决问题的模型也能被用于解决另一个领域的问题，比如人们尝试用卷积模型（CNN）对文本进行分类，在自然语言处理方面带来极大突破的 Transformer 模型（最早用于机器翻译和语言模型预训练），近些年也被广泛用于计算机视觉任务，如图像分类与分割。

这项工作提出了一种由对齐模块（Aligning Module）、集成模块（Integrating Module）和映射模块（Mapping Module）组成的网络，如图 9-3 所示。对齐模块通过对提取的视觉和文本特征进行相互关注来构建对齐的图像表示，为显著图像区域提供更清晰的语义表述；集成模块通过自注意力机制（Self-Attention）集成视觉和文本特征，该机制捕获显著的分组与属性信息；映射模块由两层非线性层组成，用于将学习到的细粒度图像表示映射到特定的任务

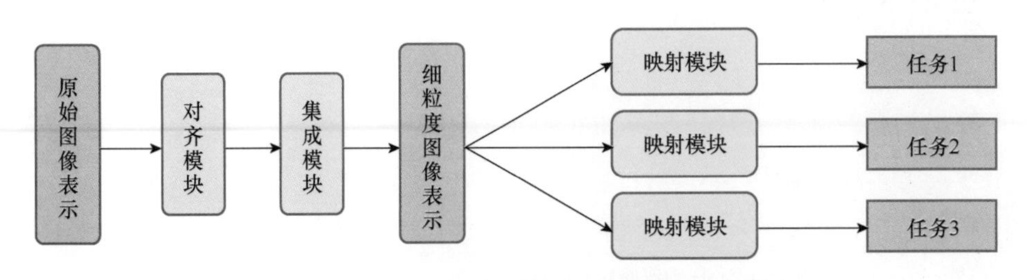

● 图 9-3　使用对齐、集成与映射模块实现联邦多任务学习

域。在联邦学习场景下，第一阶段各客户端在自己的模型上得到一个原始的图像表示，即一个向量表示，然后将这个向量发送给服务器，在第二阶段服务器通过聚合不同的客户端传来的信息，加工得到一个更好的图像表示。再将这个表示发送给客户端；第三阶段客户端可以用这个图像来执行自己特定的任务。

(1) 基础任务特征提取

使用预训练好的 Faster-RCNN 网络来提取图像表示，将提取到的视觉特征标签标注为

$$\boldsymbol{I}=\{\boldsymbol{i}_1,\boldsymbol{i}_2,\cdots,\boldsymbol{i}_N\}\in\mathbb{R}^{N\times d}$$

文本特征用于提供图像更高阶的抽象特征，使用弱监督的多实例学习作为语义特征提取器，将文字特征表述为

$$\boldsymbol{T}=\{\boldsymbol{w}_1,\boldsymbol{w}_2,\cdots,\boldsymbol{w}_M\}\in\mathbb{R}^{M\times d}$$

这些是语义概念词表的词嵌入，这些概念可以是对象、属性或者关系。

(2) 联邦多任务特征对齐

对齐模块使用自注意力模块学习如何结合图像和文本特征。集成模块使用自注意力机制学习图像显著特征之间的关系，以及句子、单词之间的联系。最后一个映射模块，将前面生成的细粒度图像表示映射到不同的任务上，使得这个框架适用于不同的任务，这里是一个独立的两层前馈神经网络，映射模块的数量取决于客户端任务的种类。

联邦多任务学习是一个相对较新的研究领域，尽管已有工作在推进相关研究与应用，但是它仍然面临很多问题，比如如何有效处理容错和落后者问题。在联邦多任务学习中，不同节点数据和系统的异质性很常见。此外，联邦多任务学习的收敛性保证当前依赖于有界延迟假设，但是在联邦学习场景下，延迟可能是很严重的问题，设备可能会完全退出。事实上多任务/多模态与联邦学习相结合的工作目前做得并不是特别多，联邦学习可以在一定程度上解决多任务/多模态问题的短板和缺陷。

9.2　联邦学习与半监督学习

半监督学习是一种介于监督学习和无监督学习之间的学习模型，半监督学习中提供一个包含已标记和未标记实例的数据集，与未标记的样本数量相比，已标记的样本数量占比很小，通常为 1%~10%。因此对于这样的数据集来说，半监督学习的目标是希望利用未标记的数据来训练一个比仅使用已标记数据质量更高的模型。在现实中，数据标注的成本非常昂贵，而制作未标记数据集则相对容易很多。

半监督学习最初以自训练（Self-Training）的形式出现，也称为自我标签法（Self-Labelling）或者自我教学法（Self-Teaching）。一个模型首先对带有标记的数据进行训练，然后使用训练后的模型对部分未标记数据进行迭代标注，并添加到训练集中，进行下一次迭代训练。在一些迭代算法，如期望最大化算法提出之后，半监督学习得到了快速发展。在少量样本标签的引导下，半监督学习能够充分利用大量无标签样本提高学习性能，避免了数据资源的浪费，同时解决了有标签样本较少时，监督学习方法泛化能力不强；缺少样本标签引导时，无监督学习方法不准确的问题。由于能够同时使用有标签和无标签样本，半监督学习已成为近年来机器学习领域的热点研究方向，并应用于图像识别、自然语言处理和生物数据分

析等领域。

目前，在半监督学习中有三个常用的基本假设来建立预测样例和学习目标之间的关系，即平滑性假设、聚类假设和流形假设：

- 平滑性假设（Smoothness Assumption）。在一个高密度区域内，彼此靠近的样本很可能共享一个相同的标签。通过平滑性假设，可以生成集合上更简单的决策边界。
- 聚类假设（Cluster Assumption）。如果两个样本位于同一个聚类中，它们很可能共享一个相同的标签。这个假设可以等价表示为低密度分离假设，即数据应该在密度较低的地方发生分离，否则一个决策边界将会穿过一个聚类，从而导致不一致的标签。
- 流形假设（Manifold Assumption）。高维数据很可能位于低维流形中，即高维度数据是在低自由度的过程中生成的，这种假设减轻了“维度诅咒”（Curse of Dimensionality）。

9.2.1 半监督学习的基本方法

半监督学习是一个研究热点领域。本节介绍半监督学习的一些基本方法，包括代理标签法（Proxy-Label Methods）、一致性正则化（Consistency Regularization）和混合方法。

1. 代理标签法

代理标签法是使用预测模型或它的某些变体生成一些代理标签，这些代理标签和有标记的数据混合在一起，提供一些额外的训练信息。这些方法包括自训练（Self-Training）、多视图学习（Multi-View Learning）等。前者利用模型本身生成代理标签，后者使用不同数据视图训练的模型生成代理标签。

（1）自训练

自训练是实现半监督学习最简单的方法。一个模型一开始在有标记的数据集上进行训练，然后用来对没有标记的数据进行预测。它从未标记的数据集中选择那些具有高置信度（高于预定义的阈值）的样本，并将其预测视为伪标签。然后将这个伪标签数据集添加到标记数据集，在扩展的标记数据集上再次训练模型。这些步骤可以执行多次，这和训练策略相关。

自训练法被视为半监督学习的雏形，它是将自身预测结果融入自身训练的学习方法。在已有标签的基础上，让模型对无标签数据进行分类，然后把分类结果用于训练，期望获得更丰富的模型信息。

基于自训练的代理标签法的算法流程如下：

1）自训练拥有模型结构为 M，已标注的训练数据集为 L，未标注的训练数据集为 U。

2）使用少量的标签数据 L 训练初始化模型 M。

3）使用训练后的模型给未标记的数据样本分配代理标签或者伪标签（Pseudo-Label）。

4）对生成代理标签数据进行过滤，如果预测结果大于设定阈值，则将其添加到训练集中。

5）这个过程通常要重复固定次数的迭代，直到不能再为没有把握的样本生成超过阈值的标签为止。

自训练的主要缺点是无法纠正自己的错误，如果模型对自己的分类错误的结果盲目自信，那么该错误分类的结果就会在训练过程中放大误差，如果已标注数据集 L 和未标注数据集 U 之间的样本特征或者类别重合度很低，或者 L 数据集中的标签不能覆盖该任务的所有类别，那么这个影响将非常严重。

（2）多视图学习

由于自训练方法缺乏对模型预测质量的估计，多视图训练则期望构建不同的模型，这些模型在理想条件下应该是互补的，因此模型也能通过合作来获得更好的性能。

1）两方协同训练。两方协同训练假设有两个模型，它们在不同的数据集上进行训练。在每一轮迭代中，如果两个模型中的其中一个任务自己对某个样本分类的置信度较高，并且置信度高于阈值，则使用该模型为该数据生成伪标签，然后将它添加到另一个模型的训练集中。简而言之，就是两个模型互相为对方提供代理标签。

基于两协同训练的代理标签法的算法流程如下：

① 将已标注数据集 L 分割为两个条件独立的数据集 L_1 和 L_2。

② 分别使用两个独立数据集训练出两个模型 M_1、M_2。

③ 对于未标注数据集中的每一个样本，如果一个模型的置信度高于阈值，而另一个模型的置信度低于阈值，则将这个样本在较高置信度模型的预测结果作为标签，并将这组数据添加到另一个模型的训练集中，用于下一个阶段的新模型训练。

④ 重复上述标注和训练过程，直到两个模型不再能生成新的代理标签样本。

2）多方协同训练。多方协同训练认为基于不同归纳偏差进行建模能让模型学习到更多的信息。因此在多方协同训练时，会使用不同架构的神经网络或者基础分类器。首先不同机器学习模型会在相同的标注数据集上单独训练各自的模型，再利用这些模型对未标注数据集中的样本做分类预测。如果大多数模型对样本的分类给出了置信度较高的结果，那么这个样本生成的标签将被放入数据集中。简而言之，多方协同训练会利用不同模型的预测进行投票。

基于多方协同训练的代理标签算法流程如下：

① 训练针对相同任务，但是不同架构的机器学习模型集合 $\{M_i\}$。

② 对于未标注数据集中的每一个样本，使用 $\{M_i\}$ 中所有的模型进行标注。

③ 如果这些模型中有超过一半的模型做出相同的预测，并且这些模型的置信度之和高于不赞成模型的置信度之和，那么这个预测将作为该样本的标签，并被添加到全体模型的训练集中。

④ 重复上述标注和训练过程，直到模型不能生成新的代理标签样本。

2. 一致性正则化

根据聚类假设，如果对于一个未标记的数据应用扰动，预测不应该发生显著变化。这是因为在聚类假设下，具有不同标签的数据点在低密度区域分离。具体来说，给定一个未标记的数据点 $\boldsymbol{x}$ 及其扰动的形式 $\hat{\boldsymbol{x}}$，目标是最小化两个模型输出之间的距离 $d(f_{\boldsymbol{\theta}}(\boldsymbol{x}), f_{\boldsymbol{\theta}}(\hat{\boldsymbol{x}}))$。换句话说，即使在添加噪声之后，对未标记图像的模型预测也应保持不变。

其中，d 是度量函数，一般用 Kullback-Leiber（KL）散度或者 Jensen-Shannon（JS）散度，当然也可以用交叉熵或者平方误差等。$Augment(x)$ 是数据增强函数，会添加一些噪声扰动，$\boldsymbol{\theta}$ 是模型参数。

常见的数据增强方式如下。

- 常规的数据增强：平移旋转、随机 Dropout 等。
- 时序移动平均：Temporal Ensembling、Mean-Teacher、SWA。
- 对抗样本扰动：Virtual Adversarial Training（VAT）、Adversarial Dropout。
- 高级数据增强：Unsupervised Data Augmentation（UDA）、Self-Supervised Learning（SSL）。
- 线性混合：MixMatch。

3. 混合方法

混合方法在一个框架中整合了不同的半监督学习方法。最典型的是由谷歌提出的 FixMatch 算法，结合了代理标签法和一致性正则化两种方法的优点。FixMatch 使用交叉熵将弱增强与强增强的无标签数据进行比较，并使用交叉熵损失函数作为一致性正则化方法。

FixMatch 需要准备标签数据和无标签数据。第一步，对于有标签样本，进行正常的监督学习，将常规交叉熵损失用于分类任务，计算得到监督学习损失 L_S。第二步，先对无标记样本进行数据增强（Augment），增强分为强增强数据和弱增强两个通道，弱增强使用标准的旋转和移位；强增强使用 RandAugment 和 CTAugment 两种算法。第三步，对增强后的样本进行预测。对于弱增强的样本，若输出的预测结果最高预测概率大于阈值（图中的虚线），则认为是有效的样本，将其预测结果作为伪标签。第四步，对强增强的样本，输出的预测结果和对应弱增强样本标签得到的标签计算损失函数，得到非监督损失函数 L_u。第五步，最终损失函数为 $L_{total}=L_u+\alpha L_S$，α 是超参数。然后利用反向梯度传播优化模型参数。图 9-4 所示为 FixMatch 中无监督学习算法示意图。

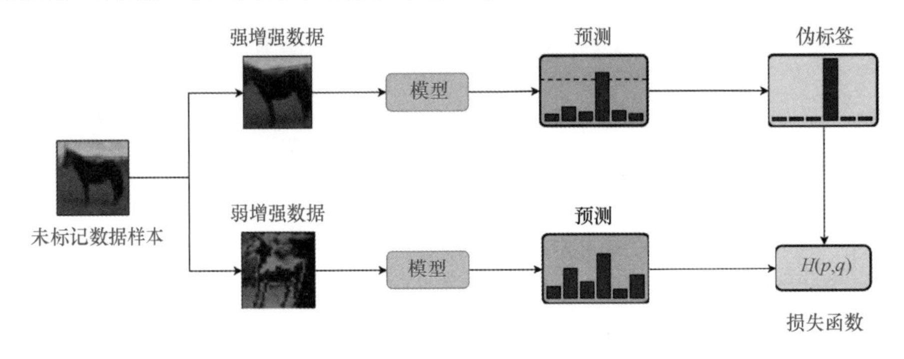

• 图 9-4 FixMatch 中无监督学习算法示意图

9.2.2 联邦学习与半监督学习结合

在现实场景中，考虑到大数据量标注任务所需要的巨大人力和物力开销，因此本地客户端所包含的数据常常大部分甚至全部是没有相应标签信息的。联邦半监督学习（Federated Semi-Supervised Learning，FSSL）是将半监督学习方法应用于联邦学习的应用场景之中，结合两种技术的优势来更好地解决现实问题。该技术一方面可以通过联邦学习保证具备充足的训练数据和隐私不被泄露；另一方面又可以通过半监督学习来缓解各个客户端分散数据标注开销大的问题。

根据标签数据集在客户端还是服务器端，联邦半监督应用场景可以划分为标准场景

（Standard Scenario）和不相交场景（Disjoint Scenario）两种情况。

（1）标准场景

标准场景是指参与模型训练的带标签和无标签数据均存放在本地客户端，即标准的本地执行标准的半监督学习训练，比如客户端部分图片可能已经被标注过，而大部分的图片仍然未被归档分类。此时客户端的模型训练便满足半监督机器学习的配置，该场景的产生主要发生在服务商不可能要求每一个客户为模型训练去标注所有相关数据的时候。标准场景还可以细分为标注数据和非标注数据并分布在不同的客户端，或者每个客户端混合着标注数据与非标注数据。

（2）不相交场景

不相交场景指参与模型训练的带标签数据存放在服务器端，而大量的无标签数据却存放在本地客户端中，即带标签的监督学习过程和无标签的过程将分别在服务器端和客户端进行。这种应用场景主要发生在需要具备专业相关知识的人员来处理数据标注工作时。

针对上述两种场景论文“Federated Semi-Supervised Learning with Inter-Client Consistency & Disjoint Learning”提出了一种新方法：FedMatch，改进了联邦学习和半监督学习方法的简单组合，通过新的客户端间一致性损失和参数分解，使得实验结果超越了联邦学习与半监督学习简单结合起来的基线方法。假设带标签的数据集表示为 $S=\{x_i,y_i\}$，无标签数据集表示为 $u=\{u_i\}$。

FedMatch 为联邦半监督学习的无标签数据设计了一种客户端间一致性（Inter-Client Consistency）正则化损失函数，其对应的公式如下：

$$\frac{1}{H}\sum_{j=1}^{H} KL(P^{*}_{\boldsymbol{\theta}^{h_j}}(y \mid \boldsymbol{u}) \parallel KL(\boldsymbol{P}_{\boldsymbol{\theta}^{l}}(y \mid \boldsymbol{u}))$$

其中，$\boldsymbol{\theta}^{l}$表示本地模型，$\boldsymbol{\theta}^{h_j}$是由服务器选择基于客户端模型的相似度的辅助代理（Helper Agent）j 对应的模型，因此这些模型将不会在该客户端上参与计算，$*$ 表示冻结参数。辅助代理可以理解成将其输出作为一种标签，希望本地模型训练时，与其他模型提供的标签之间的差异尽可能小。服务器在每一轮通信中选择并广播 H 个辅助代理。此外，还需要在每个本地客户端处使用数据级一致性正则化，可以表示为

$$\Phi(\cdot) = CrossEntropy(\hat{y}, P_{\boldsymbol{\theta}^{l}}(y \mid \pi(\boldsymbol{u}))) + \frac{1}{H}\sum_{j=1}^{H} KL(P^{*}_{\boldsymbol{\theta}^{h_j}}(y \mid \boldsymbol{u}) \parallel KL(P_{\boldsymbol{\theta}^{l}}(y \mid \boldsymbol{u}))$$

其中 $\pi(\cdot)$ 表示数据增强算法，在未标注数据 $\boldsymbol{u}$ 上。$\hat{y}$ 是伪标签，最终输出的标签值由两部分决定，一部分是本地模型对于输入的输出，另一部分是辅助代理模型对于指定输入的输出。

$$\hat{y} = \max\left(1(P^{*}_{\theta^{l}}(y \mid \boldsymbol{u})) + \sum_{j=1}^{H} 1(P^{*}_{\theta^{h_j}}(y \mid \boldsymbol{u}))\right)$$

当前的联邦半监督学习研究仍然处于起步阶段，现有论文基本是从直接应用的角度来研究联邦半监督学习的。联邦半监督学习拥有广阔的应用场景，尤其是在不相交场景下，这种场景符合绝大多数机器学习数据的未收集状态。

9.3 联邦强化学习

强化学习（Reinforcement Learning）是机器学习中的一个重要领域，它强调如何基于环境而行动，以取得最大的预期收益。与监督学习不同的是，强化学习不需要带标签的输入输出对，同时也无须对非最优解精确纠正。其关注点在于寻找探索（对未知领域的）和利用（对已有知识的）的平衡。强化学习系统通常由一个动态环境和与环境进行交互的一个或多个智能体（Agent）组成。智能体根据当前环境条件选择动作决策，环境在智能体决策的影响下发生相应改变，智能体可以根据自身的决策，以及环境的改变过程得出奖励。监督学习和无监督学习试图让模型作为数据集的代理，即从预先提供的样本中学习，而强化学习是使智能体在与环境的交互中逐渐强大，即产生样本自己学习。强化学习是近年来机器学习领域非常热门的研究方向，在很多应用领域都取得了很大的进展，如物联网、自动驾驶、游戏设计等。例如，DeepMind 开发的 AlphaGo 程序就是强化学习应用的典型代表。智能体通过与不同的对手逐一对弈，逐渐积累对每一步棋的子环境的智能判断，从而不断提高自身水平。强化学习问题可以被定义为智能体与环境互动的模型。

9.3.1 强化学习基本原理与分类

通常根据是否对学习对象建模，将强化学习分为免模型学习和有模型学习，有模型学习的最大优势在于智能体能够提前进行决策规划，走到每一步的时候，提前尝试未来可能的选择，然后明确地从这些候选项中进行选择。智能体可以把预先规划的结果提取为学习策略。有模型学习最大的缺点就是智能体往往不能获得环境的真实模型。智能体探索出来的模型和真实模型之间存在误差，而这种误差会导致智能体在学习到的模型中表现得很好，但在真实的环境中表现得不好。

基本的强化学习可以被建模为马尔可夫决策过程，用四元组表示为 (S,A,P,R)，其中：

- S 表示环境状态空间。
- A 表示动作空间。
- P 表示在状态之间转换的规则（转移概率矩阵）。

$$P_a(s,s')=P(s_{t+1}=s' \mid s_t=s,a_t=a)$$

假设 t 时刻状态为 s_t，智能体执行动作 a，下一时刻进入状态 s_{t+1}。这种状态转移过程与马尔可夫模型类似。有一种特殊的状态称为终止状态，到达该状态之后，不会再进入其他状态。

- R 表示为奖励函数。当智能体执行完动作之后，环境会给出一个奖励值

$$R_a(s,s')$$

- 奖励值同样由当前状态、下一时刻状态和执行动作决定。智能体从初始状态开始，每一时刻选择执行动作，然后进入下一个状态，得到一个奖励（也称回报），如此反复：

$$s_0 \xrightarrow{a_0} s_1 \xrightarrow{a_1} s_2 \xrightarrow{a_2} s_3 \cdots$$

有时也用参数 γ 表示折扣因子。

图 9-5 展示了强化学习智能体与环境的交互过程。

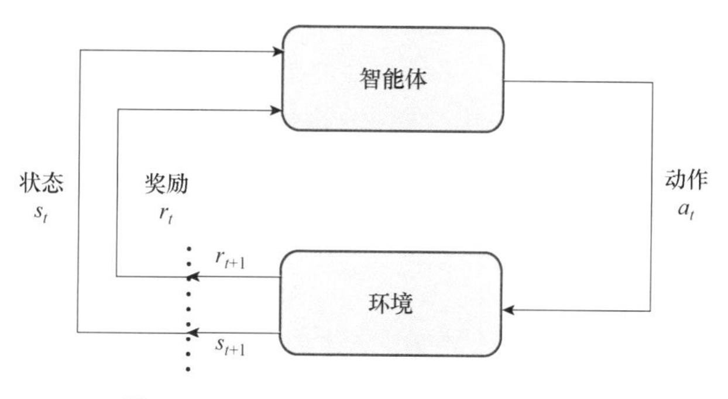

● 图 9-5　强化学习智能体与环境的交互过程

强化学习动作执行策略可以抽象成函数 π。当智能体在某状态下可以执行多种动作时，策略函数给出的是每种动作的概率：

$$\pi(a \mid s)=P(a \mid s)$$

策略函数只与当前所处状态有关，与时间点无关，在不同时刻对同一状态所执行的策略是相同的。当强化学习按照策略执行完成后，将会得到一个轨迹序列，并得到累积的回报 $R=\sum_{t=0}^{T}\gamma^t r_t$。折扣因子 γ 表示，越往后当前动作的影响力越小。强化学习的优化目标是各个时刻累积回报的最大化，这种回报具有滞后性。

强化学习为了评估当前状态的好坏，引入了状态值函数（State Value Function），它是指在某状态 s 下，按照策略 π 执行动作，累积回报的数学期望。其定义为

$$V_\pi(s)=\sum_{s'}P_{\pi(s)}(s,s')(R_{\pi(s)}(s,s')+\gamma V_\pi(s'))$$

如果是非确定性策略，状态价值函数的计算公式为

$$V_\pi(s)=\sum_{a}\pi(a \mid s)\sum_{s'}P_a(s,s')(R_a(s,s')+\gamma V_\pi(s'))$$

类似的可以定义动作价值函数，智能体按照策略 π，在状态 s 时执行具体动作 a 后的预期回报，其公式为

$$Q_\pi(s,a)=\sum_{s'}P_a(s,s')(R_a(s,s')+\gamma V_\pi(s'))$$

当前，强化学习可以根据其学习方式分为基于值的强化学习，以及基于策略的强化学习。

（1）基于值（Value-Based）的强化学习

智能体在每个状态有不同的行动选项，每个行动选项有对应的价值，用来指导当前该如何行动，值得注意的是，值并不仅仅包括环境给的奖励。实际训练时，既要关注当前收益，也要关注长远收益。代表性算法包括 Q-Learning，SARSA（State-Action-Reward-State-Action）等。

基于值的方法对应的行动空间是离散的，比如只有“上下左右”选项。但是日常生活中的动作空间经常是连续的，比如机械臂的控制是连贯的。如果强行将连续行动差分为离散

行动，会导致维度过大，不适宜训练。

（2）基于策略（Policy-Based）的强化学习

基于策略的方法对每个状态有可能采取的策略进行建模，学习到不同状态采取行动对应的概率，然后根据概率来选择行动。代表性算法是 Policy Gradients。

基于策略的方法对应的行动空间是连续的，且每个状态的最佳行动并不是固定的。基于策略的方法是对基于值的方法的补充，对于行动空间是连续的情况，通常会假设动作空间符合高斯分布。

9.3.2 联邦学习与强化学习结合

在实际应用场景中，开发出成功的强化学习仍然存在很多问题。例如，考虑到在大的行动空间和状态空间的情况下，由于几乎不可能探索所有的采样空间，智能体的表现很容易受到所收集的样本的影响。此外，许多强化学习算法都有因采样效率低而导致的学习效率问题。因此，通过智能体之间的信息交流，可以大大加快学习速度。虽然分布式或者并行强化学习算法可以用来解决上述问题，然而其中一个重要的问题是，在应用强化学习算法的过程中，有些任务需要防止智能体信息泄露，保护智能体隐私。智能体对中央服务器的不信任和原始数据传输被窃听的风险已成为制约此类强化学习的主要瓶颈。联邦学习不仅可以在避免隐私泄露的情况下完成信息交流，还可以使各种智能体适应其不同的环境。强化学习的另一个问题是如何弥补模拟与现实的差距。许多强化学习算法需要在模拟环境中进行预训练，作为应用部署的前提条件，但一个问题是模拟环境不能准确反映真实世界的环境。联邦学习可以聚合不同环境的信息，从而弥合它们之间的差距。最后，在某些情况下，强化学习中的每个智能体只能观察到部分特征。然而这些特征不管是观察还是奖励，都不足以获得做出决策所需的足够信息。这时联邦学习使得通过聚合来整合这些信息成为可能。强化联邦学习可以认为是隐私保护下的联邦学习和强化学习的结合，强化学习的几个元素可以在联邦学习框架中呈现，由于强化学习可以根据数据的分布特征进行分类，强化联邦学习算法也可以分为横向联邦强化学习和纵向联邦强化学习。

（1）横向联邦强化学习

横向联邦强化学习可以应用在相同类型智能体在不同环境下的学习，但它们面临相同或者相似的决策任务。观察到的环境中彼此之间很少有交互。每个参与的智能体根据当前的环境状态独立地执行决策，并获得积极或者消极的评价奖励。由于一个智能体所能探索的环境是有限的，每个智能体不能或者不愿分享收集到的数据，多个智能体通过经验分享，一起训练策略或者价值模型，以提高模型性能和学习效率。

如图 9-6 所示，在横向强化学习中，环境、状态空间和动作空间可以视为联邦学习数据集，假设总共有 N 个智能体 $\{A_i\}_{i=1}^{N}$，其视野对应的环境为 $\{E_i\}_{i=1}^{N}$，G 表示所有环境的集合。与其他环境相比，第 i 个智能体所在的环境 E_i 具有类似的模型，即状态转移概率和奖励函数。环境 E_i 是独立于其他环境的，因为 E_i 的状态转换和奖励模型并不依赖于其他环境的状态和行为。每个智能体 A_i 与自己的环境 E_i 交互，以学习最优策略。因此，横向联邦强化学习的条件如下：

$$S_i=S_j, A_i=A_j, E_i\neq E_j, \forall i,j\in\{1,2,\cdots,N\}, E_i,E_j\in G, i\neq j$$

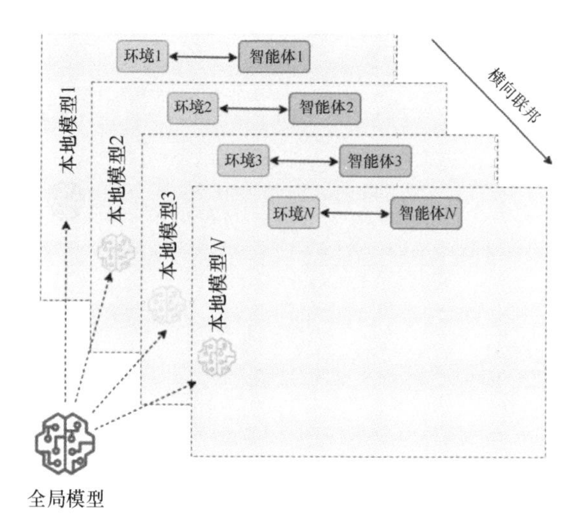

• 图 9-6 横向联邦强化学习

S_i，S_j表示智能体 A_i，A_j的状态空间，E_i，E_j是两个不同，但是在理想状态下满足独立同分布的观察到的环境。横向联邦强化学习的一个典型例子是物联网中的自动驾驶系统。当车辆在道路上行驶时，它们可以收集各种环境信息并在本地训练自主驾驶模型。由于驾驶法规、天气状况、驾驶路线和其他因素，一辆车不可能接触到环境中所有可能的情况。此外，车辆的操作基本相同，包括制动、加速、转向等。因此，在不同道路、不同城市，甚至不同国家行驶的车辆可以通过联邦强化学习分享其学习经验，而不会泄露各自的驾驶数据。在这种情况下，即使其他车辆从未遇到过某种情况，仍然可以通过使用共享模型来执行最佳行动。多辆车一起探索也创造了学习更多罕见情况的机会，以确保模型的可靠性。

（2）纵向联邦强化学习

纵向联邦强化学习适用于不同类型智能体在相同环境中，但与环境有不同交互的部分可观察马尔可夫决策过程（Partially Observable Markov Decision Process，POMDP）场景。具体来说，不同的智能体可能有不同的观察结果，而它们只是全局状态的一部分。可以从不同的行动空间采取行动，观察不同的奖励。由于单个智能体对环境的观察范围有限，需要多个智能体合作收集决策所需的足够知识。纵向联邦强化学习中的作用是聚集各种智能体观察到的部分特征。特别是对于那些没有奖励的智能体，联邦算法将提高这些智能体在与环境交互中的价值，最终有助于策略的优化。值得注意的是，在纵向联邦强化学习中，需要考虑隐私保护的问题，即一些智能体收集的私人数据不必与其他智能体共享。相反，智能体可以传输加密的模型参数、梯度或将中间产品直接给彼此。

如图 9-7 所示，纵向联邦强化学习系统中有 N 个智能体：$\{A_i\}_{i=1}^{N}$，它们与共同的全局环境交互，每一个智能体对应的环境为E_i，获得的局部观察为O_i。不同于横向联邦强化学习，不同智能体的状态、观察空间和行动空间可能不同，所有智能体的状态空间和行动空间的合集就形成了完整的、全局的状态空间与行动空间。因此，纵向联邦强化学习的条件可表示为：

$$O_i \neq O_j, A_i \neq A_j, E_i = E_j = E, \bigcup_{i=1}^{N} O_i = S, \bigcup_{i=1}^{N} A_i = A, \forall i,j \in \{1,2,\cdots,N\}, i \neq j$$

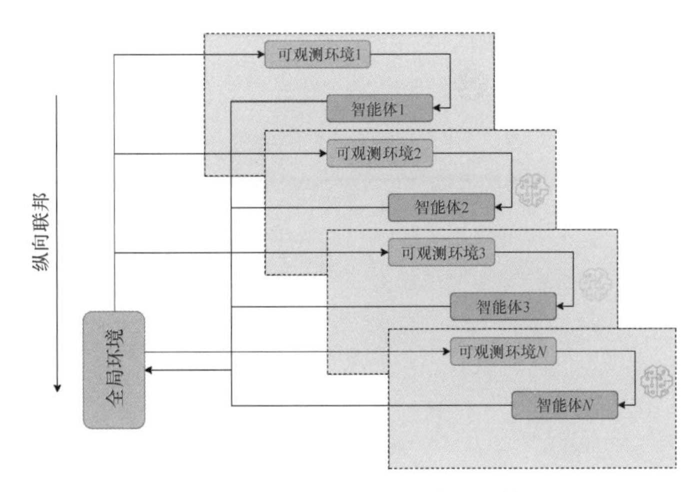

● 图 9-7　纵向联邦强化学习系统

9.4　联邦图学习

虽然深度学习有效地捕获了传统大数据的隐藏模式，但数据以图的形式表示的应用越来越多。例如在智慧城市中，可以用图网形象地表示城市局部或者全局的交通干道，从而设计出有利于通行便利的红绿灯位置、交通管制等一系列城市交通优化问题方案；在推荐系统中，可以用图表示用户和商户之间的复杂关系，从而提高用户的点击率和转化率，提升广告收益。

图学习（Graph Learning）被定义为一种机器学习，它利用基于图的特征为数据添加更丰富的上下文，首先将数据作为图结构连接在一起，然后从图上的不同度量中获得特征。各种图特征可以通过一组图分析来定义，如连通性、中心性、社区检测、模式匹配。图特征也可以与非图特征相结合，例如在一个特定的数据点的特征。图数据不同于欧几里得空间的数据，它的复杂性给原有的机器学习算法带来了极大的挑战。图数据的复杂性可能体现在有向图也可能体现在无向图，一个节点可能最多对应一条边或者多条边，边可能包含权重信息也可能不包含权重信息。此外，现有机器学习算法的一个核心假设是样本之间是相互独立的。这个假设不再适用于图数据，因为每个节点通过边与其他节点相关联。

9.4.1　图学习算法基础知识

相比于传统机器学习算法，图神经网络在复杂图结构数据上有着不可比拟的优势，能够更好地提取数据之间的特征。跨域的图神经网络技术已经在金融犯罪（诈骗、偷盗、洗钱等）监控、药物发现等领域尝试应用。对于跨国金融犯罪行为，如跨国诈骗、洗钱，利用多个银行进行交易。单一银行、单一国家或地区的数据往往发现不了这些犯罪行为。在生物制药领域，如药物发现，各医疗机构、研究中心的数据往往会对彼此有着很大作用，由于用户隐私和竞争问题，这些数据往往不能互通互联。联邦学习技术与图学习相结合，旨在实现在保护用户隐私与公司数据的前提下，更好地发挥数据的作用。

研究人员借鉴了卷积网络、循环网络和自动编码器等思想来设计图神经网络。传统图数据可以表示为 $G=(V,\boldsymbol{A})$，其中 V 是所有顶点的集合，边的信息用邻接矩阵 $\boldsymbol{A}$ 表示。神经网络的一个特点就是能将原始的输入、离散信号转变为稠密向量表示。当使用嵌入（Embedding）来表示图网络的信息时，节点特征矩阵表示为 $\boldsymbol{X}=\mathbb{R}^{|V|\times m}$，边的特征矩阵表示为 $\boldsymbol{E}=\mathbb{R}^{|V|\times|V|\times n}$。一般来说，图神经网络主要包含三类任务，假设节点隐藏层用 $\boldsymbol{h}$ 表示。

（1）节点层面任务

节点层面任务可以表示为

$$\boldsymbol{Z}_i=f(\boldsymbol{h}_i)$$

（2）边层面任务

$$\boldsymbol{Z}_{ij}=f(\boldsymbol{h}_i,\boldsymbol{h}_j,e_{ij})$$

（3）图层面任务

$$\boldsymbol{Z}_G=f\left(\sum_i \boldsymbol{h}_i\right)$$

从训练方式来看，图神经网络的学习包括消息传递神经网络、采样和动态图等方法。

1. 消息传递神经网络（Message Passing Neural Network，MPNN）

MPNN 是一个强大的框架，也是最通用的图神经网络架构之一。消息传递神经是一种典型的空间方法，通常遵循相同的模式：①通过某种投影来转换节点的特征向量；②它们由置换不变函数聚合；③每个节点的特征向量根据当前值和邻域的表示进行更新。消息传递神经网络利用消息函数考虑节点信息和边信息。图 9-8 展示了图神经网络中的消息传递神经网络机制。

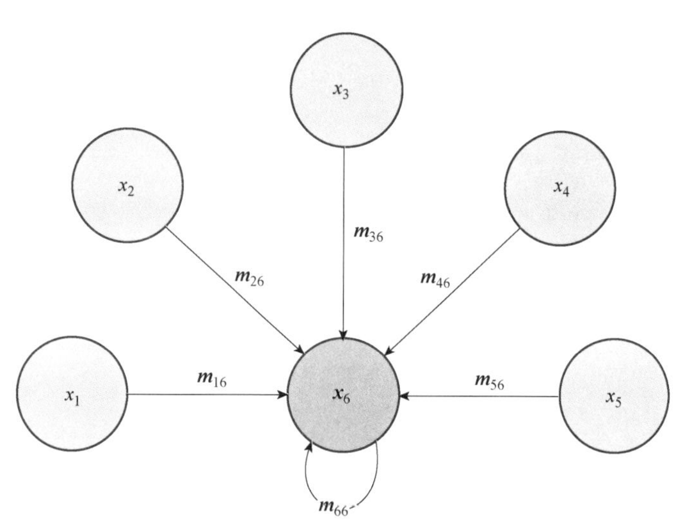

• 图 9-8 图神经网络中的消息传递神经网络机制

消息函数可以表示为

$$\boldsymbol{m}_{ij}=f_e(\boldsymbol{h}_i,\boldsymbol{h}_j,\boldsymbol{e}_{ij})$$

使用置换不变函数（例如求和）聚合到达每个节点的所有消息。然后通过另一个多层感知机 f_a 将聚合表示与现有节点特征组合，从而产生更新的节点特征向量。数学表示为

$$\boldsymbol{h}_i = f_a\left(\boldsymbol{h}_i, \sum_{j \in N_i} \boldsymbol{m}_{ji}\right)$$

2. 采样方法

大多数图神经网络架构的一个主要缺点是可扩展性。一般来说，每个节点的特征向量取决于它的整个邻域。对于具有大邻域的大型图，这可能是非常低效的。为了解决这个问题，研究人员提出了基于采样方法的图神经网络，通过采样其邻域中的一个子集来进行传播，而不是使用所有邻域信息。

GraphSAGE 最早提出了图神经网络采样方法，它包含采样和聚合（Sample And Aggregate），首先使用节点之间的连接信息，对邻居进行采样，然后通过多层聚合函数不断地将相邻节点的信息融合在一起。用融合后的信息预测节点标签在每一层上，扩展邻域深度为 K，也就是采样 K 跳（K-hops）远处的节点特征。这类似于增加经典卷积神经网络的感受野。GraphSAGE 可以用完全无监督的方式训练模型，即邻近节点具有相似的表示，而不同的节点由不同表示的损失函数来完成，也可以使用标签和交叉熵的形式以监督方式进行“训练学习节点”表示。

3. 动态图

在许多现实应用程序中，图结构和图输入都是动态的。时空图神经网络（STGNNs）在捕捉图的动态性方面占据了重要的地位。这类方法的目的是对动态节点输入进行建模，同时假设连接节点之间的相互依赖关系。例如，交通网络由放置在道路上的速度传感器组成，其中的边缘权重由传感器两两之间的距离决定。由于一条道路的交通状况可能取决于其相邻道路的状况，因此在进行交通速度预测时，有必要考虑空间依赖性。动态图是其结构随时间不断变化的图。这包括可以添加、修改和删除的节点和边。日常社交网络、金融交易等可以用动态图表示。

9.4.2 联邦图学习算法与挑战

这里我们结合本书之前定义的标准，将联邦图学习划分为横向图联邦学习、纵向图联邦学习和子图联邦学习。在横向图联邦学习中，每一个客户端都有若干图训练数据，每个图数据都是完整的，并且有相同学习任务对应的标签。不需要考虑图数据之间的连接性关系。在纵向图联邦学习中，不同客户端具有不同任务对应的标签，但是不同图之间某些节点存在联系，如客户端 1 中存储的金融关系图与客户端 2 中存储的社交关系图上，某些节点代表相同的用户对象。在子图联邦学习中，每个客户端存储的图，都是完整图的一部分，具有相同学习任务所对应的标签，子图联邦学习需要在保护用户隐私的情况下，挖掘不同客户端之间的连通性，尽可能学习到完整图所代表的信息。

1. 横向图联邦学习

在横向图联邦学习中，每一个客户端都是一个图数据的集合。假设在第 k 个客户端对应的数据集为 $D_k = \{G_i^k, y_i^k\}$。G_i^k 和 y_i^k 分别是图数据和其对应的标签。横向图联邦学习如图 9-9 所示。

将本地图神经网络模型简化表示为

$$H(D_k, W_k)$$

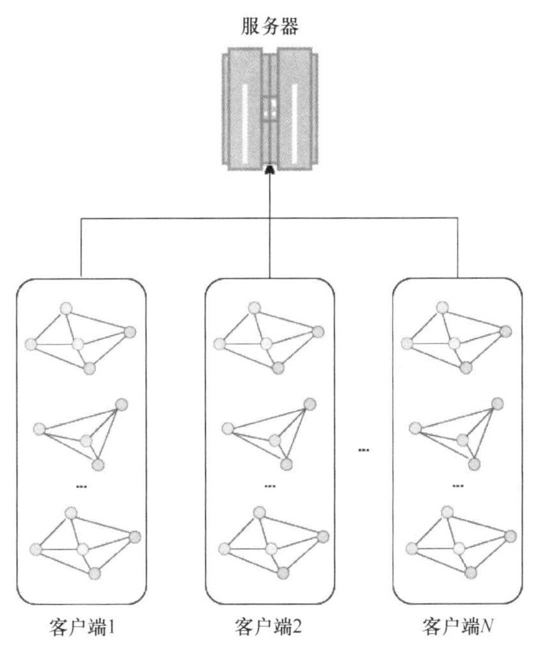

● 图 9-9　横向图联邦学习

其中，W_k 为本地模型权重。当使用 FedAvg 算法时，横向图联邦学习的训练目标可以表示为

$$W^* = \arg\min_W \frac{N_k}{N} \sum_{k=1}^{K} L_k(W)$$

$$L_k(W) = L(H(D_k, W_k), y_k)$$

其中，$L_k(W)$ 表示本地训练的损失函数。

横向图联邦学习典型的应用是生化行业，研究人员使用图神经网络来研究分子的图结构。一个分子可以表示为一个图，其中原子是节点，化学键是边。在药物性质的研究中，不同制药公司可以在不提供机密研究数据的情况下协作训练模型。

2. 纵向图联邦学习

纵向图联邦学习意味着每个客户端的图数据是垂直分布的，这意味着它们代表不同任务的图数据结构，但是不同图数据之间的某些样本是重叠的，如图 9-10 所示。在此设置下，客户端共享部分相同的节点样本空间，但具有不同的特征和标签空间。全局模型并不是唯一的，这表明纵向图联邦学习支持多任务学习。纵向图联邦学习的主要目的是通过结合不同图的样本信息，以保持隐私和通信效率的方式来学习更全面的图神经网络。

$$W^* = \arg\min_W L(W)$$

$$L(W) = L(H(Aggr_{k=1}^{K}(D_k, W_k)), Y)$$

纵向图联邦学习可以应用于组织间的合作。例如在发现洗钱活动时，犯罪分子倾向于设计出跨越不同组织的复杂策略。出于隐私问题，银行需要将嫌疑人名单交给一个值得信赖的国家机构，并依靠其进行分析。这个过程效率低下，通过纵向图联邦学习框架，银行能够在协作监控洗钱活动的同时，保护其用户的数据，如图 9-10 所示。

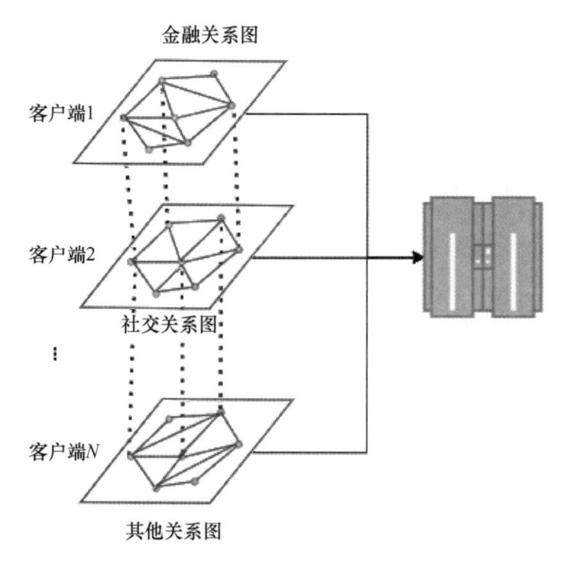

• 图 9-10　纵向图联邦学习

3. 子图联邦学习

在这种情况下，每个客户端中保存的子图似乎是从潜在的整个图中划分出来的，如图 9-11 所示，它们之间的连接由于数据隔离存储而丢失，即邻接矩阵退化为局部邻接矩阵。图内横向联邦学习的子图具有相同的属性，客户端共享相同的特性和标签空间，但具有不同的节点样本空间。一个典型的例子就是隐私社交网络。在社交应用中，每个用户有一个局部社交网络，为避免侵犯用户的社交隐私。可以开发基于图内横向联邦学习的推荐算法，在保护隐私的同时，学习到全局社交网络的信息，提供更高质量服务。

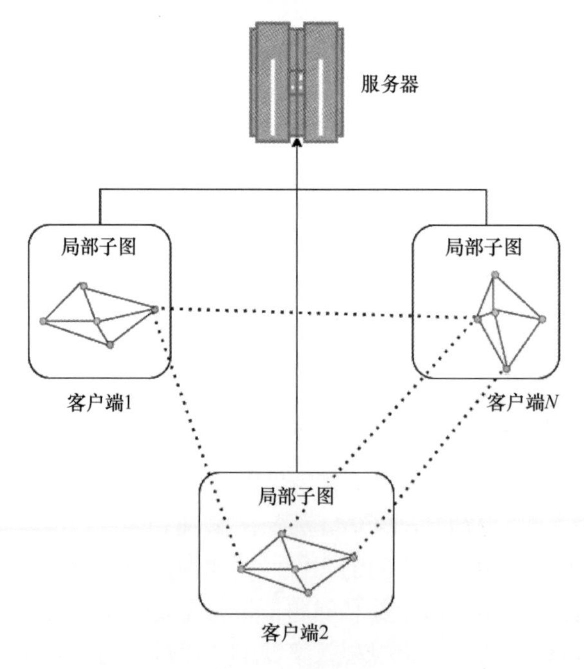

• 图 9-11　子图联邦学习

当前联邦图学习的研究如火如荼，主要集中在效率与性能上，联邦图学习面临的诸多挑战不可忽视，主要如下。

（1）图的统计异质性

无论是哪种类型的联邦图学习，统计异质性都是不可避免的，并且统计异质性会进一步影响图模型训练的收敛速度与精度。图数据除了特征和标签外，还有结构信息。这些结构信息包括图的连接度的分布、平均路径长度、平均聚类系数等。

（2）较小的图尺度

图数据中的表示学习依赖于多阶邻点上的随机行走或者消息传递。然而在横向联邦图学习中，潜在的整个图被不同的数据持有人分割，局部子图的直径几乎很小。这将影响图模型的准确性，因为局部图不足以提供来自高阶邻居的信息。因此，在客户的局部子图中发现潜在边是横向联邦图学习的挑战。

（3）缺乏真实联邦图数据集

目前还没有适合的联邦图数据集。人们可以通过结构性知识构建传统的联邦学习的基准集。然而由于图模型复杂的结构，构建联邦图数据集变得很困难。尚未有很好的理论构建联邦图数据集。如果简单地将大的完整图数据分割成多个子图，新生成的子图结构可能并不符合现实情况。

第 10 章　联邦学习应用前景

联邦学习模型已经被广泛应用于不同的领域，如医疗、金融、智慧城市、边缘计算、区块链等。由于行业政策或者设备因素，这些领域的数据不能直接收集并用于机器学习模型训练。本章将具体展示联邦学习的应用前景。

10.1　联邦学习与医疗

联邦学习将所有敏感数据保存在数据所属的本地机构中，为连接分散的医疗数据资源和保护患者隐私提供了巨大的前景。本节将讨论联邦学习在医学图像处理、电子医疗记录处理，以及药物研发等方面的进展。

10.1.1　联邦医学图像处理

如图 10-1 所示，当不同地区的医院搭建起一套以深度学习为中心的医疗图像分析系统时，每个参与的医院可以获得当前全局神经网络模型的副本，然后在自己的病例数据上进行模型训练，一旦在本地对模型进行了几次迭代训练，医院就可以将模型的更新版本发送回中心服务器。这个过程只发送训练完成的模型及其参数，而不是发送病例数据。同时，模型在加密信道中传输，从而进行保护，不用担心被联邦学习参与者之外的用户

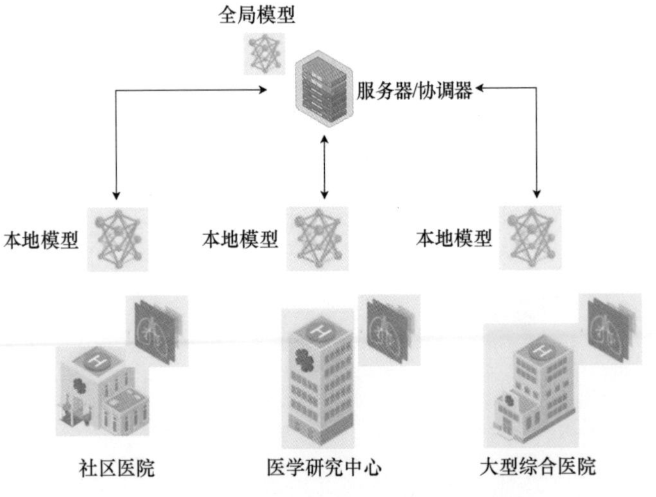

• 图 10-1　将联邦学习应用于医学图像分析

获取。在收到各地上传的更新模型后，服务器将汇总各地上传的、更新后的本地模型，并对全局模型进行更新。随后，服务器会再次与参与机构共享更新后的模型，以便它们能够继续进行本地训练。

联邦学习使不同的医疗机构能够协作进行模型开发训练，但不需要彼此共享敏感的临床数据及病人隐私。业界希望这种新的方式能够解决目前人工智能（AI）技术遇到的数据困境。在整个过程中，共享模型接触到的数据范围比任何单个参与者内部拥有的数据范围都要大得多，训练也更为有效。同时，一般医疗图像分析使用的原始格式文件通常具有极高的分辨率，单个图片的大小可能达到 GB 级别。在联邦学习中因为只需要传输模型数据，对网络传输带宽的要求也降低了很多。此外，全局模型的训练是分布式的，并不依赖于特定参与者，如果其中一家医院离开模型训练团队，也不会停止模型的训练。同样，一家新医院可以随时选择加入该计划，以加速模型训练。联邦医学图像分析已扩展到不同的疾病，如儿科肺炎图像、视网膜眼底图像等。

10.1.2 联邦学习与电子医疗记录

电子健康记录（EHR）已经成为现实世界医疗数据的一个重要来源，被用于重要的生物医学研究，包括机器学习研究。联邦学习可能是实现 EHR 数据大规模代表性机器学习的工具。联邦学习是连接医疗机构 EHR 数据的可行方法，允许医疗机构在保证隐私的情况下分享经验，而不是数据。在这些场景中，通过对大型和多样化的医疗数据集的反复改进学习，机器学习模型的性能将得到显著提高。已经有一些任务在医疗领域的联邦学习环境中展开了研究，例如跨机构的病人相似性学习、病人表征学习，联邦学习还实现了基于不同来源的数据建模，这可以为临床医生提供更多关于患者早期治疗的参考。例如使用联邦学习来预测患者对某些治疗和药物的抵抗力，以及某些疾病的生存率等。

可穿戴设备近年来发展迅速，已经成为增长最快的科技产品市场之一。全球可穿戴医疗健康设备在近年也得到了突破，出货量屡创新高，积累了海量的数据。据统计，全球可穿戴设备的出货量从 2014 年的 2900 万部猛增到 2021 年的 5.34 亿部，增长超过 18 倍。随着可穿戴设备的普及，用户产生的大量数据有潜力作为机器学习任务的有效数据源。可穿戴设备可以准确记录用户的日常活动及体征信息，对于部分疾病的预防和早筛极有价值。同时，可穿戴设备在心理健康领域、用于患者或老人的跌倒检测，以及健身锻炼监控上也有应用价值。

随着可穿戴设备的普及，用户产生的大量数据有潜力作为机器学习任务的有效数据源。联邦学习可以在保护隐私的前提下协同训练可穿戴数据。基于联邦学习，全局模型可以挖掘海量用户的体征信息、运动记录。在保护隐私的情况下，提升设备的智能性，及时给出用户提醒和建议。由于该场景属于跨设备联邦学习，因此在联邦学习系统设计时，必须考虑网络连接不稳定、设备经常处于离线状态、设备计算能力小、训练数据中噪声大等特点。

10.1.3 联邦学习与药物开发

药物发现具有重大意义。复杂的、突发性的疾病会严重地损害人们的生命健康，研发新药是刚性需求。新药研发的流程大概包括药物发现、预临床研究、临床研究和审批上市。其本质是针对指定的靶点，不断地设计、筛选、优化化合物，从成百上千的化合物中挑选出对靶点有效的化合物，并且满足对人体安全的要求。药物发现有很多的关键挑战和问题。新药研发的特点可用4个词来概括：高风险、高投入、高回报和长周期。药物研发是一个漫长的过程，传统的药物研发需要投入大量的研发人员，并且花费10~15年的时间和数十亿美元的研发经费才能使一种药物走向市场。图10-2展示了人工智能技术加速药物发现的前景。

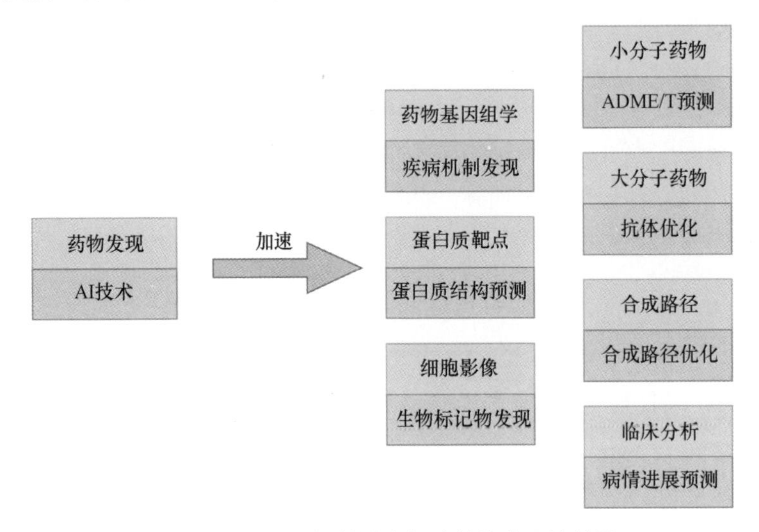

● 图10-2 人工智能技术加速药物发现的前景

近些年来，随着AI等技术的发展，越来越多的制药公司和科技巨头把目光投向这一领域。然而AI药物研发面临着一系列困难和挑战，AI模型需要大量的数据进行建模，而药物研发数据的高壁垒、高成本、高机密性影响到了制药公司数据贡献的积极性。同时，数据孤岛现象普遍存在，这给高质量的AI药物研发模型带来很大的挑战。近年来新兴的联邦学习可以很好地解决这个问题。药物本身作为研发数据，是有非常大的价值的，它本身被视为商业机密，所以基本上不太会共享。联邦学习作为一种分布式的学习，就可以很好地打破这种数据壁垒，突破药物的数据孤岛。

10.2 联邦学习与金融

近年来，数字经济已经成为带动中国经济增长的重要动力。2022年1月，中国人民银行发布的《金融科技发展规划（2022—2025年）》明确提出要强化数据能力建设、推动数据有序共享、深化数据综合应用、做好数据安全保护，以充分释放数据要素潜能。在金融领域，由于各种原因，包括隐私、主权和移动数据的成本，金融业不会在机构之间共享数据。这限制了数据在金融机构之间的流动，从而导致金融模型训练特征的匮乏。为了挖掘数据中蕴藏的巨大价值，消除行业数据孤岛，让数据相互之间协作起来，必然是未来发展趋势。联邦学习可以助推金融领域实现隐私保护机器学习，通过模型合作，让AI技术更好地推动经济发展。

10.2.1 联邦学习与银行风控

人工智能已被应用于快速、自动地审查小额贷款申请。金融机构在授信审批时，希望可以进行初步风控，但只拥有用户的一些身份信息及借贷信息，而互联网生活消费类平台拥有大量的用户行为信息、消费信息等数据。基于联邦学习，可以实现数据融合、联合建模，以及模型发布一体化方案，实现大数据风控，提升风控效果。在面对小微企业信贷需求时，经常会出现因为缺乏企业经营状况等有效数据，而导致小微企业融资难、融资贵、融资慢的问题。针对小微企业信贷评审数据稀缺、数据不全面、历史数据缺失等问题，通过联邦学习机制融合多源数据，丰富特征体系，结合小微企业的财务状况、经营状况、偿还能力，以及在其他银行的贷款情况，银行可有效地节约信贷审核成本，提升信贷风控能力。此外，银行之间也可以通过联邦学习，提升风控能力。目前大型银行已累计足够的金融数据实例，展现出成熟的风控能力。而中小型银行则因为缺少足够的实例，导致风控能力不足。通过联邦学习，可以整合同行业的数据，学习到更多更全面的风控信息，提升银行业整体的安全性。

10.2.2 联邦学习与消费社交反欺诈

近些年，电信网络诈骗案件呈现出“几多”的特点：境外诈骗多、花样手段多、违法人员多、涉及领域多。严重影响了人民群众的生命和财产安全、社会和谐稳定，以及国家经济安全。为此，银行可以通过与社交媒体或电信运营商的联合建模，向通信企业提供社交行为数据，如微信账号身份、收发短消息数据量、在线时长等，银行业提供电子银行账户身份、交易记录等数据，共同训练反欺诈模型，对不法分子进行识别，解决跨行业欺诈行为难以识别的痛点，更精准地发现不法分子欺诈行为，实现对黑产钓鱼撒网、社会工程诱骗客户、客户受骗转账支付、黑产资金转移等完整欺诈链条的反欺诈监控，提高网络诈骗风控的时效性及精准度，在欺诈初始阶段发现并及时拦截。一方面保护银行客户资金安全；另一方面实现与电信运营商及社交媒体的共赢，提升跨行业电信诈骗打击能力。

随着电商行业的发展，也滋生出一些利用代理 IP、群控设备、自动化工具，对电商、O2O 平台进行刷单、秒杀等交易作弊的攻击行为，仅依靠电商侧数据建模很难识别现在的欺诈行为，无法进行有效防护和阻断。每一笔订单背后需要银行卡进行支付，金融数据可以帮助电商从银行卡数据、支付数据、账户数据中挖掘违法者。可通过反欺诈服务平台实现消费交易数据与银行支付数据的联合建模，提高交易作弊反欺诈的精确度及时效性。模型可结合下单、秒杀等环节获取的设备、行为、订单、物流信息，以及支付环节银行卡的开户、资金来源信息进行联合建模，实现消费支付环节信息的闭环，帮助电商提升反欺诈能力。

10.2.3 联邦学习与智慧营销

通过联合多家机构相同用户的不同特征，联邦学习能够实现对用户更精确的画像和风险分析，从而通过个性化算法实现“千人千面”的精准营销策略，提升银行、保险、互联网消费等金融业务的营销转化率。

信用卡业务作为银行最前端的金融服务，是客户接入银行服务的主要渠道，一直以来都是各家银行营销的重点领域。随着我国消费模式、支付方式的升级，互联网生活消费类平台积累了大量的用户实时特征，如最近消费类型、消费额度、消费区域等信息。如果采用传统的单边营销模式，银行信用卡营销缺少银行客户在具体消费场景中的行为数据，无法挖掘潜在的信用卡办卡用户，而互联网生活消费类平台则缺乏银行客户的金融属性特征，比如用户的信誉度、用户的消费额度等信息。消费平台无法准确筛取银行想要营销的目标群体，银行则无法根据用户消费行为有针对性地进行交叉营销。

为了解决以上问题，各家银行可以与互联网生活消费类平台联合学习交叉营销。在充分保护用户个人隐私数据的前提下，银行通过联邦学习体系与互联网生活消费平台进行数据对齐，各自进行模型训练并上传梯度参数，通过联邦学习联合建模，银行能挖掘出潜在营销对象并为其推荐匹配的信用卡产品。充分利用互联网生活消费平台的流量，银行信用卡部门可以结合用户购物喜好、消费习惯等信息，向用户推荐办理信用卡业务。生活消费平台可以根据用户的金融属性，推荐符合其消费习惯、消费水平的商品及服务，并利用信用卡权益，如特别折扣等吸引消费者，如图 10-3 所示。

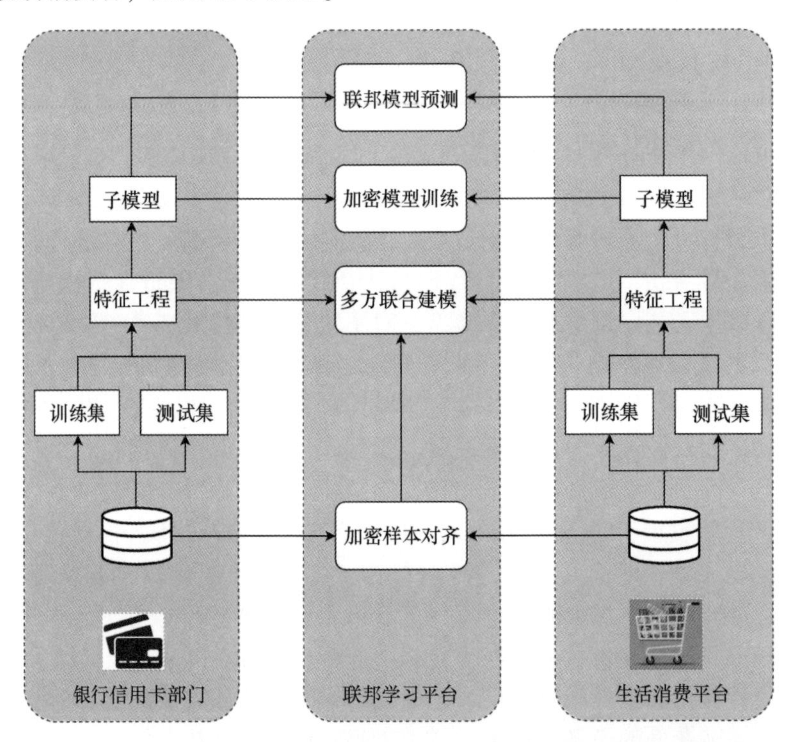

• 图 10-3　基于联邦学习的银行信用卡与生活消费平台的联合智慧营销

10.3　联邦学习、边缘计算与物联网

随着科技的发展，移动设备走进了千家万户，也推动了移动边缘计算的发展，移动边缘计算允许计算发生在数据生成的地方，而不需要将海量数据发送到云服务器，这也给部署智

慧物联网创造了条件。本节将介绍联邦学习在边缘计算、物联网、自动驾驶等领域的前景。

10.3.1 联邦学习与边缘计算

边缘计算是指靠近数据源头的网络边缘侧，通过融合网络、计算、存储、应用等核心能力，提供就近边缘智能服务，满足行业在敏捷连接、实时业务、安全隐私保护等方面的需求。边缘学习是基于“云-边-端”层次化、分布式的计算框架，在边缘层进行模型训练与模型推理的过程。一方面，它能使数据在数据源本地（包括边缘服务器与终端设备）得到处理，用于训练本地机器学习模型，从而保护数据的隐私性。另一方面，边缘服务器也可以将本地模型相关信息（如模型参数等），与云计算中心或者其他边缘服务器交换，进行模型的更新与聚合，最终得到一个全局模型。已经训练好的模型可以部署在边缘服务器上，为终端设备和用户提供模型推理的智能服务。图 10-4 展示了边缘计算与隐私计算的关系。

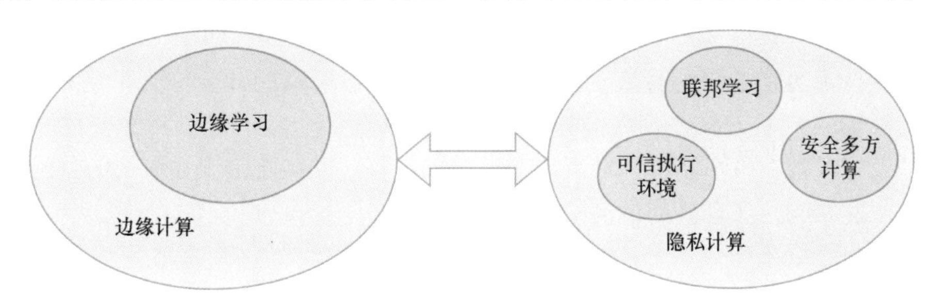

• 图 10-4 边缘计算与隐私计算关系

边缘学习是边缘计算实现边缘智能的核心内容。其中云边协同计算模式下的边缘学习可以实现层次化的隐私计算，同时边缘学习采取就近边缘服务器的处理方式，为实现基于联邦学习的隐私计算提供条件。尽管边缘服务器可以加速神经网络的处理效率，但是并不总是需要将终端设备的计算放到边缘服务器上执行，而是可以根据智能协同技术，即根据硬件算力、模型分层、数据大小、网络带宽和延迟等要素，将终端设备与边缘服务器、云服务器链接起来。基于联邦学习中的分割学习，可以将计算任务重的工作迁移到边缘服务器上执行，而较轻的模型更新部分则在终端设备本地执行。此外将可穿戴设备数据用于慢性病管理，可以保证用户健康数据、行为数据不离开本地。终端负责监控用户的生理指标，并将数据存储在手机或者智能手表上。由于智能设备具备通信能力和一定的计算能力，因此可以承担部分数据预处理或者建模工作，能够避免传输冗余数据，从而减少通信时间。

10.3.2 联邦学习与物联网

将人工智能技术与物联网技术相结合，物联网中的设备和传感器能大量收集数据，通过对数据进行分析和处理，实现万物数据化、智能化，可以帮助使用者做出更好的决策。一般的人工智能功能需要放置在云服务器或者数据中心，依赖强大的算力和丰富的数据进行学习，但是由于物联网设备与数据的爆炸式增长，这种方法面临严重的挑战。随着联邦学习技术的普及，以及物联网设备计算能力的增强，联邦学习也逐渐成为连接物联网与人工智能技术的理想实现方式。

联邦学习在物联网中的主要挑战包括：

- 高效的通信协议，能够压缩上行和下行通信量，同时对不断增加的客户端数据和数据分布保持较高的鲁棒性。
- 资源感知的联邦学习体系，该体系可以通过考虑不同硬件资源的计算、通信能力来分配联邦学习任务。
- 在物联网设备中，数据分布差异极大，同时数据还可能带有巨大的噪声。联邦学习需要通过数据预处理、客户端选择等方法确保学习质量。

10.3.3 联邦学习与自动驾驶

随着国外谷歌、Uber 无人车项目开始在试点地区用于无人出租车、卡车货运等行业，特斯拉推出辅助驾驶系统 Autopilot，国内的百度 Apollo、小马智行和华为也入局自动驾驶领域，自动驾驶技术达到了空前的热度。自动驾驶技术具有极高的社会价值和经济价值，被认为会像当初 iPhone 诞生一样改变人们的消费习惯。汽车产业是国民经济的支柱产业，自动驾驶技术可以让我国在汽车制造领域实现弯道超车，打破欧美日汽车在市场的垄断地位，并升级我国的产业结构，实现产品的高附加值。

以谷歌为例，无人车 Waymo 的传感系统主要是靠激光雷达+毫米波雷达+摄像头组成，这三个工具各有分工。简单来说，激光雷达一般用于探测物体与车辆的距离；毫米波雷达可以探测物体的大小和形状；而摄像头则是对物体颜色、亮度等因素进行识别，这三者的结果叠加在一起提供给无人车“大脑”进行决策。一个普通的车辆受制于驾驶时间和空间信息，获取的传感器信息非常有限，并且有极高的概率会行驶到新的交通环境。我国道路场景复杂多样，给自动驾驶带来了严峻的挑战。常见的实验场景包括高速公路、城市主干道、无人园区，其道路环境简单、行人及车辆的突发状况较少。

单辆车产生的数据通常具有时间、空间的局限性，车辆行驶过程中产生的海量传感器数据直接传输会带来高通信负载和高延时，而且车辆行程信息包含了用户隐私。在这种情况下，可以引入横向联邦学习，在不泄露用户行程隐私的前提下，融合不同车辆的学习能力，可以加速车辆适应不同的驾驶场景，提升自动驾驶的泛化能力。此外，随着其他物联网技术、车路协同和 5G 技术的发展，在未来，车辆可以更好地与环境交互学习，通过纵向学习、强化学习等技术，智慧交通的控制管理功能也将反过来优化自动驾驶体验。

10.4 联邦学习与区块链

联邦学习是一种去中心化的机器学习模式，区块链技术的本质也是去中心化，两者在技术层面存在一定的相关性。联邦学习因为其对参与者缺乏有效监督手段，而容易受到安全攻击，区块链技术因为其不可篡改和可追溯等特性，能为可信任联邦学习提供技术支持，而联邦学习也能丰富区块链的引用场景，挖掘区块链的更多价值。本节将介绍区块链的基本知识和联邦学习与区块链结合的一些实例。

10.4.1 区块链基本原理

区块链是一种按照时间顺序将数据区块以顺序相连的方式组合成的链式数据结构，并以密码学方式保证不可篡改和不可伪造的分布式账本；从广义上讲，区块链技术是利用块链式数据结构来验证与存储数据、利用分布式节点共识算法来生成和更新数据、利用密码学的方式保证数据传输和访问的安全、利用由自动化脚本代码组成的智能合约来编程和操作数据的一种全新的分布式基础架构与计算范式。简单来说，区块链是以区块（Block）作为基本的数据存储单元，并按照时间顺序首尾相连而形成的一种链表结构，如图 10-5 所示，每个区块由两部分构成，分别是区块头和区块体（也称为区块主体）。区块头用于记录当前区块的元信息，包含父区块的散列值（每个区块正是通过父区块的散列值来链接父区块的）、时间戳、默克尔树根（Merkle Tree Root）等信息。默克尔树是一棵二叉树，这里的每片叶子就是一笔交易记录。默克尔树用来归纳一个区块中的所有交易，默克尔树根被记录在区块头中。默克尔树同时生成了整个交易集合的数字指纹，并提供了一种高效验证区块中是否存在某一交易记录的途径。区块链的核心技术主要包括散列函数、数字签名、P2P 网络、共识算法和智能合约等，这些技术保障了区块链具有去中心化、不可篡改、可追溯等特点。下面分别简要讨论这些技术方案。

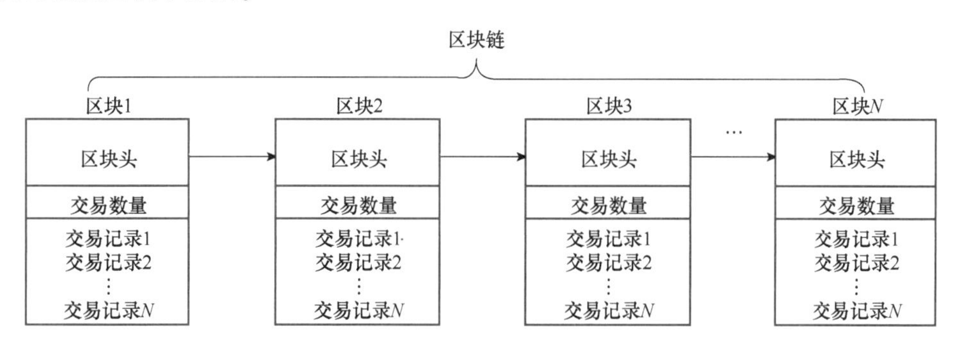

● 图 10-5 区块链数据结构

（1）散列函数（Hash Function）

散列函数运算可以用数学公式表达为 $h=H(m)$，是指将任意长度的输入 m 通过一定的计算 $H(\cdot)$，生成一个固定长度的字符串 h，这个字符串 h 就是输入信息 m 的散列值。一个优秀的散列算法具有正向快速、输入敏感、逆向困难、强抗碰撞性等特点。散列运算的特点保证了区块链的不可篡改性。因为每个区块头包含了父区块的散列值，所以如果父区块的交易信息被修改了，那么其散列值就会发生改变，这样这个父区块后面的所有区块需要修改指向父区块的散列值，计算量非常大。当前在区块链中常用的散列算法包括 MD 系列散列算法，例如 MD2、MD4 和 MD5；SHA（Secure Hash Algorithm，安全散列）散列算法（包括 SHA-1、SHA-224、SHA-256、SHA-384、SHA-512）、SM3 杂凑算法。

（2）数字签名

数字验证是区块链中用来识别交易发起人的身份，防止交易信息在传输过程中被篡改的手段。数字签名包括签名和验证两种运算。签名：是指将数据经过散列函数处理得到散列值，然后利用私钥进行加密。加密的散列值称为签名。验证：验证方一定要持有发送方加密算法的公钥。验证方接收到数据后，利用公钥对签名信息进行解密，得到摘要值，设为 A；将原始数据代入相同的散列函数，得到摘要值，设为 B。如果 A=B，那么验证通过；否则，验证不通过。在区块链网络中，每个节点会有一对相同的公私钥对。当某个节点需要和其他节点进行交易时，该节点会先对交易的内容进行散列运算，并利用私钥对其进行加密，生成签名，将签名添加到交易数据中发送给其他交易方；交易的另一方接收到数据后，利用前述的验证方案对签名进行验证，只有验证通过，才能进入下一步的交易操作。

（3）P2P 网络

传统的 Client/Server 架构模式通过一个中心化的服务器节点来响应多个客户端的请求服务，这种存在中心服务节点的特点显然不符合区块链去中心化的需求。而对等计算网络（Peer-to-Peer Networking，P2P 网络）打破了中心化的设计模式，将所有的参与节点对等看待，与区块链的去中心化设计思想完美结合。

（4）智能合约

智能合约的概念早于 1994 年由密码学专家 Nick Szabo 提出，它是指满足参与方事先约定的条件后，就能自动执行的一段计算机程序。虽然智能合约的概念很早就提出了，概念也很简单，但一直没有得到广泛的关注，主要原因是缺乏一个良好的运行智能合约的平台，例如如何确保智能合约一定会被执行、如何确保智能合约不会被篡改等。区块链的去中心化和不可篡改等特点完美地解决了上面的问题，使智能合约一旦在区块链上部署，所有的参与节点会按照约定的逻辑来执行。如果某个节点修改了合约逻辑，那么执行结果就没有办法通过其他节点的校验，从而被判断为修改无效。此外，在区块链中引入智能合约，也使得区块链的应用场景得到了大幅的扩展，从过去的单一加密货币应用，扩展到更多的应用场合，包括金融、政务、供应链等。

10.4.2 区块链分类

区块链按照应用场景、数据读写范围可以分为三类：公有链、私有链与联盟链。

（1）公有链

公有链是一个开放的网络，允许每个人加入和进行交易，并参与共识过程。最著名的公共链由比特币和以太坊组成，它们具有开源和智能合约区块链平台。例如以太坊是一个分布式的公共链网络，类似于比特币等大多数平台。以太坊的一个很大的优势是，它能够通过运行在以太坊虚拟机上的智能合约自动进行数字资产管理。通过矿工管理的 PoW 算法验证块附加到区块链上，以在网络中的所有节点之间实现安全、抗篡改的共识。每个区块需要一定数量的以太坊货币 Gas，作为执行的一部分，并支付给矿工作为开采区块的报酬。

优点：

- 去中心化，链上用户的权益不受任何机构控制，人人可参与，任何人都能加入、读取，并可以发送交易信息，进行有效性的确认。
- 所有的交易数据公开透明，访问门槛低。如比特币链上的所有地址交易信息可以通过区块链浏览器查证，每个参与者都能看到所有账户的余额和交易活动。
- 数据无法篡改，安全性高。公链信息通过共识被添加至区块链后，被所有的节点共同记录，并通过密码学保证前后互相关联，篡改难度与成本非常高。

缺点：

- 由于访问门槛较低，彼此间信任程度低，数据价值的真实与否，需要通过大量节点的确认，才能添加到区块链上，因此效率低下。
- 部分采用 PoW（工作量证明机制）的公链，如比特币，由于全网算力消耗过大，再加上不是所有的算力由可再生能源提供，与节能减排的原则相违背。

（2）私有链

私有链是对单独个人或组织开放的区块链系统，即由一个组织机构控制该系统的写入权限和读取权限。具体而言，系统内各个节点的写入权限将由组织来决定分配，并根据具体情况由组织决定对谁开放多少信息和数据。此外，查询交易的进度等都进行了限制，私有链仍具备多节点运行的通用架构。

优点：

- 由于权限掌握在某个中心化的组织或者机构手里，它的数据处理速度和交易速度极快。
- 交易数据不对外公开，数据隐私性较好。
- 运行更为高效灵活，出现问题后，可以迅速通过人工干预进行修复，费用低廉，甚至可以为零。

缺点：

- 权限完全掌握在单个组织手里，在有需要的情况下，运行私链的组织可以轻易地修改规则，因此会导致信任度下降，区块链的安全和透明程度也会打折。
- 本身不具有去中心化的属性，更像是一个局域网，应用范围有限。

（3）联盟链

联盟链（Consortium Blockchain）是介于公有链与私有链之间的一种系统形态，它往往由多个中心控制。由若干组织一起合作维护一条区块链，该区块链的使用必须是带有权限的限制访问，相关信息会得到保护，如供应链机构或银行联盟。有专家指出，联盟链的本质是分布式托管记账系统，系统由组织指定的多个“权威”节点控制，这些节点之间根据共识机制对整个系统进行管理与运作。联盟链可视为“部分去中心化”，公众可以查阅和交易，但验证交易或发布智能合约需获得联盟许可。联盟链的典型特点是，各个节点通常有对应的实体机构，只有得到联盟的批准，才能加入或退出系统。各个利益相关的机构组织在区块链上展开紧密合作，并共同维护系统的健康稳定发展。

10.4.3 区块链与联邦学习结合

区块链作为一种账本技术，因为其独特的特性，如分散化、不变性和可追溯性，可以为基于联邦学习的智能边缘计算提供有吸引力的解决方案。通过使用区块链，联邦学习可以通过分散的数据账簿来实现，而不需要任何降低单点故障风险的中央服务器，并且所有网络实体可以以透明的方式跟踪任何更新事件和用户行为，此外，可以很容易地通过事务日志跟踪训练过程。当前，区块链和联邦学习都是分布式系统，因此它们在部署的时候可以同步进行。区块链在联邦学习中的应用主要包括两点：

- 区块链用于联邦学习系统安全。通过区块链的授权机制、身份管理等，可以将互不可信的用户作为参与方整合到一起，建立一个安全可信的合作机制。联邦学习的模型参数可以存储在区块链中，保证了模型参数的安全性与可靠性。由于分布式账本的特性，模型参数的同步与共享是安全可追溯的，因此可以利用区块链实现防篡改、防伪造。
- 区块链用于激励机制设计。尽管联邦学习通过协作学习能带来不同程度的模型性能提升，但是它仍然需要激励用户参与联邦学习并贡献其计算资源。如果没有适当的激励机制，高质量数据拥有者可能因为竞争因素，不愿意参与联邦学习训练。区块链已经成为促进透明经济的一个强有力工具，由于区块链可以构建非信任实体之间的信任平台，使得参与者不必担心平台的不透明性。因此可以设计一个基于区块链的分散信誉系统，以确保在边缘计算环境中进行可信的协作模型训练。

通过基于区块链的激励机制，可以对任何有不当行为的客户进行惩罚，对系统贡献者进行奖赏。

参考文献

[1] HARD A, RAO K, MATHEWS R, et al. Federated learning for mobile keyboard prediction [EB/OL]. arXiv preprint arXiv: 1811.03604. 2018.

[2] MCMAHAN B, MOORE E, RAMAGE D, et al. Communication-efficient learning of deep networks from decentralized data [C]. In Artificial intelligence and statistics (pp. 1273-1282). PMLR. 2017, April.

[3] HU C, JIANG J, WANG Z. Decentralized federated learning: A segmented gossip approach [EB/OL]. arXiv preprint arXiv: 1908.07782. 2019.

[4] BONAWITZ K, IVANOV V, KREUTER B, et al. Practical secure aggregation for privacy-preserving machine learning [C]. In proceedings of the 2017 ACM SIGSAC Conference on Computer, Communications Security (pp. 1175-1191). 2017, October.

[5] CHENG K, FAN T, JIN Y, et al. Secureboost: A lossless federated learning framework [C]. IEEE Intelligent Systems 36 (6) pp. 87-98. 2021.

[6] VAIDYA J, CLIFTON C, KANTARCIOGLU M, et al. Privacy-preserving decision trees over vertically partitioned data [C]. ACM Transactions on Knowledge Discovery from Data (TKDD) 2 (3) pp. 1-27. 2008.

[7] FANG W, YANG B. Privacy preserving decision tree learning over vertically partitioned data [C]. In 2008, International Conference on Computer Science, Software Engineering (Vol. 3 pp. 1049-1052). IEEE. 2008, December.

[8] LI Q, WEN Z, HE B. Practical federated gradient boosting decision trees [C]. In Proceedings of the AAAI conference on artificial intelligence (Vol. 34 No. 04 pp. 4642-4649). 2020, April.

[9] YANG Q, LIU Y, CHEN T, et al. Federated machine learning: Concept, applications [J]. ACM Transactions on Intelligent Systems, Technology (TIST) 10 (2) pp. 1-19. 2019.

[10] HARDY S, HENECKA W, IVEY-LAW H, et al. Private federated learning on vertically partitioned data via entity resolution, additively homomorphic encryption [EB/OL]. arXiv preprint arXiv: 1711.10677.

[11] YANG K, FAN T, CHEN T, et al. A quasi-newton method based vertical federated learning framework for logistic regression [EB/OL]. arXiv preprint arXiv: 1912.00513. 2019.

[12] YANG S, REN B, ZHOU X, et al. Parallel distributed logistic regression for vertical federated learning without third-party coordinator [EB/OL]. arXiv preprint arXiv: 1911.09824. 2019.

[13] GU B, DANG Z, LI X, et al. August. Federated doubly stochastic kernel learning for vertically partitioned data [J]. In Proceedings of the 26th ACM SIGKDD International Conference on Knowledge Discovery & Data Mining (pp. 2483-2493). 2020.

[14] HARTMANN V, MODI K, PUJOL J.M, et al. Privacy-preserving classification with secret vector machines [J]. In Proceedings of the 29th ACM International Conference on Information & Knowledge Management (pp. 475-484). 2020, October.

[15] WANG J, LIU Q, LIANG H, JOSHI G, et al. Tackling the objective inconsistency problem in heterogeneous federated optimization [J]. Advances in neural information processing systems 33 pp. 7611-7623. 2020.

[16] LI T, SAHU A K, ZAHEER M, et al. Federated optimization in heterogeneous networks [J]. Proceedings of Machine Learning, Systems 2 pp. 429-450. 2020.

[17] KARIMIREDDY S P, KALE S, MOHRI M, et al. SCAFFOLD: Stochastic Controlled Averaging for On-Device Federated Learning [C]. 2019.

[18] CHEN H Y, CHAO W L. Fedbe: Making bayesian model ensemble applicable to federated learning [EB/OL]. arXiv preprint arXiv: 2009.01974. 2020.

[19] LIU L, ZHENG F, CHEN H, Qi et al. A Bayesian Federated Learning Framework with Online Laplace Approximation [EB/OL]. arXiv preprint arXiv: 2102.01936. 2021.

[20] ZHANG X, LI Y, LI W, et al. Personalized federated learning via variational bayesian inference. In International Conference on Machine Learning [C] (pp. 26293-26310). PMLR. 2022, June.

[21] LI X, JIANG M, ZHANG X, et al. Fedbn: Federated learning on non-iid features via local batch normalization [EB/OL]. arXiv preprint arXiv: 2102.07623. 2021.

[22] DAI Z, LOW B K H, Jaillet P. Federated Bayesian optimization via Thompson sampling [C]. Advances in Neural Information Processing Systems 33 pp. 9687-9699. 2020.

[23] ABADI M, CHU A, GOODFELLOW I, et al. Deep learning with differential privacy [C]. In Proceedings of the 2016 ACM SIGSAC conference on computer, communications security (pp. 308-318). 2016, October.

[24] PAPERNOT N, SONG S, MIRONOV I, et al. Scalable private learning with pate [EB/OL]. arXiv preprint arXiv: 1802.08908.

[25] GOODFELLOW I J, SHLENS J, SZEGEDY C. Explaining harnessing adversarial examples [EB/OL]. arXiv preprint arXiv: 1412.6572. 2014.

[26] HINTON G, VINYALS O, DEAN J. Distilling the knowledge in a neural network [EB/OL]. arXiv preprint arXiv: 1503.02531 2 (7). 2015.

[27] NASR M, SHOKRI R, HOUMANSADR A. Machine learning with membership privacy using adversarial regularization [C]. In Proceedings of the 2018 ACM SIGSAC conference on computer, communications security (pp. 634-646). 2018, October.

[28] LI J, LI N, RIBEIRO B. Membership inference attacks, defenses in classification models [C]. In Proceedings of the Eleventh ACM Conference on Data, Application Security, Privacy (pp. 5-16). 2021, April.

[29] SHEJWALKAR V, HOUMANSADR A. Membership privacy for machine learning models through knowledge transfer [C]. In Proceedings of the AAAI Conference on Artificial Intelligence (Vol. 35 No. 11 pp. 9549-9557). 2021, May.

[30] ZHU L, LIU Z, HAN S. Deep leakage from gradients [C]. Advances in neural information processing systems 32. 2019.

[31] GENG J, MOU Y, LI F, et al. Towards general deep leakage in federated learning [EB/OL]. arXiv preprint arXiv: 2110.09074. 2021.

[32] HITAJ B, ATENIESE G, PEREZ-CRUZ F. Deep models under the GAN: information leakage from collaborative deep learning [C]. In Proceedings of the 2017 ACM SIGSAC conference on computer, communications security (pp. 603-618). 2017. October.

[33] VEPAKOMMA P, SINGH A, GUPTA O, et al. NoPeek: Information leakage reduction to share activations in distributed deep learning [C]. In 2020 International Conference on Data Mining Workshops (ICDMW) (pp. 933-942). IEEE. 2020, November.

[34] KRIZHEVSKY A, SUTSKEVEr I, HINTON G E. Imagenet classification with deep convolutional neural networks [C]. Communications of the ACM 60 (6) pp. 84-90. 2017.

[35] SZEGEDY C, LIU W, JIA Y, et al. Going deeper with convolutions [C]. In Proceedings of the IEEE conference on computer vision, pattern recognition (pp. 1-9). 2017.

[36] IOFFE S, SZEGEDY C. Batch normalization: Accelerating deep network training by reducing internal covariate

shift [C]. In International conference on machine learning (pp. 448-456). PMLR. 2015, June.

[37] SZEGEDY C, VANHOUCKE V, IOFFE S, et al. Rethinking the inception architecture for computer vision [C]. In Proceedings of the IEEE conference on computer vision, pattern recognition (pp. 2818-2826). 2016.

[38] SZEGEDY C, IOFFE S, VANHOUCKE et al. Inception-v4 inception-resnet, the impact of residual connections on learning [C]. In Thirty-first AAAI conference on artificial intelligence. 2017 February.

[39] HE K, ZHANG X, REN S, et al. Deep residual learning for image recognition [C]. In Proceedings of the IEEE conference on computer vision, pattern recognition (pp. 770-778). 2016.

[40] REDMON J, DIVVALA S, GIRSHICK R, et al. You only look once: Unified real-time object detection [C]. In Proceedings of the IEEE conference on computer vision, pattern recognition (pp. 779-788). 2016.

[41] GIRSHICK R. Fast r-cnn [C]. In Proceedings of the IEEE international conference on computer vision (pp. 1440-1448). 2015.

[42] REN S, HE K, GIRSHICK R, et al. Faster r-cnn: Towards real-time object detection with region proposal networks [C]. Advances in neural information processing systems 28. 2015.

[43] REDMON J, DIVVALA S, GIRSHICK R, et al. You only look once: Unified real-time object detection. In Proceedings of the IEEE conference on computer vision, pattern recognition (pp. 779-788). 2016.

[44] LIU W, ANGUELOV D, ERHAN D, et al. Ssd: Single shot multibox detector [C]. In European conference on computer vision (pp. 21-37). Springer Cham. 2016, October.

[45] REDMON J, FARHADI A. YOLO9000: better faster stronger [C]. In Proceedings of the IEEE conference on computer vision, pattern recognition (pp. 7263-7271). 2017.

[46] REDMON J, FARHADI A. Yolov3: An incremental improvement [EB/OL]. arXiv preprint arXiv: 1804. 02767. 2018.

[47] BOCHKOVSKIY A, WANG C Y, LIAO H Y M. Yolov4: Optimal speed, accuracy of object detection [EB/OL]. arXiv preprint arXiv: 2004. 10934. 2020.

[48] EVERINGHAM M, VAN GOOL L, WILLIAMS C K, et al. The pascal visual object classes (voc) challenge [J]. International journal of computer vision 88 (2) pp. 303-338. 2010.

[49] DENG J, DONG W, SOCHER R, et al. Imagenet: A large-scale hierarchical image database [J]. In 2009 IEEE conference on computer vision, pattern recognition (pp. 248-255). Ieee. 2009, June.

[50] LIN T Y, MAIRE M, BELONGIE, et al. Microsoft coco: Common objects in context [J]. In European conference on computer vision (pp. 740-755). Springer Cham. 2014, September.

[51] CORDTS M, OMRAN M, RAMOS S, et al. The cityscapes dataset for semantic urban scene underst, ing [J]. In Proceedings of the IEEE conference on computer vision, pattern recognition (pp. 3213-3223). 2016.

[52] GEIGER A, LENZ P, STILLEr C, et al. Vision meets robotics: The kitti dataset [J]. The International Journal of Robotics Research 32 (11) pp. 1231-1237. 2013.

[53] LONG J, SHELHAMER E, DARRELL T. Fully convolutional networks for semantic segmentation [J]. In Proceedings of the IEEE conference on computer vision, pattern recognition (pp. 3431-3440). 2015.

[54] RONNEBERGER O, FISCHER P, BROX T. U-net: Convolutional networks for biomedical image segmentation [J]. In International Conference on Medical image computing, computer-assisted intervention (pp. 234-241). Springer Cham. 2015, October.

[55] CHEN L C, PAP, REOU G, et al. Deeplab: Semantic image segmentation with deep convolutional nets atrous convolution, fully connected crfs. IEEE transactions on pattern analysis, machine intelligence [J]. 40

(4) pp. 834-848. 2017.

[56] CHEN L C, PAP, REOU G, et al. Rethinking atrous convolution for semantic image segmentation [EB/OL]. arXiv preprint arXiv: 1706. 05587. 2017.

[57] GU W, BAI S, KONG L, et al. A review on 2D instance segmentation based on deep neural networks [J]. Image, Vision Computing p. 104401. 2022.

[58] JEONG W, YOON J, YANG E, et al. Federated semi-supervised learning with inter-client consistency & disjoint learning [EB/OL]. arXiv preprint arXiv: 2006. 12097. 2020.

[59] LIU F, WU X, GE S, et al. Federated learning for vision-, -language grounding problems [C]. In Proceedings of the AAAI Conference on Artificial Intelligence (Vol. 34 No. 07 pp. 11572-11579). 2020, April.